KLIMAWANDEL
Realität, Irrtum oder Lüge?

1. Auflage Juli 2020
2. Auflage November 2020
3. Auflage Februar 2021
4. Auflage August 2021

Copyright © 2020
OSIRIS – Verlag, Marktplatz 10, D-94513 Schönberg
www.osiris-verlag.de

Alle Rechte vorbehalten.

Nachdrucke oder Kopien dieser Publikation - auch auszugsweise -
nur mit schriftlicher Genehmigung des Verlags.

Haftungsausschluss:
Die Inhalte dieser Publikation wurden sorgfältig recherchiert, aber dennoch haften Autor oder Verlag nicht für die Folgen von Irrtümern, mit denen der vorliegende Text behaftet sein könnte.

Umschlaggestaltung: Luna Design KG
Satz und Layout: Luna Design KG

ISBN: 978-3-947397-22-8

Dieser Titel ist auch als eBook erhältlich, ISBN (eBook): 978-3-947397-23-5

Gerne senden wir Ihnen unser Verlagsverzeichnis:
OSIRIS-Verlag
Marktplatz 10
D-94513 Schönberg
Email: info@osirisbuch.de
Tel.: (08554) 844
Fax: (08554) 942894

Unser Buch- und DVD-Angebot finden Sie auch im Internet unter:
www.osirisbuch.de

Werner Kirstein

KLIMAWANDEL

Realität, Irrtum oder Lüge?

Menschen zwischen Wissen und Glauben

OSIRIS
Verlag

Der Autor:

Prof. Dr. Werner Kirstein studierte Physik und Klimageographie/Klimatologie an der Universität Würzburg. Seine Schwerpunkte in der Physik waren *„Theoretische Thermodynamik"* und in der Geographie *„Globale und regionale Klimavariabilität".*

Titel der Doktorarbeit (1981): „Häufigkeiten von Korrelationen zwischen Sonnenaktivität und Klimaelementen".

Thema der Habilitation (1991): „Geographische Verteilungsmuster der rezenten Klimavariabilität - Aspekte zur Klimageographie der Nordhemisphäre".

Im Frühjahr 1997 nahm er eine Professur an der Universität Leipzig an und hat dort die Lehrgebiete Geographie, Geoinformatik, Kartographie und Geostatistik in Forschung und Lehre vertreten.

Insgesamt arbeitet er seit über 40 Jahren als Klimageograph auf dem Gebiet der Klimavariabilität mit zahlreichen Veröffentlichungen zu diesem Thema. Seit seinem Ruhestand hält er viele Vorträge auf Internet-Plattformen und bei Veranstaltungen.

INHALT

	Vorwort	6
1	Klimawandel ist Realität	8
2	Klimawandel ist Irrtum	16
3	Klimawandel ist Lüge	21
4	Wetter ist nicht gleich Klima	28
5	Die Atmosphäre ist kein Treibhaus	41
6	CO_2-Emissionen überall	54
7	Die Kohlendioxid-Propaganda	68
8	Die Medien als Sprachrohr der Klima-Hysterie	77
9	Die Rolle des Weltklimarates (IPCC)	93
10	Pseudowissenschaft und Klimalügen	104
11	Klimawandel – Glaube versus Wissen	111
12	Die Wahrnehmung der Klimadebatte in der Jugend	133
13	Verwirrung mit EU-Grenzwerten	140
14	Demokratie in Deutschland und in der EU in Gefahr	146
15	Die überstürzte und gescheiterte Energie- und Verkehrswende	157
16	Die Lügen und Irrtümer der Politik	178
17	Resümee und Ausblick	187
	Fazit	199

Anhang:
Die merkwürdige politische Karriere
der Klimakanzlerin Angela Merkel 202

Quellen und Zitate 207

Abbildungsverzeichnis 209

Vorwort

Kaum ein anderes Thema beschäftigt die Menschen in den letzten Jahren so sehr wie die Schlagworte *„Klimawandel"* und *„Erderwärmung"*. Gemeint ist damit immer der Einfluss des Menschen auf das Klima der Erde. Aber die Sache ist nicht so einfach, wie sie uns von den Medien und der Politik präsentiert wird.

Im Folgenden soll weitgehend ohne **mathematische und physikalische Details eine Antwort** auf die im Titel aufgeworfene Frage gegeben werden. Aber es wird auch deutlich gemacht, dass man sich dabei nicht auf Glauben oder Emotionen zurückziehen darf. Es muss grundsätzlich die Bereitschaft vorhanden sein, sich auf den gesunden Menschenverstand und auf absolut logisch konsequentes Denken einzulassen. Das ist, wie später gezeigt wird, nicht für alle Diskutanten bei diesem Thema selbstverständlich. Im Kern geht es darum:

Hat der Mensch mit seiner Technik und im heutigen Industrie-Zeitalter das natürliche Klima verändert oder nicht?

Die Gesellschaft scheint hier in zwei Lager gespalten zu sein. Viele von uns bewegen sich offensichtlich zwischen Glauben und Wissen. Viel zu komplex erscheint diese Thematik manchen Menschen, um sich damit zeitraubend und wirklich ausführlich auseinanderzusetzen.

Man ist oft auf **Glauben** angewiesen. Andere versuchen, sich mehr oder weniger mühsam **Wissen** anzueignen. Dabei muss man hier wohl ganz besonders an die treffenden Worte von Ernst Stuhlinger denken, einem Freund und Mitarbeiter Wernher von Brauns:

„Der Weg zum Glauben ist kurz und bequem, der Weg zum Wissen lang und steinig."

Dies trifft auch hier beim Thema Klimawandel genau zu. In diesem Buch läuft es dann auch auf die Frage hinaus: Ist der Klimawandel tatsächlich **Realität** oder ein fataler und zugleich peinlicher **Irrtum** der Wissenschaft oder einfach eine **Lüge** bzw. ein gigantisch angelegter Schwindel, in den sich die Politik aus eigennützigen Gründen als *„Gutmensch"* eingeklinkt hat?

Die Kapitel 1, 2 und 3 dieses Buches sind daher überschrieben: **Klimawandel ist Realität, Klimawandel ist Irrtum** und **Klimawandel ist Lüge.** Das sind zunächst scheinbar krasse Gegensätze. Dennoch sind alle drei Aussagen vollkommen richtig. Wie kann das sein?

Die Lösung ist eigentlich ganz einfach: Es kommt dabei an erster Stelle auf den betrachteten Zeitraum und auf den Hintergrund des angestrebten Zwecks an. Im ersten Kapitel wird gezeigt, dass Klimawandel bzw. Klimaänderungen schon immer Realität waren, seitdem die Erde eine Atmosphäre hat. Das ist durch viele Beweise in der Paläoklimatologie und Geomorphologie sehr gut belegt. Der natürliche Klimawandel ist ein Faktum. In der Klimatologie sprach man allerdings immer schon von Klimaänderungen, Klimaschwankungen, Klimafluktuationen, Klimavariationen oder Klimapendelungen.
Bedeutende Klimatologen waren z.B. Köppen, Penck, Geiger, Troll, Paffen, von Wissmann, Creutzburg, Walter, Neef, Hänsel und andere.

Wie im Kapitel 1 gezeigt wird, ist der Zweck und das Ziel der Klimatologen immer, den Ablauf der vergangenen Klimaphasen mit sogenannten Proxidaten nachzuvollziehen, d.h. zum Beispiel durch Auswertung von alten Baumringen, von Sediment-Analysen oder von bestimmten Isotopen-Zusammensetzungen wie 18O/16O. Außerdem haben Eiszeiten und Warmzeiten sehr oft deutliche Relief-Veränderungen an der Erdoberfläche hinterlassen. In der Physischen Geographie und in der Geologie werden solchen Spuren der Klimaänderungen seit langem untersucht.

Aber in der später erfundenen „Klimawissenschaft" in den 1980iger Jahren wurde dann ein neuer Begriff eingeführt: der „Klimawandel". Der entscheidende Unterschied: zu den Methoden gehören nun nicht mehr empirische Datenanalysen und Geländearbeit, um die Dynamik des Erdklimas zu verstehen. Vielmehr beruhen die Aussagen auf Computersimulationen und Modellrechnungen und wollen nicht etwa die Klimaabläufe der Vergangenheit erklären, sondern zielen auf Klimavorhersagen bzw. auf „Klimaprojektionen".

Entsprechend liefern die Ergebnisse Aussagen über eine **Erderwärmung,** einen **Klimawandel** und eine **drohende Klimakatastrophe.** Besonders hinter dem letzteren steckt die politische Absicht einer apokalyptischen Einschüchterung der Menschen. In den Kapiteln 2 und 3 wird dieser Weg anhand vieler Detail-Ergebnisse kritisch hinterfragt.

1 Klimawandel ist Realität

Das Klima der Erde hat sich schon immer geändert, das heißt eindeutig: **Klimawandel ist Realität** – gemeint ist der natürliche Klimawandel! Über viele Millionen Jahre änderte sich das Klima ohne irgendeinen Einfluss des Menschen, also auch schon in prähistorischer Zeit (s. Abb. 1).

Allerdings wurde dieser Wandel bis vor etwa 30 Jahren in der Wissenschaft der Klimatologie nie als Wandel, sondern als *Klimaänderung, Klimafluktuation oder Klimapendelung* bezeichnet. Wenn man genauer hinschaut, ist hier bereits ein deutlicher Unterschied in der Sprache der Definitionen erkennbar.

Während „Klimawandel" auf einen <u>irreversiblen</u> Vorgang hinweist, deuten die Begriffe Klimapendelungen und die anderen oben genannten Synonyme auf <u>reversible</u> Prozesse hin. Ein vielleicht kleiner, aber doch bedeutender Unterschied. Es müsste also genau genommen nicht *„Klimawandel ist Realität",* sondern richtiger ***„Klimapendelungen oder Klimaänderungen sind Realität"*** heißen.

Diese natürlichen „Klimapendelungen" (nach dem Klimatologen H. von Rudloff) in historischer Zeit und Klimaänderungen in prähistorischer Zeit sollen hier verkürzt vorgestellt werden:

In der <u>**Erdurzeit**</u> vor rund 4 Milliarden bis 600 Millionen Jahren war das Klima generell wärmer als heute. Das bedeutet, dass auch die Polarregionen eisfrei waren. Über genauere Angaben gibt es nur relativ wenig verlässliche Informationen.

Im folgenden <u>**Erdaltertum**</u> (Paläozoikum), das bis vor 250 Millionen Jahren andauerte, wurde diese sehr lange warme Phase von zwei kälteren Eiszeiten unterbrochen. Die frühere fand vor 450 Millionen Jahren statt. Die spätere Permo-Karbonische Eiszeit vor etwa 280 Millionen Jahren und dauerte länger, ca. 50 Millionen Jahre. Beide sind heute wissenschaftlich gesichert und auch zeitlich gut bestimmt worden. Danach stieg die Temperatur wieder an. Nach jeder Eiszeit erfolgte immer eine Re-Erwärmung auf das vorausgegangene Niveau.

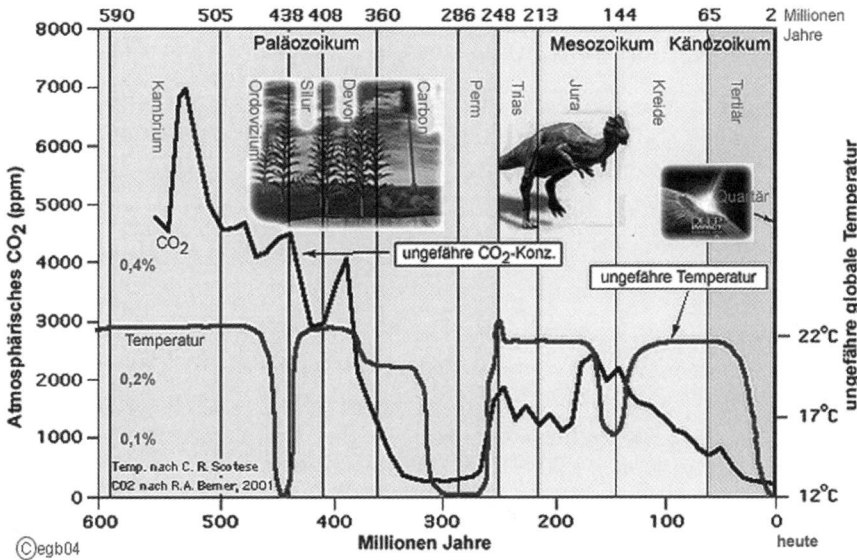

Abb. 1: Im Laufe der Erdgeschichte waren die Lufttemperaturen meist warm (ca. 25°C) - unterbrochen von mehreren Eiszeiten im Ordoviz und im Perm/Karbon. Heute (ganz rechts) ist die aktuelle Temperatur etwa 10 Grad tiefer. Gleichzeitig sieht man, dass die natürliche Temperaturschwankung immer unabhängig von den jeweiligen CO_2-Schwankungen war. (nach C.R. Scotese und R.A. Berner, 2001).
Quelle: Internet-Vademecum: 3.1.8. Klima Geschichte.

Daher betrug im **Erdmittelalter** (Mesozoikum) die globale Mitteltemperatur wieder rund 20 bis 22 °C. Diese Phase wurde nochmals durch eine deutliche Abkühlung bei 140 Millionen Jahren unterbrochen. Das war zu Ende der Jura-Zeit. Vieles deutet darauf hin, dass die Saurier in diesem Zeitabschnitt ausstarben. Man vermutet, dass unter anderem die starke Abkühlung dafür mitverantwortlich war. Gegen Ende des Erdmittelalters sorgte dann eine erneute Re-Erwärmung für das Erreichen des vorherigen Niveaus von 22 °C.

Auch in der **Erdneuzeit** (Känozoikum) blieb es zunächst bei diesem warmen globalen Temperatur-Niveau.

In der Mitte des Tertiärs begann dann aber vor etwa 60 Millionen Jahren eine neuerliche Abkühlung, die etwas später zur Vergletscherung der Antarktis führte. Vor ca. 20 Millionen Jahren war ein vollständiger, dicker Eispanzer dort vorhanden. Nur wenige Millionen Jahre später setzte die Vereisung auch in der Arktis ein. Übrigens verlangsamte sich die Verschiebung der Kontinente in dieser Zeit. Europas Küsten standen erstmals unter dem Einfluss des Golfstroms, der warmes Wasser aus den Tropen nach Norden führt. Andere Warm- und Kaltwasser-Meeresströmungen begannen, die Temperaturen an der Pazifikküste Nordamerikas zu beeinflussen. Klimatisch bedingt bilden sich in Trockenzonen, vor allem der Nordhalbkugel (Nordamerika und Eurasien) regional bedeutende Salzlager durch Verdunstungen großer Meeresteile. Etwa gleichzeitig entstanden die bedeutenden tertiären Braunkohlelager in Europa, Asien und Nordamerika.

Die Abbildung 1 nach Scotese und Berner (2001) zeigt, dass seit rund 600 Millionen Jahren die globale Temperatur sehr langfristig um etwa 10 Grad geschwankt hat. Die tiefen Absenkungen der Temperaturkurve deuten auf sehr frühe Eiszeiten hin. Völlig unabhängig davon waren die Absolutwerte und die Schwankungsbreiten der atmosphärischen Kohlendioxid-Konzentrationen immer erheblich größer als heute. Selbst wenn man die sehr hohen CO_2-Konzentrationen (bis 7000 ppm) im Kambrium außer acht ließe, so wird doch der Tiefstand der heutigen CO_2-Konzentration klar erkennbar. Das heißt, die aktuelle Konzentration von 410 ppm ist vergleichsweise erschreckend niedrig. Die oft beschriebene (und von einigen Leuten befürchtete) Verdopplung der Konzentration auf etwa 820 ppm war in der Erdgeschichte und wäre auch in Zukunft für die Natur völlig unproblematisch. Im Folgenden wird auf das Kohlendioxid in der Atmosphäre und auf seine positive Wirkung für alles Leben auf der Erde noch näher eingegangen.

Auch während des Eiszeitalters („Pleistozän" vor 800.000 Jahren bis vor 10.000 Jahren) sind deutliche Temperaturschwankungen als Wechsel zwischen Eiszeiten und Warmzeiten (s. Abb. 2) dokumentiert. Viele Pflanzen und Tiere haben diese Schwankunen erlebt und überlebt. Zum Beispiel hat man Relikte von Eisbär-Skeletten gefunden, die mindestens 600.000 Jahre alt sind. Das bedeutet, dass die Population der Eisbären diese sehr unterschiedlichen Klimabedingungen, also auch die Warmzeiten - zum Teil wärmer als heute - ganz offensichtlich ohne weiteres überlebt haben. Erste Spuren des heutigen Homo Sapiens gehen auf die Zeit von vor etwa 120.000 Jahren zurück.

Im Wechsel der Warm- und Kaltzeiten des Pleistozäns hat sich auch die Kohlendioxid-Konzentration in der Atmosphäre zyklisch geändert. In den Warmzeiten war immer mehr CO_2 in der Atmosphäre als in den Kaltzeiten. Die erstaunliche Übereinstimmung im Wechsel zeigte aber eine zeitliche Verzögerung. Erst steigt immer die Temperatur, viel später folgt dann der Anstieg der CO_2-Konzentration. Der Grund dafür liegt offensichtlich darin, dass die riesigen Ozeanoberflächen in der Lage sind, in Kaltzeiten CO_2 aus der Luft aufzunehmen und im Meerwasser zu lösen. In Warmzeiten dagegen kann das gelöste Kohlendioxid durch Ausgasen wieder in die Atmosphäre aufsteigen.

Schon durch eine geringe Temperaturzunahme an der Wasseroberfläche kann der Dampfdruck das CO_2 zum Ausgasen veranlassen. Die erstaunliche Regelmäßigkeit der Änderungen von Temperatur- und Kohlendioxid-Schwankungen im Pleistozän (innerhalb der letzten 800.000 Jahre) lässt keine andere Deutung zu. In einer Warmzeit eilt der atmosphärische Temperaturanstieg - mit geringfügig steigenden Meerwasser-Temperaturen - dem Anstieg der CO_2-Konzentration etwa 600 bis 800 Jahre voraus. Bei abkühlendem Ozeanwasser in einer Kaltzeit „hinkt" die nachfolgende CO_2-Abnahme um ca. 1000 bis 1200 Jahre „hinterher". In jedem Falle aber reagiert die CO_2-Konzentration immer nachfolgend auf die vorausgegangenen Temperaturvariationen und nicht umgekehrt, wie die Klima-Alarmisten versucht haben, ihre falsche temperatur-abhängige CO_2-These zu begründen. Interessant ist in diesem Zusammenhang auch die Tatsache, dass der Temperatur-Anstieg in eine Warmzeit hinein immer schneller erfolgte als der (langsamere) Übergang in eine Kaltzeit.

Es wird oft behauptet, dass in allen Warmzeiten die CO_2-Konzentration nie so hoch war wie heute. Das widerlegen aber CO_2-Messungen von bis zu 550 ppm zwischen 1810 und 1960, siehe Abbildung 6 des nächsten Kapitels. Auch in der gesamten Erdgeschichte (Abb. 1) hat es immer höhere CO_2-Konzentrationen gegeben als heute. Ein Extremwert wurde vor 540 Mio. Jahren mit nahezu 7000 ppm erreicht. Auch das gehört zur Realität beim natürlichen Klimawandel.

Die großen **prähistorischen Klimaänderungen,** d.h. die Wechsel zwischen Warm- und Kaltzeiten (Abb. 2), wurden zum größten Teil durch Änderungen der Erdbahnelemente verursacht. Milutin Milanković hat als erster diesen ursächlichen Zusammenhang beschrieben. Dabei werden die lang-

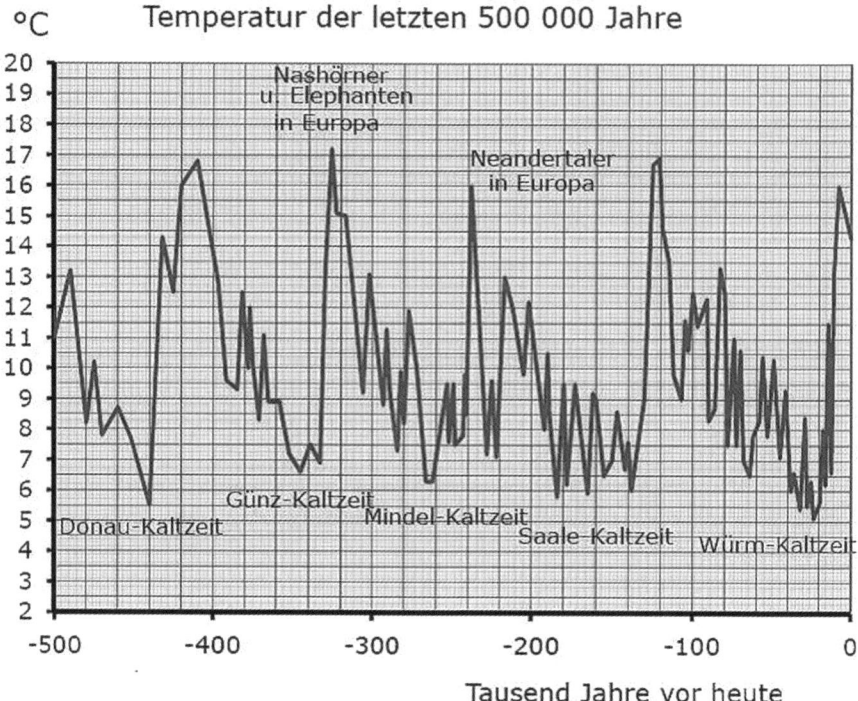

Abb. 2: Während des Eiszeitalters (Pleistozän) - hier die letzten 500.000 Jahre - haben sich Kaltzeiten (unten) und Warmzeiten (oben) fast regelmäßig abgewechselt. Vor der jetzigen Warmzeit (ganz rechts) gab es noch mehrere wärmere Epochen.
Quelle: nach Koelle, Dietrich. E. (2015)

periodischen Variationen der Solarkonstante und ihre Ausprägung auf die Jahreszeiten mathematisch beschrieben. Sie erklären die natürlichen Klimaschwankungen und sind für die Klimatologie und Paläoklimatologie von großer Bedeutung. Die wichtigsten Parameter sind die **Exzentrizität** der Erdbahn, die **Präzession, Obliquität** und die **Neigung** der Erdachse.

Die Exzentrizität der Erdbahn bewirkt **100.000- und 400.000-jährige Zyklen,** denn im Laufe eines Jahres ist der Abstand der Erde von der Sonne nicht konstant, d. h. die Erdbahn verläuft elliptisch und besitzt einen maximalen (Aphel) und einen minimalen Sonnenabstand (Perihel). Die Form der Ellipse, d.h. die Perihel-Länge, variiert sehr langsam.

Die Obliquität nennt man das Phänomen der langsamen Änderung der Schiefe der Erdachse in einem **41.000-jährigen Zyklus,** die einer Kipp-Bewegung gegen die Erdbahnebene ähnelt.

Die Präzession der Erdachse läuft in einem **23.000-jährigen Zyklus** ab, in dem die schräg stehende Erdachse eine Pendelbewegung ähnlich wie bei einem Kreisel beschreibt. Dieser Kreiselbewegung ist zusätzlich eine kleine Schwankung von 18,6 Jahren überlagert, die man Nutation nennt.

Aus der praktischen Überlagerung dieser verschiedenen Zyklen resultiert das Gesamtbild der Klimaschwankungen im Pleistozän. Außerdem vermutet man noch einen sehr langfristigen Schwankungseffekt der Sonneneinstrahlung aufgrund der Bewegung des gesamten Sonnensystems durch die Galaxis der Milchstraße. Insofern haben die natürlichen Klimaschwankungen doch ein komplexes Ursachenspektrum.

Bei den <u>historischen Klimapendelungen</u> in der Nacheiszeit (Holozän) - also seit 10.000 Jahren - hat es immer wieder Temperaturschwankungen gegeben (s. Abb. 3). Allerdings waren die Amplituden deutlich geringer als im Pleistozän. Da auch hier mehr als 30 Jahre betrachtet werden, kann man wirklich von Klimaänderungen oder Klimapendelungen sprechen. Der allgemein in der Wissenschaft anerkannte Temperaturverlauf seit Ende der letzten Eiszeit zeigt auch oft wärmere Temperaturen als heute, für die die Menschheit nicht verantwortlich gewesen sein kann.

Deutliche Klimaerwärmungen gab es vor allem in der Mittelsteinzeit (4500 v. Chr.) und in der Jungsteinzeit (2500 v. Chr.), sowie später in der Bronze- und Römerzeit (s. Abb. 3). Auffällig ist, dass in diesen wärmeren Phasen die menschlichen Kulturen immer von Fortschritten begleitet waren. Die Zeit der Klimagunst in der Mittel- und Jungsteinzeit hielt mehrere hundert Jahre an und es war deutlich wärmer als heute.

Kältere Perioden dagegen führten oft zu Völkerwanderungen (s. Abb. 3). „Klimaflüchtlinge" hat es in der Geschichte der Menschheit immer nur in kälteren Zeiten gegeben. Das lag vor allen daran, dass kalte klimatische Bedingungen die Erträge des Ackerbaus kleiner werden ließen und diese schließlich als Ernährungsgrundlage nicht mehr ausreichten. In den Kaltphasen im 2. und 3. Jh. v. Chr. kam es zu Ernteausfällen und Hungersnöten, die die Bevölkerung (z. B. Kimbern und Teutonen, Sweben und Markomannen) dazu zwangen, nach fruchtbarem Land und wärmeren Klimabedingungen zu suchen. Das war die historisch überlieferte Zeit der großen Völkerwanderungen in Europa. Ihr Zug nach Süden führte sie u.a. nach Böhmen. Aber nach jeder Kaltphase folgte immer wieder eine natürliche Re-Erwärmung.

So folgte dann nach der Römer-Warmzeit einige hundert Jahre später, um das 12. Jahrhundert herum, erneut eine Phase mit sehr mildem Klima. In dieser kulturgeschichtlich bedeutsamen Zeit der Gotik, dem „mittelalterlichen Klima-Optimum", wurde es in Europa wieder relativ warm. Überliefert ist zum Beispiel ein ertragreicher Weinanbau in Mittel-England.

Darauf folgte dann die sogenannte **„Kleine Eiszeit"** von Anfang des 15. Jahrhunderts bis zu Beginn des 19. Jahrhunderts. Trotz regionaler Unterschiede war in der Mitte dieser kleinen Eiszeit die starke Abkühlung für fast 100 Jahre sogar weltweit nachzuweisen. Viele Grachten und Kanäle im Norden der Niederlande waren nicht nur in den Wintern komplett zugefroren.

In den langen und eiskalten Wintern wurden vielerorts die Lebensmittel sehr knapp. Eine Aussaat war fast unmöglich und die geringen Erträge reichten nicht aus. In London konnte mehrfach auf der zugefrorenen Themse ein „Frostjahrmarkt" stattfinden. In New York war in vielen Wintern das Eis im Hafen mühelos zu überqueren und die großen Seen Nordamerikas tauten erst im Frühsommer für wenige Monate auf.

Im Anschluss an die kleine Eiszeit (rechts in Abb. 3), folgte erneut eine natürliche Wiedererwärmung um etwa 1,5 °C in den letzten 200 Jahren. Das ist der Zeitraum, in dem die Industrialisierung (auch "Industrielle Revolution") in Europa begann. Ein genauer Zeitpunkt ist schwer anzugeben, weil sie im späten 18. Jahrhundert in England einsetzte und in der zweiten Hälfte des 19. Jahrhunderts in vielen anderen Ländern Europas weiterging.

Die Klima-Alarmisten täuschen aber heute die Öffentlichkeit und behaupten, die sonst immer natürliche Wiedererwärmung würde dieses Mal (genauer Zeitpunkt unbestimmt!) auf menschliche Einflüsse zurückgehen. Dass Kohlendioxid dabei überhaupt keine Rolle spielen kann, wird dann im Kapitel 3 ausgeführt.

Insgesamt muss man also feststellen, dass es mehrfach zahlreiche Klimawandel-Zeiten (Klimaänderungen und Klimapendelungen) gegeben hat.

Klimawandel ist und war schon immer Realität. Allerdings war nie der Mensch für wechselhaftes Klima in irgendeiner Weise verantwortlich. Alle uns bekannten Temperaturänderungen in prähistorischer und historischer Vergangenheit **beruhten immer auf natürlichen Ursachen.**

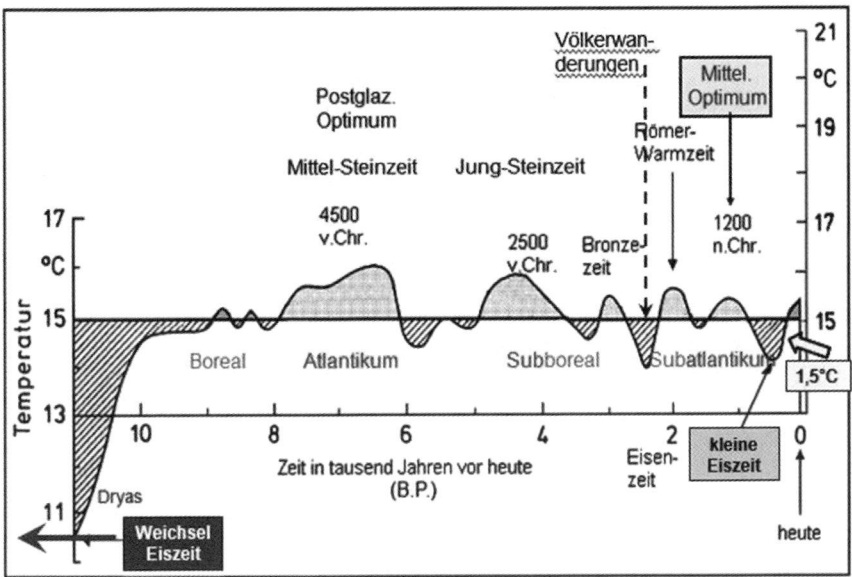

Abb. 3: In der Nacheiszeit (Holozän) war die Temperatur keineswegs konstant.
Wärmere und kühlere Perioden wechselten sich immer ab.
(nach Schönwiese 1997, ergänzt nach Kirstein)

2 Klimawandel ist Irrtum

Die „Deutsche Physikalische Gesellschaft" (DPG), genauer der „Arbeitskreis Energie", gab auf der Pressekonferenz am 22. Januar 1986 um 15 Uhr in Bonn im Hotel Tulpenfeld eine Warnung vor einer „drohenden weltweiten Klimakatastrophe" offiziell heraus. Darin hieß es unter anderem: *„Die Temperatur auf der Erde hängt **sehr empfindlich** vom Gehalt der Luft an Spurengasen wie CO_2 ab."*

Dies ist eindeutig falsch, wie wir heute wissen. Noch schlimmer ist die Behauptung der DPG: *„Diese **eindeutige Verknüpfung** von Schwankungen des CO_2-Gehalts der Luft mit daraus resultierenden Schwankungen der Temperatur auf der Erde wurde erst innerhalb der letzten Jahre erkannt."*

Wie kam nun die DPG zu dieser sachlich völlig falschen Behauptung, die sich auf *die letzten Jahre* bezieht? Aus der Abb. 4 ist der Irrtum der DPG deutlich erkennbar: Der Anstieg der Temperatur korrelierte sehr deutlich mit der weltweiten CO_2-Konzentration von etwa 1977 bis 2003, also ca. 25 oder 26 Jahre.

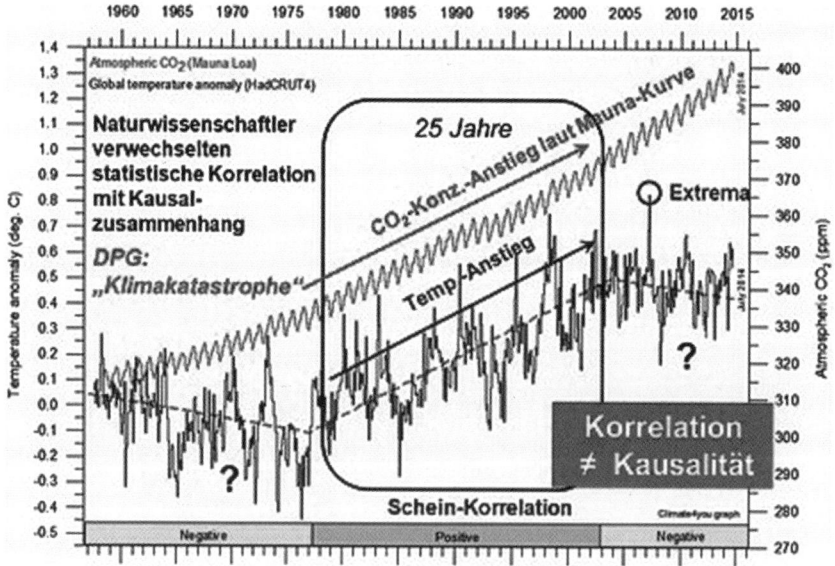

Abb. 4: Der Irrtum, den die Deutsche Physikalische Gesellschaft nicht erkannt hat, wurde bereits (1986) also nach 9 Jahren als „eindeutige Verknüpfung" deklariert.

Nur in diesem Zeitraum war ein statistischer Zusammenhang deutlich erkennbar, eine **positive Korrelation** (siehe Balken über der x-Achse).

Die Jahre zuvor und danach zeigen ganz deutlich eine negative Korrelation. Dies bedeutet, dass mit steigender CO_2-Konzentration die Lufttemperatur abgenommen haben müsste. Um einen solchen Unfug nicht erklären zu müssen, hätte man lieber gleich jedweden Kausalzusammenhang aufgeben sollen. Der Irrtum der DPG-Physiker beruht nämlich auf einer Verwechslung von statistischer Korrelation mit einem kausalen Zusammenhang. Dass so etwas ausgerechnet Naturwissenschaftlern bzw. Physikern passiert, ist schon außerordentlich peinlich. Gerade im Physikstudium ist die Statistik meist ein obligatorisches Pflichtnebenfach. Da sollte man doch meinen, die Physiker wissen, was eine Scheinkorrelation und was ein Kausalzusammenhang ist.

Wenn nicht, könnte man ja mal an viele Beispiele offensichtlicher Scheinkorrelationen denken z.B.: Das klassische Beispiel, dass die Zahl der Störche eine hoch signifikante Korrelation zu den Neugeburtenzahlen aufweist. Das ist zweifellos statistisch belegt, aber vielleicht glauben die DPG-Physiker da auch an einen Kausalzusammenhang?

Die Zahl der Todesfälle von Rollstuhlfahrern korreliert nachweislich hoch mit den Preisen für Kartoffelchips. Ebenso existiert ein eindeutiger statistischer Zusammenhang zwischen dem Preisanstieg von Uran in den USA mit der Zahl der Alkoholvergiftungen dort. Es gibt viele solcher Beispiele für Scheinkorrelationen. So auch der (zeitlich begrenzte) Zusammenhang zwischen bodennaher Lufttemperatur und atmosphärischer CO_2-Konzentration.

Das hielten die „Energie-Koryphäen" der DPG **irrtümlich** auch für einen Kausalzusammenhang und zwar bereits 9 Jahre nach Beginn der Zufallskorrelation. Eine Lawine von Klima-Simulationen mit immer teurer werdenden Großrechnern zog das nach sich. Jeder, der schon einmal mit Modellrechnungen gespielt hatte, sah die Gunst der Stunde, beträchtliche Fördergelder aus der Staatskasse zu erhalten.

Am Rad der Klimakatastrophe wurde noch weitergedreht:

„Kohlendioxid, das aus der Verbrennung von Kohle, Erdöl und Erdgas stammt, steige rapide an. Dieser Anstieg geschehe weltweit gleichmäßig vom Nordpol über alle Breitengrade bis zum Südpol." (laut Prof. Heinloth, DPG).

Auch das ist ein Irrtum. Oder war es nur peinliches Unwissen in einer fachfremden Disziplin? Ein gleichmäßiger Anstieg und eine Gleichverteilung der Kohlendioxid-Konzentration ist nicht nachgewiesen. Die angeblichen Auswirkungen einer „Erderwärmung" sind jedenfalls laut Klima-Alarmisten in einigen Teilen der Erde erheblich stärker als in anderen. Die angebliche Erderwärmung soll nämlich nach den Modellrechnungen besonders gravierend in den Polarregionen mit **+5°C** auftreten. Dagegen müsste in den USA und Kanada mit einer Abkühlung von **-4°C** durch die Erd-**„Erwärmung"** gerechnet werden. Auch Gebiete Zentralasiens, Ostafrikas und Südamerikas wären weit weniger von der CO_2-indizierten Klimaerwärmung betroffen. Wie kann denn bei *„weltweit gleichmäßigem CO_2-Anstieg über alle Breitengrade"* ein so starkes Ungleichgewicht der Erwärmung auftreten? Die Antwort ist: Widersprüche und Irrtümer in den ohnehin sehr ungenauen Klimamodellen.

Außerdem zeigt die Lufthülle der Erde, ähnlich wie auch die Wassermassen der Ozeane, eine ungleichmäßige Gezeitenrotation. Die globale CO_2-Konzentration ist also keinesfalls ***„gleichmäßig vom Nordpol bis zum Südpol homogen über alle Breitengrade verteilt"***, sondern ändert sich ständig, mitunter täglich durch große Luftmassenströmungen, wie zum Beispiel die Passatwinde. Das müssten Physiker eigentlich wissen, da dies bereits im Geographieunterricht der Schule gelehrt wird.

Über die Aussagekraft von Klimamodellen gab es schon immer rege Diskussionen. Ein Qualitätsmerkmal für Computersimulationen sind zu allererst einmal die Aussagen der Modelle über die Klimaentwicklung in der Vergangenheit. Solange die Modelle das prähistorische und historische Klima nicht korrekt widergeben können, sind alle Modellierungen für die Zukunft wertlos und unbrauchbar. Genau daran kranken aber die Simulationen, auch bei unveränderten oder gesunkenen Temperaturen. Sogar bei den negativen Korrelationen in Abbildung 4 haben die Modelle immer eine Erwärmung vorhergesagt. Seit über 30 Jahren wurden immer größere und immer teurere Computer eingesetzt, aber die Ergebnisse sind eher ungenauer geworden.

Die Fehler im Output der Rechner gehen auf Fehler oder Unwissenheit der scheinbar verantwortlichen Parameter beim Input zurück. Der größte Fehler ist dabei die Zunahme der CO_2-Konzentration als Grundlage für jede Berechnung von Prognosen oder auch „Klimaprojektionen". Wie man in Abb. 4 sieht, war das nur für etwa 25 Jahre **scheinbar** richtig (Scheinkorrelation).

Aus den Modellen wurden z.B. angeblich häufigere Dürren in Nordafrika vorhergesagt. Tatsächlich haben Satellitenmessungen eine Zunahme der Vegetation in wärmeren Breiten geliefert.

Auch das vorhergesagte Absinken der Landmassen Bangladeschs unter den Meeresspiegel war ein großer Irrtum der Modellierungen. Ganz im Gegenteil: Die Fläche von Bangladesch hat seit Jahrzehnten stetig zugenommen. Das wurde aus Flächenmessungen von Satelliten aus nachgewiesen.

Ein weiterer Fehler in den Modellrechnungen ist, dass die komplexe Dynamik der Wolkenentwicklungen und Meeresströmungen nicht oder absolut unvollständig erfasst werden kann. Damit sind weitere Irrtümer der Modell-Aussagen vorprogrammiert. Ein kanadischer Modellierer stellte einmal fest: *„Sagen Sie mir, welches Ergebnis Sie haben wollen, ich konstruiere das entsprechende Modell."* Alle Meteorologen wissen, wie schwer allein schon Wetterprognosen für eine Woche im Voraus vorherzusagen sind. Die Klimawissenschaftler ignorieren einfach, dass Wetter und Klima im physikalischen Sinn chaotische, unvorhersagbare Entwicklungen nehmen. Eine Prognose für Jahrzehnte ist praktisch unmöglich, und dient ganz offensichtlich anderen, politischen Zwecken (s. Kap. 3 und 10).

Selbst der Weltklimarat (IPCC) gibt 2001 den großen Irrtum bei den Klimamodellen (siehe auch Kap. 9) zu: *__„In der Klimaforschung und -modellierung sollten wir erkennen, dass es sich um ein gekoppeltes nicht-lineares chaotisches System handelt. Deshalb sind längerfristige Vorhersagen über die Klimaentwicklung nicht möglich."__*

In einer jüngst veröffentlichten Studie verglichen Patrick J. Michaels und Paul C. Knappenberger (Center for the Study of Science, Cato Institute) gemessene globale Erwärmungsraten der Temperatur seit dem Jahr 1950 mit Aussagen von 108 Klimamodellen, die von Klimawissenschaftlern für die Politikberatung erstellt wurden. Es zeigte sich, dass die Klimamodelle viel höhere Erwärmungen vorausgesagt hatten als tatsächlich beobachtet werden konnten.

Auch Satellitenmessungen bestätigen einen „Stillstand" der Erderwärmung seit fast 20 Jahren, obwohl die CO_2-Emissionen im gleichen Zeitraum weiter stetig gestiegen sind.

Professor John Christy, ein amerikanischer Klimatologe, sagte: *"Wenn eine Theorie den Fakten widerspricht, muss man die Theorie ändern"*. Das zeigt doch, welchen Stellenwert die theoretischen Klimamodelle bei renommierten Klimatologen haben.

Der ständige Anstieg der Kohlendioxid-Konzentration in der Atmosphäre (Abb. 4) geht auf einen physikalischen Irrtum von *Charles David Keeling* zurück. Völlig andere Werte der historischen CO_2-Konzentration zeigte eine Veröffentlichung von *Jaworowski, 2004* (Abb. 5). Daraus geht hervor, dass die speziell ausgewählten und eingekreisten Werte den vorindustriellen CO_2-Wert von 280 ppm eigentlich bestätigen sollten. Das widerspricht aber eindeutig den Messungen. Die Maximalwerte gehen sogar über 500 ppm hinaus. Der angeblich „vorindustrielle" Wert von 280 ppm ist offensichtlich falsch.

Das bedeutet, die Mauna-Loa-Kurve nach Keeling (Abb. 4) verliert danach vollständig ihre Glaubwürdigkeit. Zudem hat C.D. Keeling nie angegeben, wie er seine CO_2-Werte ermittelt hat. Auf direkten Messungen beruhen sie jedenfalls nicht.

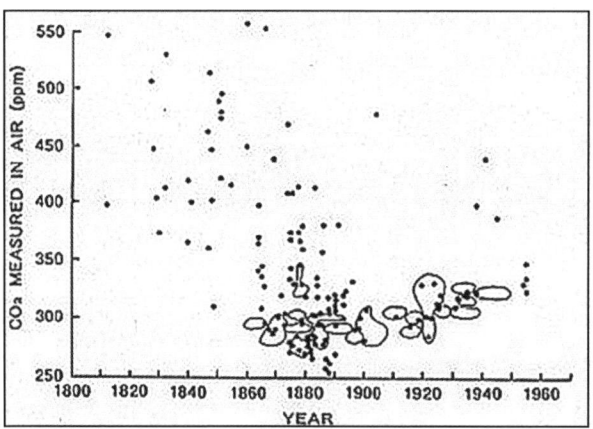

Abb. 5: CO_2-Messungen zwischen 1810 und 1960. Die Messwerte zeigen eine sehr große Streuung. Die Maximalwerte gehen über 550 ppm hinaus. Der angeblich „vorindustrielle" Wert von 280 ppm ist offensichtlich falsch.
Quelle: Jaworowski, 2004

Die Klima-Modelle führen noch bei anderen Beispielen zu völlig falschen Aussagen. Auf diese wird später noch eingegangen, da sie nicht mehr als Irrtum bezeichnet werden können, sondern in den Bereich vorsätzlicher Täuschung, Schwindel oder Lüge fallen.

3 Klimawandel ist Lüge

Die derzeitigen Klimaänderungen seit Beginn der Industrialisierung sollen angeblich von menschlichen Kohlendioxid-Emissionen stammen: aus Industrie-Schornsteinen, aus PKW-Abgasen, aus Verbrennungsrückständen von Kohle, Braunkohle, Erdöl und Erdgas und anderen. Das bezweifelt niemand, aber dass dieses unsichtbare, ungiftige und geruchlose Gas irgendeinen Einfluss auf das Klima der Erde haben soll, das wird von sehr vielen Experten heftig bestritten.

Fast alle politischen Parteien haben sich diesem Mythos in der Vergangenheit angeschlossen und das Kohlendioxid zum Sündenbock der Umweltverschmutzung gemacht. Umweltschutz ist und war schon immer ein wichtiges Thema in unserer heutigen Wohlstandsgesellschaft. Es ist absolut richtig, dass zum Beispiel unsere Industrieprodukte schadstofffrei sein sollten, und dass auch die Verpackungsmaterialien umweltfreundlich und recycelbar sein sollten. Vor allem müssen Lebensmittel gesund sein und dürfen auf keinen Fall Schadstoffe enthalten. Insoweit ist aktiver Umweltschutz enorm wichtig und gesetzlich abzusichern.

Diese Idee wurde nun von der Umweltpolitik ausgedehnt auf andere Schadstoffe und Gase in der Atmosphäre. In Deutschland gibt es ein unvergleichliches und weit übertriebenes Umweltbewusstsein. Daher wurde die sicher berechtigte Forderung nach einer sauberen Umwelt auch auf Bereiche ausgedehnt, die der „Naturschützer" für ebenfalls schutzwürdig hält. Der Sinn und die Richtigkeit werden nicht mehr hinterfragt. Die Meinung von Fachleuten wird ignoriert und die Alles-Schützer urteilen nur nach ihrem Bauchgefühl ohne jede wissenschaftliche Expertise. Die in der Religion verbreitete These, der Mensch sei ein Sünder, wird falsch verstanden auf den Umweltsünder ganz allgemein übertragen. Diese als Ökologismus bezeichnete Grundmentalität wurde ohne hinzuschauen auch auf das Klima übertragen. Während Umweltschutz, wie gesagt, eine wichtige Forderung darstellt, ist ein frei erfundener „Klimaschutz" völliger Unsinn. Darauf wird später im Kapitel 4 und den folgenden Kapiteln noch genauer eingegangen.

Der „Klimaschutz" wurde von weiten Teilen der Bevölkerung von der Bewegung eines Ökologismus angenommen. Die Politik schaffte dazu die gesetzlichen Grundlagen, weil einer breiten Meinung in der deutschen Bevölkerung entsprochen werden sollte. Damit sicherte sich die Politik Wählerstimmen, wenn dieser gesellschaftlichen Forderung Rechnung getragen wird. Wie von einem Virus infiziert, wurden fast alle Parteien von dieser Ideologie angesteckt, freilich mit dem Gedanken, Wählerstimmen zu gewinnen. Die Grünen mussten zusehen, wie ihr früherer Schwerpunkt, *der Klimaschutz,* nun ein „All-Parteien-Thema" wurde. Zunächst war es nur die AfD, die sich schon früh von dieser unbewiesenen CO_2-These entfernte.

Seit kurzer Zeit hinterfragen aber auch Politiker anderer Parteien dieses CO_2-Dogma mehr und mehr, wobei niemand weiß, ob in den Parteispitzen der Schwindel nicht längst bekannt ist. Nur bei den Grünen kann man sich wohl sicher sein, dass niemand dort eine Ahnung von dem gigantischen Klimaschwindel und den tatsächlichen, naturwissenschaftlichen Fakten hat. Was vor einigen Jahren kaum jemand für möglich gehalten hat, ist, dass ausgerechnet innerhalb der CDU/CSU die *„WerteUnion"* hier offiziell Widerstand angesagt hat – und das in der Stammpartei der Klimakanzlerin. In einem *Klima-Manifest* vom Januar 2020 wird unmissverständlich erklärt, dass der Mensch mit dem Beginn der Industrialisierung etwa Mitte des 19. Jahrhunderts niemals das Weltklima hätte beeinflussen können. Dazu, so auch die Meinung von Experten, bringe das extrem dünn verteilte Spurengas CO_2 nicht die erforderliche Energie in die Atmosphäre ein, um eine „Klimakatastrophe" auslösen zu können.

Das Klimamanifest 2020 steht unter dem Motto:

„Die Sonne steuert unser Klima, nicht das CO_2 - Für eine stabile, bezahlbare und sichere Energieversorgung – Gegen Ökodiktatur und pseudowissenschaftliche Untergangspanik".

Damit kämpft jetzt die bayerische WerteUnion aktiv gegen den Klima-Alarmismus an. Aus dem *Klima-Manifest* vom Januar 2020 geht hervor, wie ernst es der CSU in der WerteUnion ist, mit der politischen Ideologie vieler Parteien und der Bundespolitik aufzuräumen. Auch in der bundesweiten WerteUnion der CDU und im „Berliner Kreis" der CDU setzt sich die wissenschaftlich begründete Wahrheit zum Klimawandel nunmehr durch. In den Leitsätzen des verabschiedeten „Klima-Manifests" heißt es unter anderem:

„Deutschland ist mit seiner Klimarettungsagenda völlig auf dem Irrweg. Die Unionsparteien müssen sich von der ideologischen Einflussnahme durch die Klimapropagandisten befreien, die linke Meinungsdiktatur brechen und endlich wieder eine offene wissenschaftliche Diskussion über die Frage zulassen, wie unser Klima gesteuert wird. Dann wird sich die Theorie vom „Kohlendioxid-bedingten Klimawandel" in kürzester Zeit in Luft auflösen. Diese Wende fordert die WerteUnion in Bayern „unverzüglich", weil sonst das freie und wohlhabende Deutschland sehr bald Vergangenheit sein wird."

Viele Aspekte des Autors dieses Buches zum Schwindel beim Klimawandel, die er in vielen Vorträgen in der Öffentlichkeit und in Internetvideos seit 10 Jahren verbreitet hat, findet man nun auch im Klima-Manifest 2020 wieder. Wenn das Manuskript nicht schon weitgehend zuvor erstellt worden wäre, hätte die Kernaussage: „Die Sonne steuert unser Klima, nicht das CO_2" auch als Buchtitel hier gewählt werden können.

Der Nobel-Preisträger und Physik-Professor Dr. Ivar Giaever bezeichnete die Studien über den angeblich menschengemachten Klimawandel in einem Vortrag in Lindau 2012 als „Pseudowissenschaft". Schließlich publizierten auch im September 2019 etwa 500 Wissenschaftler die „Europäische Klimaerklärung" mit dem Titel ***„Es gibt keinen Klimanotstand"***. Dennoch rief das Europäische Parlament am 28.11.2019 den Klimanotstand aus - mit einer Mehrheit von 429 Stimmen, 225 Gegenstimmen und 19 Enthaltungen. Der schwache Trost bei aller Dummheit des EU-Parlaments: Ungefähr ein Drittel der Abgeordneten waren vom sachlichen **Unsinn eines Klimanotstandes** überzeugt.

Eine „Rechtfertigung" für den anthropogenen Klimawandel glaubten die Anhänger dieser Hypothese in der Aussage zu finden, dass eine Mehrheit von 97% der Wissenschaftler von der Schuld des Menschen am Klimawandel überzeugt sei. Eine Studie von John Cook versuchte diese Falschinformation zu verbreiten. Die Medien, insbesondere die „Öffentlich-Rechtlichen" Staatsmedien in Deutschland haben das natürlich sofort unterstützt und sehr oft wiederholt. Die Medien wiederholen gerne Falschmeldungen so oft – mitunter täglich – bis sie selbst und die Öffentlichkeit dran glauben.

Cook hatte knapp 12.000 Forschungsarbeiten zu den Themen Klima und Umwelt darauf untersucht, ob sie dem Menschen die Schuld am Klimawandel geben oder nicht. Im Ergebnis hat Cook präsentiert, dass sich 97 Prozent der Studien und Arbeiten einig wären, dass der Mensch an allem schuld ist. Das war eine dreiste Lüge, denn eine Überprüfung dieser Behauptung ergab ein ganz anderes Bild: Mittels falscher Klassifizierung blieben im Endeffekt nur ganze 0,54 % der Arbeiten übrig mit der Meinung, dass der Mensch auch nur zu mindestens 50 % am Klimawandel schuld ist. Das Gegenteil ist also der Fall:

Immer mehr Wissenschaftler wenden sich von den apokalyptischen Aussagen des IPCC ab. Eine Klimakatastrophe lässt sich nicht aus den prähistorischen und historischen Daten herleiten.

Wie später noch genauer gezeigt wird, ist die Ursache vom Phänomen der Sonnenaktivität und von Erdbahnparametern abhängig. In diesem Sinne unterstreicht das auch die WerteUnion in ihrem Papier zum Klima-Manifest 2020.

Auch in den folgenden Kapiteln wird der menschengemachte Klimawandel als großer Schwindel entlarvt. Das heißt: Die Dynamik des Klimas bzw. die Klimapendelungen in der Vergangenheit gehen allein auf natürliche Ursachen zurück. Die Temperaturzunahme seit Mitte des 19. Jahrhunderts stellt eine Re-Erwärmung nach der kleinen Eiszeit dar. Auf jede Abkühlungsphase oder Kaltzeit folgt immer eine Wieder-Erwärmung. Dazu zählt auch die Temperaturzunahme seit etwa 1900 bis heute. Eine Verantwortung des Menschen am Klimageschehen ist nicht nachweisbar, wie später noch gezeigt wird.

Michael Mann publizierte einen angeblichen Verlauf der Temperatur, der die realen Schwankungen nivellierte (Abb. 6) und ein quasi stabiles Klima vorgaukeln sollte. Die Kurve von *Michael Mann* (1999), einem extremen, fast schon fanatischen Vertreter der drohenden Klimakatastrophe, wurde schnell als Betrug entlarvt.

Prof. H. H. Lamb, der Gründer der *„Climate Research Unit Of East Anglia"* *(CRU-EAU)* veröffentlichte 1977 eine Grafik, die dem Temperaturverlauf in Abb. 7 sehr ähnlich sah. Er ging also von einer sehr warmen Periode um 1200 aus, dem mittelalterlichen Optimum, und er bestätigte auch die nachgewiesene „Kleine Eiszeit" im 16. und 17. Jahrhundert. Allerdings änderte

Abb. 6 (oben): Die gefälschte Temperaturkurve (Michael Mann's Version). Sie täuscht eine quasi stabile Temperatur zwischen 1000 und 2000 vor.   Quelle: Letsch, Roger: Ein Pokerspiel um Hockeystick und Klimakatastrophe, 2019 – (Stichwort: „Unbesorgt")

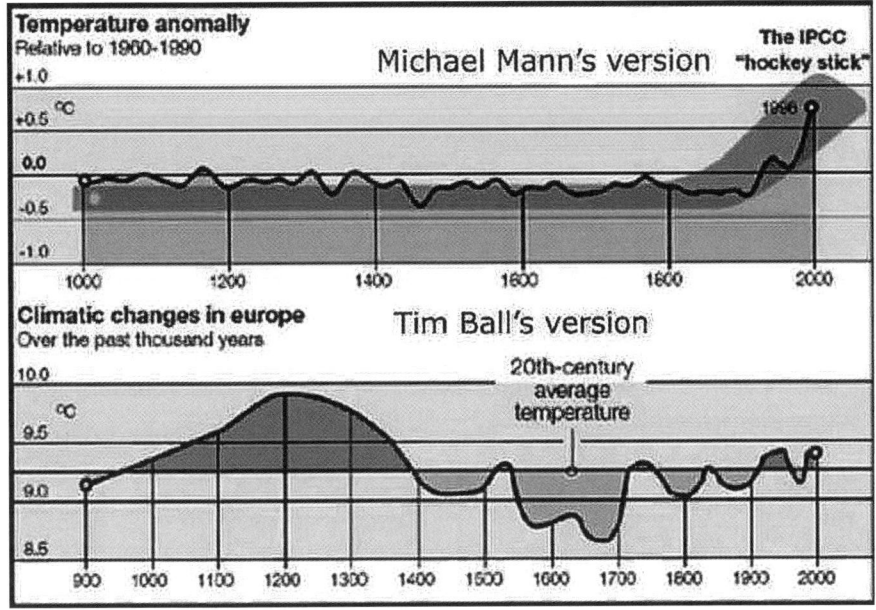

Abb. 7 (unten): Der tatsächliche Verlauf der Temperatur in Europa während der letzten 1100 Jahre (Tim Ball's Version). Quelle: Letsch, Roger, 2019 (wie oben)

er später seine Meinung grundlegend unter dem Einfluss des IPCC. Schon im zweiten „Assessment Report" des IPCC von 1995 sah die Abbildung ganz anders aus. Danach folgte Lamb nun der gefälschten Hockeystick-Kurve von Michael Mann (Abb. 6).

Die ganze *Climate Research Unit Of East Anglia* mutierte von solider Klimatologie zum Verfechter der Klimakatastrophe. Sehr bekannt wurde der Climate-Gate-Skandal um Phil Jones mit den versehentlich offen gelegten Absprachen unter den Klima-Alarmisten in zahlreichen, bis dahin geheimen E-Mails.

Seinen Namen erhielt die Hockeystick-Graphik durch die konstruierte Ähnlichkeit mit der Form eines Hockeyschlägers. Sie unterdrückt und nivelliert das Mittelalterliche Optimum und die kleine Eiszeit im 16. und 17. Jahrhundert. Auf eine quasi konstante Klimakurve folgt dann etwa ab 1900 ein starker Temperaturanstieg durch die vermeintliche Industrialisierung mit den anthropogenen CO_2-Emissionen. Ein Narr, wer das einfach nur glaubt (s. Kapitel 11: „Glaube versus Wissen").

Während des Mittelalterlichen Optimums war der Weinbau in England (!) sehr bedeutend. Man weiß, dass es in der langen Warmphase im 12. Jahrhundert in England 38 Weinberge gab. Im Norden reichten sie bis Yorkshire. Nicht nur einzelne Extremwerte, sondern auch die kontinuierliche Dynamik der Temperatur der letzten 1100 Jahre bei der globalen Lufttemperatur wurde geglättet und gefälscht. Die Dynamik und die relativ warme Phase wurden nun einfach geleugnet, um den Einfluss des „bösen Menschen" zeigen zu können. Für *Michael Mann* war nur wichtig, ein quasi stabiles Klima über 800 Jahre vorzutäuschen, ungeachtet der historischen Fakten.

Der Klimakatastrophe des IPCC, des „East-Anglia-Instituts" in England und des deutschen „Potsdamer Instituts" (PIK) folgten schnell weitere wissenschaftliche Einrichtungen, die dringend staatliche Fördergelder benötigten, weil die Grundfinanzierung an deutschen Hochschulen immer stärker gekürzt wurde. Das amerikanische Hochschul-Modell der „Drittmittel-Einwerbung" wurde auch in Europa installiert. Die Hochschullehrer sahen sich gezwungen, Forschungsfinanzierungen auch von außerhalb des knappen Universitätsbudgets einzuholen. Ein gigantischer wissenschaftlicher Betrug konnte auf diesem Wege ins Rollen gebracht werden, der genau in das ideologische Muster der Politik passte. Nicht mehr die Professoren allein, sondern die zusätzlichen Geldgeber in den verschiedenen Ministerien konnten nun die Forschungsrichtungen und Prioritäten gezielt lenken und fördern. Viele Hochschullehrer sahen und sehen immer noch, dass die bisherige Freiheit in Forschung und Lehre in eine politische Abhängigkeit geraten ist. Zwei Fliegen konnte die Politik mit einer Klappe schlagen: Gewünschte Einsparungen und bewusst „politisch vorrangige" Forschungsvorgaben durchsetzen.

Die politische Drohung „Klimaerwärmung" konnte sich zu einem unglaublich großen Lügen-Monster aufblähen. Einen vergleichbaren Skandal gab es in der Geschichte der Menschheit erstmals zur Zeit der Inquisition vor rund 400 Jahren: **„Das Dogma des geozentrischen Weltsystems".** Mit allen Mitteln wurde damals von der Kirche die Wahrheit über das heliozentrische Weltbild unterdrückt. Galileo Galilei wurde schließlich am 22. Juni 1633 von der Inquisition gezwungen, seine wahren, auf Beobachtungen gestützte Aussagen zu widerrufen.

Der sogenannte menschengemachte Klimawandel ist heute im Grunde wieder zu einem Dogma von mindestens vergleichbarem Ausmaß geworden.

Jeder vernunftbegabte Mensch kann sich heute selbst ein Bild machen und sich unabhängig informieren **– aber ideologiefrei -** über die Fakten zur Entwicklung des globalen Klimas, über den angeblichen Einfluss des Menschen und die Methoden und Absichten der Klima-Alarmisten. In den folgenden Kapiteln wird das mit vielen Details noch genauer herausgestellt.

4   Wetter ist nicht gleich Klima

Wie die gleichgeschalteten Leitmedien mit dem Wort Klima umgehen, ist bereits gezielte Desinformation und Manipulation. Vom interessierten und auch gebildeten Laien verlangt niemand, dass er die genaue Definition aus der Klimatologie für den Begriff Klima kennt. Fragt man irgendjemanden, was mit der Vokabel *Klima* denn genau gemeint ist, wird oft ein ziemlich verschwommenes Bild skizziert. Beim Wort Wetter ist das verständlicherweise ganz anders. Alle reden vom Wetter - das Lieblingsthema vieler Menschen. Wer aber Wetter von Klima nicht klar unterscheiden kann, wird immer wieder darauf hereinfallen, dass man von vereinzelten, lokal auftretenden Wetterereignissen, auch extremen, **niemals** auf den Gesamtkomplex Klima oder gar auf das globale Klima schließen kann. Dabei sollten Schüler den Begriff Klima eigentlich schon in der Schule kennengelernt haben und auch zwischen Klima und Wetter unterscheiden können. Dort lernt man auch, dass die Klimatologie sich schon vor mehr als hundert Jahren darauf verständigt hat, aufgezeichnete Wetterereignisse **aus mindestens dreißig Jahren** auszuwerten, um überhaupt Klimaaussagen treffen zu können.

Bei kleineren Zeiträumen wird in der Meteorologie immer von Witterung oder von Großwetterlagen gesprochen. Wenn zum Beispiel mehrere Tage oder mitunter auch Wochen eine lokale Trockenperiode auftritt, liegt das an einer Großwetterlage. In vielen Fällen kann auch eine „Blockierungswetterlage" verhindern, dass der sonst übliche Wetterwechsel vorübergehend ausbleibt. Eine blockierte Wetterlage liegt dann vor, wenn sich großräumige Hoch- und Tiefdruckgebiete kaum von der Stelle bewegen. Eine solche blockierende Wetterlage kann durch die Abschwächung eines sonst stabilen Polarwirbels entstehen. Die komplexen Luftströmungen sind eben nicht einfach erklärbar und vorauszuberechnen, sondern stellen chaotisch ablaufende Prozesse in der Atmosphäre dar.

Eine ausgesprochene Blockierungswetterlage gab es zum Beispiel in der ersten Augusthälfte des Jahres 2003. Wörtliches Zitat vom Redakteur Christoph Gunkel in *SPIEGEL online,* datiert auf den 31.07.2013 (11:01):

„Dieser Sommer war ein Desaster! Im August 2003 stiegen die Temperaturen in Europa auf bis zu 47,5 Grad. Doch der in den Medien gefeierte Märchensommer war tatsächlich eine der größten Naturkatastrophen in

der Geschichte des Kontinents. Wälder brannten, Flüsse trockneten aus - und Zehntausende Menschen starben."

Unglaublich diese Aussage! Natürlich sterben irgendwo immer Menschen, auch Zehntausende, aber **nicht ursächlich** durch die 14-tägige Warmphase in Mitteleuropa. Dabei fand diese Rekordwärme nur in Mittel- und Westeuropa statt. Außerhalb dieser Region waren im gleichen Zeitraum sogar sehr niedrige Sommertemperaturen zu verzeichnen. Auch Journalisten dürften in der Lage sein, Wetter oder Großwetterlagen als vorübergehendes und lokal begrenztes Phänomen zu erkennen. Aber im Boulevard-Journalismus ist eben Panikmache viel wichtiger als reale Berichterstattung.

Ein schönes Beispiel war auch der bei uns übermäßig warme Sommer 2018, der in den deutschen Wetterberichten, vor allem bei den Öffentlich-Rechtlichen, als Unwahrheit oder allenfalls als Halbwahrweit dargestellt wurde. Den sogenannten „Rekordsommer" gab es nämlich nur in NW- und Mittel-Europa, in einem kleinen Teil von SO-Grönland und im NW Nordamerikas. Was in den deutschen Wetterberichten 2018 nicht gesagt wurde, ist die Tatsache eines Ausgleichs in anderen Regionen mit überdurchschnittlich kalten Sommertemperaturen auf der Nordhalbkugel der Erde. Im Mittel betrug die gesamte Abweichung um ±0 Grad.

Jörg Kachelmann gehört zu jenen Meteorologen, die kein Blatt vor den Mund nehmen. Im MEEDIA-Interview vom 26.04.2019 sagt Kachelmann über die Dürre-Warnungen der Medien: *„Über 90 Prozent aller Geschichten zu Wetter und Klima sind falsch oder erfunden".* Zum überdurchschnittlich warmen Sommer 2018 sagt er:

„Wir konnten in vielen Medien all die frei erfundenen Räuber-Geschichten lesen – vom ‚Hitzering über der Nordhemisphäre' und dass es nun überall gleichzeitig Hitzerekorde geben würde, was in keiner Form der Wahrheit entsprach."

Und weiter:

„... sei auch erwähnt, dass in dieser Woche im Mittleren Westen der USA neue Allzeit-Kälterekorde registriert wurden. Alle Berichte in wunderbar schrecklichen Farben, die von einer hemisphärischen Hitzedröhnung sprachen, waren schlicht gelogen – es kann eben nie genug sein."

Dass Wetter nicht mit Klima verwechselt werden darf, zeigt folgendes Beispiel sehr eindrucksvoll: In Deutschland gibt es ungefähr 200 Wetterstationen, die täglich fünf oder mehr Wetterparameter wie Temperatur, Niederschlag, Luftdruck, Windrichtung und Windstärke und einige andere messen und dokumentieren. Gehen wir für das Beispiel von fünf im Mittel gemessenen Wettergrößen für jeden Tag aus. Dann erhebt eine Station bei drei Messungen pro Tag 15 Einzeldaten. In einem Jahr sind das 365 x 15 also 5475 Daten. Für eine Aussage zum Klima ist aber - wie gesagt - von einem Zeitraum von mindestens 30 Jahren auszugehen. Das heißt hier 5475 x 30 = 164.250 Daten für <u>nur eine Station</u>. Zu einer Klimaaussage gehört aber nicht nur eine Zeitspanne, sondern auch eine räumliche Aussage. Wenn man nun das Klima (nur) in Deutschland beschreiben will, müssen wir alle 200 deutschen Stationen miteinbeziehen. Also 164.250 x 200 einzelne Wetteraufzeichnungen. Das sind dann 32.850.000 Wetterdaten, die einen **ersten Einblick** in das Klimageschehen in Deutschland erlauben.

Eine genauere Klimaaussage liefert ein Zeitraum von mehr als dreißig Jahren und mit mehr Wetterparametern. Also bräuchte man für verlässliche Aussagen zum Klima einen längeren Zeitraum als 30 Jahre. Die knapp 33 Millionen Daten sind also eine minimale und sehr konservative Grundlage zur Klima-Abschätzung.

Zwischen Wetter und Klima liegt also – zahlenmäßig ausgedrückt – ein numerischer Faktor von rund 33 Millionen und das nur, wenn man sich auf die Mindestzeit von 30 Jahren und nur auf das deutsche Klima bezieht. Das geht natürlich nur mit Wetterdaten, die bereits erhoben worden sind.

Was bedeutet jetzt der viel beschworene Klimaschutz? Diese 33 Millionen Wetterdaten (= Klima) aus der Vergangenheit sind zu schützen, aber wie? Durch Bewachen, Wegsperren oder in Schutzbunkern unterbringen? Wetterdaten für die Zukunft können ja nicht existieren, da wird es schon für mehr als drei Tage im Voraus immer problematischer für die Wettervorhersage. Vielleicht wird hier klar, was tatsächlich Klimaschutz bedeuten würde. Klima ist eben nichts anderes als eine gigantische Wetterdatensammlung aus der Vergangenheit! **Folglich kann man das Klima nicht schützen.** Ein immenses, abstraktes Datenkonstrukt ist nicht schutzbedürftig. Wer das glaubt, hat nicht verstanden, was hinter dem Begriff *Klima* tatsächlich steckt. Ebenso ist es zum Beispiel nicht möglich, das kleine oder große Einmaleins zu schützen. Wie soll ein abstraktes Zahlengebilde denn geschützt werden? Da existiert offenbar eine riesige Wissenslücke bei den „Klimaschützern".

Aber was machen die staatlich bezahlten Meteorologen in den Leitmedien bei ihren beliebten Katastrophenaussagen zum „Klima"? Schon wenige heiße und trockene Tage irgendwo und irgendwann in Deutschland werden als Extremwetter und als „Beweis" einer bereits eingetreten Klimakatastrophe gedeutet. Selbst mehrere Monate einer nicht durchschnittlichen Wetterphase werden dem Klima oder einer Klimaanomalie zugeordnet. Damit erfüllen die offizielle Meteorologie und der Deutsche Wetterdienst die Vorgaben unserer Klimapolitik. Der Unterschied zwischen Wetter und Klima soll den Fernsehzuschauern auf keinen Fall erklärt werden. So fällt den wenigsten dieser ganz entscheidende Unterschied überhaupt auf und die Manipulation bleibt verborgen. Diese Desinformation der Bevölkerung wird von der Politik unterstützt und die Meteorologen werden dafür entsprechend bezahlt. Schließlich untersteht der Deutsche Wetterdienst dem Bundesverkehrsministerium, und da ist absolute Loyalität zur Klimapolitik selbstverständlich.

So werden immer wieder auch **extreme Wetterlagen** in Verbindung mit einem **Klimawandel** gebracht. Wem der Unterschied zwischen Wetter und Klima nicht bekannt ist, der wird ohne weiteres den Unsinn glauben und nachreden, dass Extremwetterlagen das Klima beeinflussen könnten. Für den uninformierten Laien ist Klimawandel also eine Glaubensangelegenheit.

Auch die „Klimawissenschaftler" des „Potsdam Instituts für Klimafolgenforschung" (PIK) benutzen gerne die Verwechslung von Wetter und Klima für ihre Panikmache. Man könnte fast vermuten, dass dem Panik-Institut selbst der Unterschied gar nicht mehr bewusst wird. Ein Beispiel aus jüngster Vergangenheit zeigt das sehr deutlich: Im Winter 2018/19 gab es in Süddeutschland, Österreich und in der Schweiz ungewöhnlich viel Schnee. Bei Kälte und viel Schnee denken vielleicht viele Klimagläubige: Wo bleibt denn jetzt der Klimawandel? Wie kann man daraus wieder Panik machen? Das PIK „dreht den Spieß um" und erklärt das **Wettergeschehen** der eisigen Kälte als Erderwärmung und menschgemachten **Klimawandel**. Die einfache Erklärung sollte lauten, dass durch eine oberflächliche Erwärmung des Nord- und Ostseewassers um 1 bis 2°C feuchtere Luft nach Süden vordringt und an den Alpenrändern zu massiven Schneeniederschlägen führt. Die nicht sachkundigen Bürger sollen dann die Schnee-Abkühlung als Erwärmung und Teil einer Klimakatastrophe hinnehmen. Welch ein jämmerlicher Täuschungsversuch ohne meteorologischen Beweis – immer wieder die gleiche Trick-Kiste: Wetter als Klima deklarieren.

Für Menschen, die alles glauben, mag das auf den ersten Blick vielleicht sogar plausibel klingen. Fakt ist aber, dass nicht im Wintermonat Dezember, sondern erst im *kalten Januar* plötzlich eine *Erwärmung* des Meerwassers in Norddeutschland angeblich eintreten soll und dann nach einer Woche wieder verschwindet. Bei den Klima-Hysterikern wird schon seit Jahrzehnten von einer dramatischen Meereswasser-Erwärmung geredet, natürlich in Verbindung mit einer Klimakatastrophe. Warum sind denn die bislang extremen Schneemassen plötzlich nur im Januar 2019 aufgetreten? Wenn das mit der Erwärmung der Meerwassertemperatur seit Beginn der Klimakatastrophe stimmen würde, müssten wir seit über 30 Jahren solche gigantischen Schneemengen immer wieder an den Alpenrändern gehabt haben. *„Da muss doch jemand unbemerkt und einmalig große Mengen heißes Wasser in die Nordsee gekippt haben?!?"*

Der Winter 2018/19 ging eben auf ein lokales und kurzfristiges **Wetterereignis** zurück und kann nur zum Zweck der Verdummung mit Klimaerwärmungen in Zusammenhang gebracht werden. Eine Milchmädchenrechnung des Panik-Instituts, die wiederum auf die Verwechslung von Wetter und Klima in der Bevölkerung abzielt.

Die Methode der Klima-Alarmisten hat System: Immer wird die Erderwärmung für auffällige Wetterereignisse herangezogen. Heiße Sommer, trockene oder zu feuchte Sommer. Niedrigwasser oder Hochwasserstände, heftige Stürme, zu warme Winter und nun auch noch zu kalte und schneereiche Winter sind immer Folgen des anthropogenen Klimawandels. Aber es sind nur zeitlich begrenzte und lokal auftretende Wetterphänomene, die den Bürgern als Klimakatastrophe präsentiert werden. Klima kann aber immer nur langfristig und großräumig beobachtet werden.

Eine Gruppe Schweizer Wissenschaftler setzt der Klima-Wetter-Diskussion nun die Krone auf. Hierüber berichtet *SPIEGEL online* vom 03.01.2020.

In der Zusammenfassung heißt es:

„Der Klimawandel ist mittlerweile auch im täglichen Wetter nachweisbar, berichten Forscher aus der Schweiz in einer aktuellen Studie. Allerdings nur

auf globaler Ebene. Lokale Wetterereignisse schwanken zu sehr und verschleiern dadurch langfristige globale Klimatrends."

Weder die Schweizer „Forschergruppe" noch die Journalisten von *SPIEGEL online* bemerkten die knallharten, logischen Widersprüche, die bereits in der kurzen Zusammenfassung deutlich werden. Zum einen wurde bereits gesagt, dass sich das Klima allein für Deutschland aus rund 33 Millionen Wetterdaten zusammensetzt. Folglich ist das Wettergeschehen langfristig für das Klima verantwortlich und niemals umgekehrt. Die Autoren missachten logische Elementar-Erkenntnisse. Analoges Beispiel: „Alle Schweizer sind Menschen, aber nicht alle Menschen sind Schweizer." Das ist auch dem Dümmsten völlig klar. Dass die Umkehrung einer Behauptung grundlegend falsch sein kann, wird hier bei den Begriffen Wetter und Klima ignoriert. Man denkt wahrscheinlich, dass viele Menschen den Unterschied ohnehin nicht kennen und verletzt damit bewusst logische Grundsätze. Bei den Journalisten mag das noch an mangelnder Denkfähigkeit liegen. Für die Schweizer Forschergruppe ist das aber eher unwahrscheinlich. Da steht der in der Klimaforschung weit verbreitete Gedanke an Fördergelder für Klima-Alarmismus wohl im Vordergrund.

Der zweite Widerspruch in dieser kurzen Zusammenfassung ist der Begriff vom täglichen Wetter *„auf globaler Ebene"*. Zum einen spielt sich das Wetter nie auf einer Ebene ab, sondern es sind immer komplexe dreidimensionale Prozesse in der ganzen Troposphäre. Jeder Meteorologe weiß, dass Wetterabläufe in der Troposphäre einer chaotischen Dynamik folgen und daher über drei Tage hinausgehend zunehmend unvorhersagbar werden. Zum anderen sind weltweit und gleichzeitig ständig unterschiedliche Wetterphänomene zu beobachten, die zwischen den Polen und dem Äquator stattfinden. Es sind also mehrfach irrsinnige, laienhafte und widersprüchliche Behauptungen.

Der dritte Widerspruch liegt in der Aussage, dass *„lokale Wetterereignisse zu sehr schwanken und verschleiern dadurch langfristige globale Klimatrends"*. Das macht jetzt den Unsinn wirklich komplett. Nochmal zum Verständnis: Globale Klimatrends setzen sich aus vielen schwankenden Wetterereignissen zusammen. Lokale Wetterereignisse können nichts verschleiern. Es sind lediglich gemessene und statistisch erfasste Fakten, aus denen das Klima dann **im Nachhinein** hergeleitet wird. Eine „Verschleierung" ist somit schlicht und einfach unmöglich. Sie wird entgegen jeder Realität von den Fördergeld-Empfängern nur behauptet. Die Fakten werden einfach auf den Kopf gestellt, um der „Political Correctness" zu entsprechen, denn nur dann fließen die Gelder.

Wie dumm muss man sein, um diese Palette ernsthaft den Menschen als Klimawandel anbieten zu wollen. Bei Politikern mag es ja erfolgreich sein, aber der gut informierte Bürger lacht mittlerweile darüber und freut sich schon auf den nächsten Sketch zu diesem Thema.

Eine wirklich langfristige Beobachtung der Niederschläge in Deutschland (Abb. 8) zeigt die Notwendigkeit einer Gesamtbetrachtung für die klimatische Bewertung wechselnder Niederschlagsereignisse.

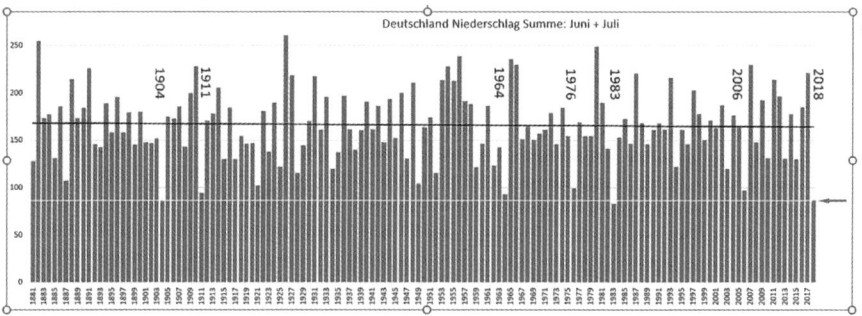

Abb. 8: Die Niederschläge in Deutschland von Juni bis Juli der letzten 138 Jahre (1881-2018). Extrem trockene Jahre sind in der Graphik angegeben. Die dunkle Gerade zeigt die gerechnete Regression, aus der insgesamt kein Trend ersichtlich ist.
Daten-Quelle: DWD

Wie man in der Graphik sieht, ist über den langen Zeitraum von 138 Jahren eine starke Variation der Niederschlagssummen von Jahr zu Jahr durchaus normal. Wer aber nur einzelne Jahre, wie 2018 und wenige andere betrachtet, kann nur noch Wetteraussagen treffen. Rückschlüsse auf das Klima oder auf feuchte und trockene Jahre sind nur sehr langfristig möglich. Meteorologen in den Öffentlich-Rechtlichen Leitmedien redeten aber von Beweisen für den Klimawandel durch einen viel zu trockenen Sommer. Ein Jahr vorher 2017 hatten wir deutlich überdurchschnittliche Niederschläge in Deutschland (vorletzte Säule rechts). Das wird aber dem Fernsehzuschauer verschwiegen. In den Jahren zuvor ist ein sehr unregelmäßiger starker Wechsel zwischen mehr oder weniger Niederschlägen zu sehen. Im Mittel sind alle Abweichungen ausgeglichen (siehe Regressionsgerade als schwarze, horizontale Linie in Abb. 8 eingezeichnet). Sehr trockene Jahre gab es auch 1904, 1911 und 1978. Interessant ist, dass in den feuchten 1970er Jahren der *Spiegel* eine neue Eiszeit ankündigte, während nur rund 10 Jahre später das Gegenteil, eine Erderwärmung offiziell durch die „Deutsche Physikalische Gesellschaft" (DPG), sowie von den „Klimawissenschaftlern", von der Politik und den Medien, angekündigt wurde.

Sehr große Schneemengen in Süddeutschland wurden von den Klima-Hysterikern und den Leitmedien paradoxerweise als Zeichen der Erderwärmung gedeutet. Im Grunde ist es offenbar egal, ob es zu warm oder zu kalt ist, immer ist die Ursache der Klimawandel und die Erderwärmung.

Es wird auch ständig versucht, dafür eine Schein-Ursache zu finden, wie zum Beispiel ein „schwächelnder" Golfstrom. Der seit vielen hundert Jahren wechselhafte Zusammenfluss von kaltem Labradorstrom von Norden im Winter und der warmen Strömung aus der Karibik im Sommer kommt als zeitlich sehr stabile Meeresströmung in Europa an. Langfristig über Jahrzehnte hinweg war insgesamt noch nie eine Tendenz der Veränderung beim Golfstrom erkennbar. Es ist mehr als lächerlich und dumm, wenn man bei großen und kurzfristig aufgetretenen **Schneemassen in den Alpen** nach Ursachen beim langfristig stabil-warmen Golfstrom sucht, der ein mildes Klima vor allem **in den Küstenländern** Europas bringt. Wie ein (unbewiesen) schwächelnder Golfstrom sich ausgerechnet in den zentral gelegenen Alpen so deutlich auswirken soll, wird uns natürlich nicht erklärt. Dagegen wird von den Klima-Alarmisten immer wieder versucht, genau solche falschen Zusammenhänge den Leuten vorzuschwindeln. Die Klimahysteriker wissen nämlich genau, dass man den Golfstrom ohnehin nicht aus eigener Beobachtung überprüfen kann. Ganz im Gegensatz zu Niederschlag, Luftdruck und Temperatur, hier kann sich jeder auf seine eigene Beobachtung stützen und Betrug würde dann eher auffallen.

Zu den Schneemengen in den Alpen hat der Skitourismusforscher und Schneehistoriker **Günther Aigner** eine Studie im Internet vorgestellt, in der **„Die Winter in Tirol seit 1895"** registriert und ausgewertet wurden. Dabei werden fünf thematische Schwerpunkte analysiert: 1) Zur Entwicklung der Wintertemperaturen, 2) Zur Entwicklung der Schneemesswerte, 3) Zur Entwicklung der Skisaisonlängen, 4) Zur klimatischen Entwicklung der Tiroler Bergsommer und 5) Ein Blick in die Zukunft: Geht den Alpen bald der Schnee aus?

Zu 1) Bei den Wintertemperaturen in den letzten 50 Jahren sind zwischen den Extremwerten 1980/81 (kalt) und 1989/90 (mild) fast immer unterschiedliche Schwankungen registriert worden. Dabei waren 6 der letzten 10 Winter die kältesten im untersuchten Zeitraum. Dieser ist übrigens länger als die minimale Klimaperiode von 30 Jahren. Aigner erklärt, dass es fast unglaublich klingt, aber er verweist auf die vorliegenden amtlichen Messdaten. Außerdem war das Mittel der letzten 10 Winter kälter als das Mittel der letzten 50 Winter. Der Trend der Wintertemperaturen der letzten 30 Jahre ist laut Aigner fallend – trotz allgemein leichter Erwärmung.

Zu 2) Bei den Schneehöhen sind in den letzten 100 Jahren ebenfalls zwischen den Extremwerten von fast 2 Metern und 50 Zentimetern deutliche Schwankungen aufgetreten. Eine sehr leichte Abnahme in den letzten Jahren sei aber statistisch nicht signifikant. Insgesamt sind die größten Schneehöhen in Tirols Wintersportorten innerhalb der letzten 100 Jahre statistisch unverändert.
Auch die Anzahl der Tage mit Schneebedeckung, im Mittel 137 Tage im Jahr, ist in Tirols Wintersportorten für die vergangenen 100 Jahre statistisch unverändert. Dabei wurden alle verfügbaren Stationen in Tirol mit **langen Messreihen** für die Analysen herangezogen – im Gegensatz zu den deutschen Meteorologen, die oft kurzfristigere Datenzeiträume gezielt auswählen, passend zur Aussageabsicht. Im Grunde ist das unzulässige selektive Statistik, die keine Klimaaussage trifft, allenfalls für Wetteraussagen hilfreich sein kann. Das sollten die deutschen Staatsmeteorologen eigentlich wissen.

Zu 3) Für die Daten der Skisaisonlängen wurden alle Wintersportorte in Tirol angeschrieben. An 141 Tagen konnte im Mittel in den Tiroler Skisportorten Wintersport betrieben werden. Der lineare Trend zeigt einen leichten Anstieg in der Länge der Skisporttage für die letzten 31 Jahre, der aber nicht als statistisch signifikant bezeichnet werden kann.

Zu 4) Bei der klimatischen Entwicklung der Tiroler Bergsommer war in den letzten 40 Jahren, im Gegensatz zu den betrachteten Wintern, ein Anstieg der Sommertemperaturen feststellbar. Auch die Gletscher-Rückzüge stehen damit im kausalen Zusammenhang. Man muss aber beachten, dass eine längerfristige Beobachtung der Gletscher-Bewegungen – wie es Prof. Patzelt von der Universität Innsbruck nachgewiesen hat – keinen Langzeittrend der Gletscherrückzüge erkennen lässt. Patzelt: *„Die Gletscher in den Alpen kommen und gehen und kommen und gehen…"*

Zu 5) Geht den Alpen bald der Schnee aus? Aigner führt dazu das Urteil verschiedener Atmosphärenphysiker an. Dr. Stephan Bader, ein Schweizer Klimatologe, sagt, dass für die nächsten 10 bis 15 Jahre die gleiche Variabilität zu erwarten ist, wie wir sie heute haben. Dr. Marc Olefs, ein österreichischer Meteorologe und Klimaforscher, meint, dass man in den nächsten Jahren aus naturwissenschaftlicher Sicht keine Prognosen über die Entwicklung der zukünftigen Schneedecke machen könne. Das sei nach dem derzeitigen Stand der Wissenschaft nicht möglich. (Damit widerspricht er allen apokalyptischen Vorhersagen einer Klimakatastrophe.) Christian Zenkl, ein Innsbrucker Meteorologe, sagt unter anderem, dass es nicht möglich ist, die regionale Klimaentwicklung zuverlässig zu berechnen. Soweit die Informationen aus der Studie von Günther Aigner zum historischen Klima in den Tiroler Alpen.

Das YouTube-Video mit der vorgestellten Studie „Die Winter in Tirol seit 1895" widerspricht weitgehend den gängigen (apokalyptischen) Klimaaussagen des Mainstreams. Aigner betont, dass nach amtlichen Unterlagen die Winter in Tirol hinsichtlich der Wintersportmöglichkeiten praktisch seit vielen Jahrzehnten normal verlaufen sind. Es ist denkbar, dass diese Belege deshalb als YouTube-Video im Original nicht mehr verfügbar sind und deshalb entfernt wurden. Die Studie ist aber in sehr ausführlicher Version als PDF-Datei unter demselben Titel noch präsent.

Auch die Pegelstände am Rhein, die 2018 wirklich sehr niedrig waren, wurden bei vielen Medien fälschlicherweise der Klimakatastrophe zugeschrieben. Wie die Abbildung 9 der Pegelstände von Kaiserswerth/Rhein zeigt, sind neben unregelmäßigen Niedrigwasserständen wie 2018 auch sehr viele Hochwasserstände am Rhein nachgewiesen. Ein Zusammenhang zu einer Klimabeeinflussung ist keineswegs erkennbar. Aber die Öffentlichkeit wurde bewusst über die Wasserarmut alarmiert und ein Klimawandel inszeniert - durch Verwischen von lokalen Wetterereignissen mit fortwährend langfristigem Klimageschehen. Das heißt, auch aus den Hoch- und Niedrigwassern ist kein kontinuierlicher Klimatrend abzulesen.

Ebenso wird bei den weltweiten Temperaturschwankungen die Öffentlichkeit hinters Licht geführt. Schon sehr lange hat es extreme Sommertemperaturen gegeben, sowohl heiße als auch sehr kühle: Warme Sommer wie die in den Jahren 1905, 1911, 1917, 1947, 1959, 1975, 1982, 1983, 1992, 2003, 2006 und zuletzt **2018** wurden immer wieder von kühlen abgelöst: 1909,

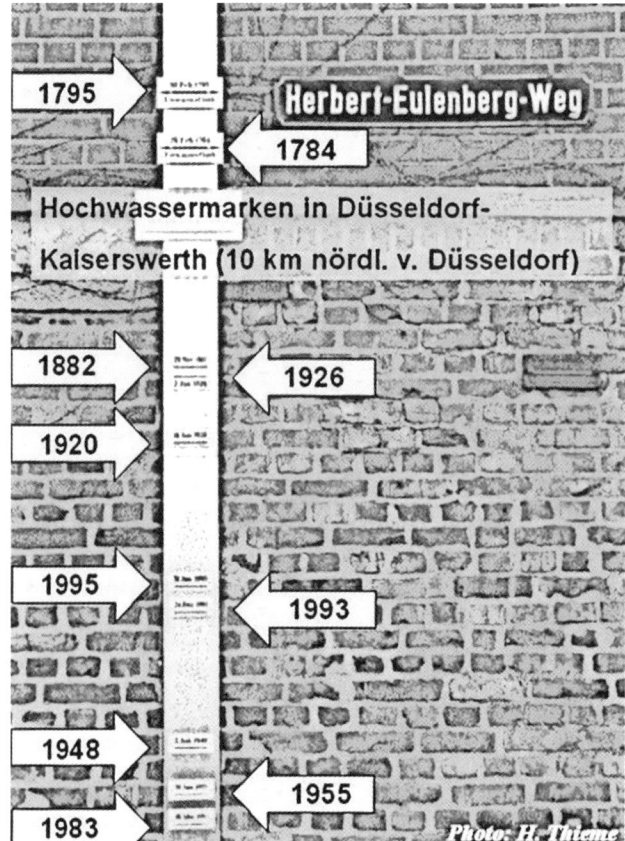

Abb. 9: Die extremen Hochwasserstände des Rheins bei Düsseldorf lassen keine festen Zyklen oder Regelmäßigkeiten erkennen.
Sie erinnern eher an rein zufällig auftretende Wetterereignisse.
(bearbeitet nach einem Foto von H. Thieme)

1913, 1916, 1918, 1919, 1923, 1956, 1962, 1965, 1978, 1985 und 1987. Zusammenfassend lässt sich feststellen: Es gibt in der Statistik keine Auffälligkeit in den Reihenfolgen und Intensitäten von kühlen und heißen Sommern – entgegen den Behauptungen der Klima-Alarmisten.

Besonders heftige Abweichungen von einem „durchschnittlichen" Sommer in Europa liegen etwas länger zurück: Schon im Jahr **79 n.Chr.** herrschte in Italien extreme Hitze, die lange Trockenheit brachte.

Aufgrund der großen Hitze wurde der Sommer **1387** „der heiße Sommer" genannt. Auch **1473** gab es viermonatige Dürren während sehr warmer Tage. Als Folge der Hitze konnten die Menschen zu Fuß durch die Donau laufen und das im 15. Jahrhundert natürlich ohne Industrialisierung und anthropogene CO_2-Emissionen.

1540 war nochmals ein unerhört heißes und trockenes Jahr, das vom 28.2. bis zum 19.9. beispielsweise in Zürich nur viermal Regen brachte. Mailand blieb fünf Monate lang völlig ohne Regen. Solche Extrema würden in heutiger Zeit als einwandfreie „Beweise" für die menschengemachte Klimakatastrophe gedeutet. Nur gut, dass in diesen historischen Zeiten ohne Zweifel kein anthropogenes CO_2 in Frage kommen konnte!

Wirklich extreme Wetterereignisse kommen zwar nicht sehr häufig, aber doch immer wieder mal vor. Sie werden daher oft auch als „Jahrhundert-Sommer" bezeichnet. Das heißt nicht, dass ein extremes Wetter alle einhundert Jahre nur einmal vorkommen kann. **Georg von Petersdorff** hat sich mit Extremwetter-Ereignissen in den letzten 1000 Jahren ausgiebig beschäftigt. In seinem Internet-Beitrag **"Extremwetter in den letzten tausend Jahren"** hat er viele Aufzeichnungen von Chronisten ausgewertet. Für jedes Jahrhundert sind in seinem Bericht Extremwetter-Ereignisse und ihre Folgen für Natur und Menschen zusammengetragen. Zusammenfassend stellt von Petersdorff in seinem Internet-Beitrag fest:

„Selbst wenn man den Chronisten einige Übertreibungen unterstellt, dürfte feststehen, ***dass Extremwetter in der Vergangenheit nicht seltener, sondern öfter eintraten und diese Ereignisse nicht harmloser, sondern schlimmer waren, als das was wir heute erleben. Verglichen mit den vergangenen 1000 Jahren, leben wir heute in einer ruhigen Zeit.*** *Am ähnlichsten scheint mir noch das 13. Jahrhundert mit dem letzten zu sein. Man könnte es als ein für die Menschen in Deutschland und Europa sehr angenehmes Jahrhundert bezeichnen. Zwar scheint Hunger in einer globalisierten Wirtschaft nicht mehr vorstellbar, zumindest in den sogenannten entwickelten Ländern. Auf die Marktpreise hat das Wetter auch heute noch Einfluss, wie man selbst bei kleinen Wetterabweichungen - wie ein Spätfrost im April 2017 - beobachten konnte. Da erfroren mal eben die Blüten an den Obstbäumen und schon waren Kirschen und Äpfel knapp und teuer.*

Was würde heute geschehen, wenn wie in all den Jahrhunderten der kleinen Eiszeit, die Flüsse in Europa zufrieren würden, oder der Winter von Oktober bis Juni anhält? Wie würden wir reagieren, wenn Niederschläge und Überschwemmungen, oder Hitze und Dürre Ausmaße annehmen, wie sie die Chronisten beschrieben haben? Und wer garantiert uns, dass es nicht doch wieder mal so kommt, denn ***Extremwetter hat es zu allen Zeiten gegeben,*** *egal ob das Klima kälter oder wärmer war. Es hat den Anschein, dass es in den wärmeren Perioden etwas weniger Wetterabweichungen vom „Normalen" gab. Das mag aber auch daran liegen, dass die Extrema zum Kalten hin für uns Menschen schädlicher sind als die zum Warmen hin. Klar dürfte auch sein, dass wir Menschen* **Extremwetter nicht verhindern und auch nicht herbeizaubern können,** *selbst nicht mit Kohlendioxid."*

Generell sind alle Wetterphänomene statistisch „gestreut" und ähneln einer Zufallsverteilung, bei der keine Regelmäßigkeit erkennbar ist. Das ist typisch für das Wettergeschehen und liegt an den in der Atmosphäre chaotisch ablaufenden, komplexen physikalischen Prozessen. Daher können Wettervorhersagen immer nur für wenige Tage mit ausreichender Genauigkeit angesagt werden. Die Wahrscheinlichkeit für richtige Vorhersagen nimmt schon nach drei Tagen deutlich ab. Darüber hinausgehende Ansagen müssen immer als mögliche Trends mit mehr oder weniger großer Unsicherheit deklariert werden.

Da muss doch jedem sofort auffallen, dass verlässliche Projektionen zu einer um 4 bis 6 °C höheren Temperatur für das Jahr 2100 im globalen Rahmen absoluter Unsinn sind. Zumal diese nur hypothetischen Modell-Charakter haben und empirisch nicht beweisbar sind. Das wird auch im Kapitel 9 bei den eigenen Statements des Weltklimarates deutlich gemacht. Nicht einmal für Deutschland sind Voraussagen oder Projektionen für die nächsten 80 Jahre möglich. Es zeigt sich, dass Wetter und Klima absichtlich von der Politik und den Leitmedien verwischt werden, um die Bürger zu verunsichern und zu täuschen. Ein Volk mit Zukunftsängsten kann viel leichter von Klimazielen mit Hilfe der Klimapolitik „überzeugt" werden und kann besser auf Klimasteuern bzw. CO_2-Bepreisung, Benzin- und Ölpreiserhöhung und weitere Verteuerungen eingestimmt werden. Genau das ist die Absicht der Politik.

Zum Begriff *Klima* gibt es noch weitergehende, politisch gewollte Irritationen, die das Wort Klima falsch verwenden und im Kapitel 16 im Zusammenhang mit der Energiewende genauer dargestellt werden.

5 Die Atmosphäre ist kein Treibhaus

In der Physik gibt es zahlreiche Prozesse und gut untersuchte Wechselwirkungen zwischen Materieteilchen und bestimmten Energiezuständen.

Nur drei stark verkürzte Beispiele sollen hier stellvertretend für sehr viele andere erwähnt werden: Unter dem **Mößbauer-Effekt** versteht man eine Kernresonanzabsorption von Gammastrahlung durch Atomkerne. Unter dem Begriff **Photoeffekt** werden unterschiedliche Prozesse der Wechselwirkung von Photonen mit Materie zusammengefasst. Der **Hall-Effekt** beschreibt das Auftreten einer elektrischen Spannung in einem stromdurchflossenen Leiter, der sich in einem stationären Magnetfeld befindet. Den meisten Gymnasial-Schülern ist das bekannt. Hier ließen sich noch viele andere physikalische Phänomene und Effekte anführen, die gut erforscht wurden, dokumentiert sind und längst technisch angewandt werden.

Jedoch der weithin allgemein viel bekanntere **atmosphärische CO_2-Treibhauseffekt** hat <u>keinen</u> **physikalischen Hintergrund.** Er basiert auf offensichtlich missverstandener Physik und lückenhaftem Wissen, was Joseph Fourier und Svante Arrhenius Ende des 19. Jahrhunderts auf die Idee eines atmosphärischen Treibhauseffekts brachten. Wie bereits kurz erwähnt, stellten sich Fourier und Arrhenius damals vor, dass in einer 6 km hohen Schicht der Atmosphäre eine feste Kohlendioxidschicht vorhanden sei, analog zum Glasdach eines Gewächshauses. Durch die scheinbar geschlossene CO_2-Abdachung wirke die Atmosphäre angeblich wie ein Treibhaus, in dem ein Wärmeaustauch tatsächlich verhindert wird. Eine naive und falsche Vorstellung, die keiner Überprüfung standhält. Der Vergleich ist physikalisch falsch: **die Atmosphäre ist kein Treibhaus.** Nie wurde eine feste Schicht aus CO_2 (Trockeneis) in der Atmosphäre entdeckt. Es kann sie auch nicht geben, wie das *Phasendiagramm* für Kohlendioxid zeigt (Anmerkung: In einem Phasendiagramm werden die Zustände: fest, flüssig und gasförmig in Abhängigkeit von Temperatur und Druck grafisch dargestellt).

In 6 km Höhe beträgt die Lufttemperatur etwa -10 °C. Für festes CO_2 wäre bei dieser Temperatur eine ganz erhebliche Erhöhung des Luftdrucks erforderlich. Wie man weiß, nimmt der Luftdruck aber mit zunehmender Höhe exponentiell ab. Arrhenius und Fourier kannten offensichtlich diese physikalischen Hintergründe nicht.

Ab 1905 war Arrhenius Mitglied des Nobelkomitees und Leiter des Nobelinstituts für Physik und nutzte seine Position, um mehreren Freunden Nobelpreise zukommen zu lassen und er versuchte, die Nobelpreise seinen Feinden zu verwehren. Das steht aber nicht in der deutschen Wikipedia, weil er ja der „Vater" des berüchtigten (und in Wikipedia gelobten) Treibhauseffektes ist. Soviel zum „ehrenwerten Wissenschaftler" Arrhenius.

Kohlendioxid kommt lediglich in extrem geringer Konzentration als Spurengas von derzeit 0,041 % fein verteilt in der Atmosphäre vor. Manche Leute behaupten, das Spurengas Kohlendioxid könnte so viel reflektierte Infrarotstrahlen bei 15 µm Wellenlänge absorbieren, dass es zu einer Erwärmung der bodennahen Luftschicht käme. Andere sagen wiederum, die Wärmeabsorption im 15 µm-Bereich wäre längst erschöpft und eine weitere Absorption kann keine nennenswerte Erwärmung mehr liefern.

Welche Theorie stimmt jetzt? Antwort: keine. Dazu muss man nicht einmal den 2. Hauptsatz der Thermodynamik heranziehen, es ist auch möglich, mit einer anschaulichen Erklärung den Sachverhalt zu verstehen:

Die angebliche Wärmerückstrahlung zum Erdboden, die den Treibhauseffekt ausmachen soll, wird in Abbildungen oft dargestellt wie eine Gegenstrahlung (s. Abb. 11), so die simple Vorstellung, also quasi Einfallswinkel = Ausfallswinkel (wie aus der Optik bekannt). Das ist so simpel und falsch, dass man es nicht einmal Schülern anbieten kann, wird aber als „Gegenstrahlung" in sehr vielen Abbildungen, auch für Erwachsene, genau so erklärt. Auch dem Nicht-Physiker muss auffallen, dass es eine einfache Reflexion an freien Molekülstrukturen nicht geben kann, die aber ernsthaft oft so erklärt wird. Verbessert man den Gedanken der „Rückstrahlung" in eine teilweise Absorption und eine Weiterstrahlung (Streuung) **in alle Richtungen,** dann bliebe für eine Luft-Erwärmung an der Erdoberfläche nur noch extrem wenig Wärmeenergie übrig. Diese, die aus der IR-Absorption stammt, würde sich praktisch in der ganzen Atmosphäre gleichmäßig verteilen. Erwärmte Luft steigt aber immer nach oben. Der größte Teil würde in die obere Atmosphäre gelangen, **in den Weltraum abgegeben** werden und sich mit kälterer Luft kompensieren. Die Atmosphäre ist physikalisch betrachtet ein *offenes System*.

Beispiel: Warmer Wasserdampf – höher als die Raumtemperatur – über einem Kochtopf entweicht *bei geöffnetem Fenster* nach draußen und kann keinen Beitrag zu einer Erwärmung in einem sehr großen Raum leisten. Der große Raum im Beispiel ist hier die Atmosphäre und das offene Fenster die offene Verbindung zum Weltraum. Es wäre also geradezu witzig, nach einer globalen Erwärmung in Erdbodennähe zu suchen. Natürlich „hinkt" jeder Vergleich, aber prinzipiell ist es weitgehend zulässig, zumindest um die grundsätzlichen Phänomene zu verstehen. Die sehr weit in der Überzahl vorhandenen Luftmoleküle (10.000 zu 4), in Relation zu den extrem fein verteilten CO_2-Molekülen, lassen **keine Erwärmung in Bodennähe** erkennen. Ein atmosphärischer Kohlendioxid-Treibhauseffekt ist daher im Rahmen der Physik zurückzuweisen. Hinzu kommt, dass nur ein rein statistischer, aber *kein physikalisch-kausaler* Zusammenhang aus den Messdatenreihen darauf hindeutet. Wäre die Lufterwärmung durch den CO_2-Treibhauseffekt messbare Realität, dann müsste ein kausaler Zusammenhang aus den Daten **immer** nachweisbar sein und nicht allein in einem ausgewählten, kurzen Zeitraum (s. Kap. 2, Abb. 4).

Der Physiker Hans-Jürgen Haase schreibt in seinem Buch: **„Zweifel am atmosphärischen Treibhauseffekt"** sinngemäß, dass die Temperatur ohne einen Treibhauseffekt *niemals* bei -33°C liegen würde, wie jahrzehntelang immer wieder behauptet wurde und auch heute noch zum Teil vertreten wird. Nur durch den Treibhauseffekt betrage die Temperatur am Boden +15°C. Dies ist eine falsche und unbewiesene Behauptung.

An dieser Stelle sei darauf hingewiesen, dass eine **global gemessene Mitteltemperatur** (von 15°C) nicht ermittelbar ist. Manche Pseudo-Experten behaupten, die globale Mitteltemperatur gehe auf Messungen über **alle Klimazonen der Erde** zurück. Hier haben einige „Wissenschaftler" wohl völlig falsche Vorstellungen über die weltweit reale Verteilung von meteorologischen Messstationen. In Europa, Nordamerika, Indien und in wenigen anderen Ländern gibt es ein relativ dichtes Stationsnetz. Nimmt man aber die übrigen, viel größeren Flächen der Erde hinzu, dann bleiben immens große „weiße Flächen" übrig, die nichts zu einer globalen Mitteltemperatur beitragen können. Dazu gehören die großen Regionen in den Kalt-Gebieten Nord- und Zentral-Asiens, Wüsten und Halbwüsten in weiten Teilen Afrikas, in den großen Arealen der tropischen Regenwälder und in sonstigen Waldflächen, in der australischen Wüste, in den nördlichen und südlichen Polarzonen und schließlich gehören dazu auch die riesigen Ozeanflächen, die 70% der Erdoberfläche bedecken.

Mit anderen Worten: Grundkenntnisse in der Klimatologie wären schon vonnöten, wenn man über gemessene Temperaturen in allen Klimazonen reden will. Nur bei einem relativ **kleinen Teil der Erdoberfläche** kann überhaupt eine Lufttemperatur gemessen und gemittelt werden. Daraus eine **globale Mitteltemperatur** herzuleiten, muss daher fehlerhaft sein und kann allenfalls nur grob abschätzbar sein.

Auch das Berechnen einer globalen Mitteltemperatur scheitert, weil man hierzu eine nahezu homogene Erdoberfläche voraussetzen müsste. Die Erde besitzt aber keine homogene Oberfläche. Sie wäre erforderlich, wenn man mit den Gesetzen der Physik (hier mit dem Stefan-Boltzmann-Gesetz) einen idealen „Schwarzen Körper" vor sich hätte. Ein „Schwarzer Körper" ist in der Physik ein idealisierter Körper, der alle auf ihn treffende Strahlung vollständig absorbieren kann. Die sehr differenzierte Oberflächenstruktur der Erde gibt solche Bedingungen bei weitem nicht her. Die regional sehr unterschiedliche Albedo (Rückstrahlung) der Erde müsste gemittelt werden, was aber zu weiterer Ungenauigkeit für die „Berechnung" führt. Beim Himmelskörper Sonne ist das schon anders. Unter der Annahme, dass die Sonne in hinreichender Näherung ein "Schwarzer Körper" ist, kann die Temperatur an der Sonnenoberfläche mit Hilfe des genannten Stefan-Boltzmann-Gesetzes auf ca. 6000°C berechnet werden. Ein Wert, der durch Messungen mit Raumsonden auch bestätigt wurde.

(Anmerkung: Um dem Anspruch des Buches – gemäß Vorwort – gerecht zu werden, soll hier auf eine physikalische Vertiefung verzichtet werden.)

Der „Fernseh-Wissenschaftler" Hoimar von Ditfurth wollte die Wirkung des Treibhauseffekts im ZDF-Studio schon vor rund 40 Jahren demonstrieren. Das Video: *„Der Treibhauseffekt: Sendung Hoimar von Ditfurths aus dem Jahre 1978"* zeigt heute immer noch den Unsinn, den er mit seinem Assistenten Volker Arzt vorgeführt hat. Er zeigte nämlich eine Temperatur-Zunahme in einer 100%igen CO_2-Atmosphäre, eingeschlossen in einem lebensgroßen, durchsichtigen Plastik-Zylinder. Dass dies völlig unrealistische

Bedingungen sind und überhaupt nichts mit der natürlichen Zusammensetzung der Erdatmosphäre zu tun hat, wurde dem Zuschauer natürlich nicht explizit gesagt. Die im Experiment lebensfeindlichen Bedingungen mit einer absolut reinen CO_2-Atmospäre waren - selbst in der langen Erdgeschichte - niemals auf unserem Planeten Realität. Ein im wahrsten Sinne des Wortes *weltfremder Pseudo-Beweis,* der den ZDF-Zuschauern Angst vor einem CO_2-Treibhauseffekt machen sollte.

Andererseits existiert ein realer physikalischer Treibhauseffekt **ohne jede CO_2-Verantwortung** sehr wohl, zum Beispiel in einem PKW, der mit geschlossenen Türen und Fenstern im Sommer in der prallen Sonne steht. Die erwärmte Innenluft – völlig unabhängig von jeglichem Kohlendioxid-Anteil – kann nicht nach außen dringen. Ein Wärmeaustausch mit der Außenluft wird unterbunden und heizt so die Luft im Inneren des Fahrzeugs auf - u.U. auch lebensgefährlich für Tiere und Kleinkinder im Auto, die sich nicht befreien können.

Man muss also streng unterscheiden zwischen dem fiktiven, atmosphärischen CO_2-Treibhauseffekt und einem realen, physikalischen Treibhauseffekt. Beim physikalischen Treibhauseffekt kann man Messungen machen und den Unterschied der Messwerte beobachten. Dagegen kann man beim fiktiven Treibhauseffekt nichts beobachten und es werden nur Rechnungen verglichen.

Bis heute gibt es keinen Beweis für einen atmosphärischen CO_2-Treibhauseffekt und für eine Erwärmung wegen zunehmender Kohlendioxid-Konzentrationen.

Beispiele für den realen, physikalischen Treibhauseffekt sind Gewächshäuser in Gärtnereien. Hier wird durch viele Glasscheiben - in einem geschlossenen System - rundum ebenfalls ein Treibhauseffekt durch Lufteinschluss erzeugt, bei dem Kohlendioxid ebenfalls keine Wirkung hat. Auch hier wird ein Wärmeaustausch mit der Außenluft durch viele Glasscheiben gezielt unterbunden. Der Gärtner kann aber durch Öffnen oder Schließen von Fenstern einen Luftaustausch ermöglichen und damit die Temperatur im Gewächshaus nach Bedarf regulieren (s. Abb. 10). Diese Differenzierung zwischen fiktivem und realem Treibhauseffekt wird leider oft in vielen Medien verwechselt oder auch durcheinandergebracht - zur vorsätzlichen Irritierung.

Abb. 10: Teil einer großen Gewächshaus-Anlage in den Niederlanden. Hier nutzen die Betreiber den physikalischen Treibhauseffekt durch Verhinderung oder Regulierung des Austauschs mit der Außenluft.   *Foto: W. Kirstein*

Auch die Klimakanzlerin hat möglicherweise hier ein Problem mit dem Verständnis dieser sehr wichtigen Differenzierung. Wie eingangs gesagt, sind viele Menschen, zum Teil auch Naturwissenschaftler, insbesondere aber Politiker, völlig damit überfordert, den realen, physikalischen vom fiktiven CO_2-Treibhauseffekt sachlich zu unterscheiden. Das liegt wohl daran, dass sich kaum ein Politiker hiermit wirklich auseinandersetzt.

Das gilt nicht nur für den gehorsamen Glauben an den CO_2-Treibhauseffekt, sondern auch für das mangelnde Wissen über den Beweis der **Nicht-Existenz des CO_2-Treibhauseffekts** durch das atmosphärische Spurengas Kohlendioxid. In der wissenschaftlichen Fachzeitschrift „*International Journal of Modern Physics*" wurde 2009 von G. Gerlich und R.D. Tscheuschner ein Fachbeitrag veröffentlicht: ***Falsification Of The Atmospheric CO_2 Greenhouse Effects Within The Frame Of Physics.***

Zur Einstellung des thermodynamischen Gleichgewichts der Erde wird ein weit größerer Teil der Energie durch thermische Konvektion und durch latenten Wärmefluss transportiert. Mit anderen Worten: Die Theorie von der „eingesperrten" Infrarot-Gegenstrahlung mit zusätzlicher Erwärmung der Luft in Bodennähe ist physikalischer Unsinn oder auch so: **Es gibt keinen atmosphärischen CO_2-Treibhauseffekt, der zu einer menschengemachten Erderwärmung führt.** Das wird später in der Abbildung 12 auch grafisch anschaulich gemacht.

Unterstellt man eine (verschwindend kleine) Wärmeabsorption durch die extrem gering verteilten Kohlendioxid-Moleküle, bleibt - wie oben beschrieben - kein messbarer Effekt zurück. Die in der theoretischen Physik nachgewiesene Nicht-Existenz des CO_2-Teibhauseffekts wurde von Klima-Gläubigen ignoriert, falls überhaupt bekannt, denn es passt nicht in ihr emotional gesteuertes Weltbild. Aus ideologischen Gründen gibt es eben nicht, was nicht sein darf. Da sind sich die Vertreter des Ökologismus (Ökoaktivisten) mit Unterstützung bestellter Pseudo-Wissenschaftler absolut einig.

Eine ins Wunschbild der Politik passende Erderwärmung soll der Bevölkerung Angst einjagen und den Weg vorbereiten für geplante Klimasteuern und eine neue **„Klimaschutzpolitik"**, die sogar gesetzlich zu verankern ist. Für die Erhebung von CO_2-Steuern will die Politik aus Akzeptanzgründen die Bürger erst langsam vorbereiten. Da sind Verunsicherung und Ängste vorab ein probates Mittel. Die Frage ist, wie weit gehen die Bürger in Deutschland und Europa mit, ideologisch geprägte Gesetze hinzunehmen, die auf keiner realen Grundlage fußen, sondern nur mit Hilfe von Computersimulationen und hypothetischen Modellen generiert wurden und allein auf der Glaubensebene existieren. Es fehlt nach wie vor ein exakter naturwissenschaftlicher Beweis. Das scheint die Politik aber nicht zu stören, da man von Naturwissenschaften als Politiker ohnehin kaum was versteht.

Der Einsatz von Computermodellen ergibt in der Naturwissenschaft immer nur dann Sinn, wenn man mit analytischen Methoden nicht weiterkommt. Und das ist bezüglich der Rolle des CO_2 absolut nicht notwendig. Im Gegenteil - es gibt hinreichende Daten, die eine Unabhängigkeit des CO_2 von der Temperatur eindeutig belegen. Setzt man trotzdem Modellsimulationen ein, sollten die Modell-Bauer beachten, dass die dort verwendeten Differentialgleichungen es nur erlauben, mögliche Änderungen von Wetterparametern aus dem Wissen der bereits bekannten Größen zu berechnen. Die sogenannten Randbedingungen erhält man aber **nicht** aus den Differentialgleichungen, sie müssen <u>gesetzt</u> werden. Sie sind zum Teil nicht einmal oder nur ungenau bekannt, so zum Beispiel die sehr komplexe Wolkendynamik, die variablen Meeresströmungen, die Details der atmosphärischen Zirkulation oder die nichtlinearen, chaotisch ablaufenden Wechselwirkungsprozesse in der Atmosphäre (s. Kap. 9: Einsicht des IPCC).

Es kann also nur sein, dass die nicht notwendigen Modelle eine andere „Wahrheit" liefern sollen, um dem politischen Willen eine Plattform zu liefern, Klima-Gläubigkeit und Politik-Hörigkeit in der Bevölkerung zu installieren.

Der Glaube an einen Klimawandel existiert vorwiegend in verbissenen Wirrköpfen bei Ideologen als Hirngespinst oder beruht auf völliger Unkenntnis über die wirklichen klimatischen und physikalischen Details. Emotional gesteuerte Ideologie und Glaube wird über Faktenwissen gestellt.

Besonders die damalige Bundesumweltministerin Angela Merkel krönte sich mit dieser Ideologie zur **Klimakanzlerin.** In der Politik findet man selten Akademiker mit solider naturwissenschaftlicher Ausbildung, insbesondere keine Physiker. Eine Ausnahme ist wohl die „Klimakanzlerin" Angela Merkel, deren politische Entscheidungen jedoch eher von ideologischen Prinzipien geleitet sind als von physikalischen. Dem Gedanken des Experten Prof. Gerlich über **„Die physikalischen Grundlagen des Treibhauseffektes und fiktiver Treibhauseffekte"** (1995), ist sie ganz offensichtlich nicht in der Lage zu folgen, sonst könnte sie z.B. nicht der irrigen Meinung sein, man könne das Klima schützen – und das natürlich auf Kosten der Bürger.

Auch da hat wohl die Klimakanzlerin keinen Einblick in die Physik, in die atmosphärischen Prozesse und in die Bewertung der Aussagen von Klimamodellen. Immerhin wäre sie eigentlich die einzige Politikerin, die sich dazu direkt äußern könnte. Sie vermeidet das aber, weil ihr die physikalischen Fachkenntnisse dazu fehlen oder sie diese, nach eigenen Angaben, längst vergessen hat. Nicht die detaillierten Aussagen der Klimawissenschaft interessieren sie, sondern ein daraus resultierendes Instrument der politischen Propaganda. Ängste schüren mit Halb- oder Unwissen ist, wie gesagt, immer viel wichtiger, um politische Ziele zu erreichen. Da stört doch Faktenwissen nur, wenn z.B. eine Klimasteuer, die Elektromobilität oder regenerative Energien eingeführt werden sollen. Außerdem kann man durch bewusstes Vermischen von Klimaschutz und Umweltschutz die Bürger leichter verunsichern. Klimaschutz und Umweltschutz **gemeinsam** sollen den Bürgern als eine Einheit für das Handeln des „bösen" Menschen vorgeführt werden. Der Mensch war in der christlichen Religion schon immer der „Sünder". In der politischen Ideologie ist er nun auch der Umwelt- und Klima-Sünder.

Dass die Kirche sich zu gesellschaftspolitischen Fragen äußert, über die sie keinerlei Fachkenntnisse besitzt, ist ja nicht neu. Besonders besorgniserregend ist aber, wenn beim evangelischen Kirchentag 2019 in Dortmund der Kirchentagspräsident Hans Leyendecker sich zu der Forderung hinreißen lässt: ***„Wer nicht anerkennen will, dass der Klimawandel menschengemacht ist, hat beim Kirchentag nichts zu suchen".***

Da muss man sich doch fragen: Ist der Klimawandel bereits zum festen Glaubensbestandteil der christlichen Religion geworden? Schlimmer noch: Mit welchem Recht sollen Menschen oder Christen von der Teilnahme am Kirchentag ausgeschlossen werden? Und denkt die evangelische Kirche eigentlich über die Freiheit im Denken ihrer Anhänger nach? Auch der Vorsitzende des Rates der Evangelischen Kirche in Deutschland, Heinrich Bedford-Strohm, „segnet" diese Haltung ab. Ohne Hemmungen praktiziert die moderne Kirche arrogante Klima-Dogmatik und Gehirnwäsche. Wie wäre es denn, wenn die Kirche sich wieder um ihre originäre und ursprüngliche Arbeit der Seelsorge kümmern würde? Wen wunderte es, wenn die Zahl der Kirchenaustritte nicht enden will. Auch die katholische Kirche ist auf der gleichen Glaubensschiene unterwegs. Die Äußerungen des Papstes gehen in die selbe Richtung. Beim „Glauben" sind die Kirchen ja ohnehin die Profis. Sie glauben dann auch der Pseudowissenschaft und der Politik die Mär vom anthropogenen Klimawandel. Der heutige Christ hat sich offensichtlich bedingungs- und kritiklos der Meinung des Klerus zu beugen. Seine Gedanken werden offenbar von der Kirche vorbestimmt. Das erinnert doch stark an die Kirche des Mittelalters. Der Unterschied ist: Heute leisten die Menschen immer häufiger Widerstand gegen das Diktat der Obrigkeit.

Zweifellos ist Umweltschutz eine wichtige und unbestreitbare Forderung der Menschen in allen Ländern der Erde. Aber Klimaschutz ist dagegen - physikalisch betrachtet - völliger Unsinn: **Das Klima kann man nicht schützen,** wie im Kapitel 4 bereits ausgeführt wurde. Es ergibt keinen Sinn, Millionen gesammelter Wetterdaten - genau das ist das globale oder regionale Klima - zu schützen. Besonders verwerflich und indoktrinierend ist, dass der angebliche Treibhauseffekt bereits in Kinderbüchern vorgeführt und in der Schule „besprochen" wird. Ein Thema, das nicht auf eine sachlich korrekte Information, sondern auf die pädagogisch motivierte, emotionale Ebene der Kinder abzielt.

Der angebliche Treibhauseffekt soll - wie in dieser Schulzeichnung schematisch dargestellt - hier **im gestrichelten Oval** stattfinden. Der fundamentale Fehler: Die Schüler sollen lernen, in der „CO_2-Wolke" wird die Infrarot-Strah-

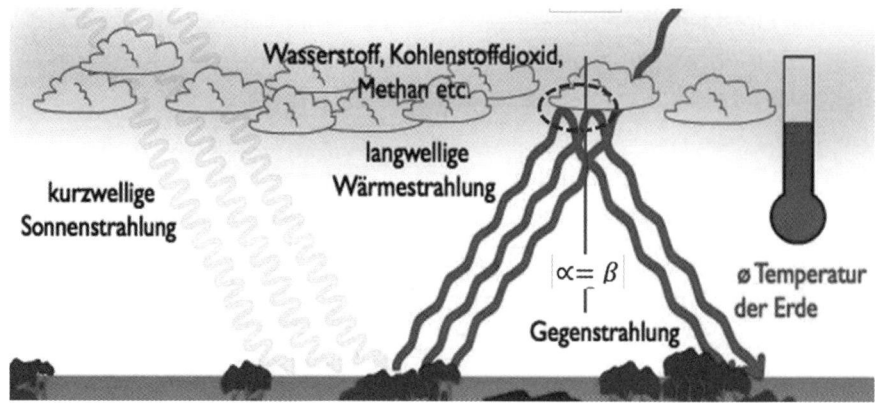

Abb. 11: Die verbreitete und naive Vorstellung vom Treibhauseffekt z.B. im Schulunterricht zur angeblich physikalischen „Erklärung": Einfallswinkel = Ausfallswinkel für „Profis" (ergänzt vom Autor).

lung absorbiert, durchgelassen oder - wie skizziert - ganz einfach reflektiert nach einem Grundgesetz der Optik: **Einfallswinkel (α) = Ausfallswinkel (β)**. Das kennen die Schüler aus dem Physikunterricht in der Optik und glauben das natürlich sofort. Die „reflektierte" IR-Gegenstrahlung (rechts) soll die Luft an der Erdoberfläche dann erwärmen. Nicht nur Schülern, sondern auch Erwachsenen wird so naiv und falsch der atmosphärische Treibhauseffekt von den Klima-Panikmachern einfach als „Faktum" vorgeführt.

Schlimm ist, wenn die angeblichen Fakten nicht belastbar sind. Zumindest muss dann aber für den Lehrer ein Hinweis erkennbar sein, der eine nicht bewiesene Meinung als solche kenntlich macht und dies den Schülern zur Diskussion stellt. Das ist leider sehr oft nicht der Fall und eine unbewiesene Vermutung wird mit politischem Hintergrund den Schülern als Faktum vorgeführt. Die Indoktrinierung der Jugend ist ein probates Mittel der Bildungspolitik, das auch in der deutschen Geschichte nicht neu ist.

So wurde hierzulande die Hitler-Jugend früher auf die politische Ideologie des Faschismus und der Rassenlehre eingestimmt. In der DDR war es die FDJ, in der die „wissenschaftliche Lehre" des Marxismus-Leninismus vertiefend der Jugend vermittelt wurde, die selbstverständlich in der Schule als Unterrichtsfach zum Lehrplan gehörte. Immer, wenn der Staat sich für ein politisch orientiertes Lehrfach in der Schule besonders stark macht, liegt zumindest der Verdacht einer Indoktrinierung nahe - aus unserer unmittelbaren historischen Erfahrung.

Genauso ist es derzeit beim staatlich angesagten Klimawandel, der nicht sachlich bewiesen, aber zu einer politischen Ideologie geworden ist und nur auf theoretischen Konstrukten fußt - typisch für alle politischen Ideologien. Damit wird ein beabsichtigtes und gesteuertes Interesse sicher zu größerem Erfolg führen, wenn es in frühester Jugend schon vorbereitet wird. (s. Kap. 16: *Die Lügen und Irrtümer der Politik*). Letztlich sind es die Lehrer, die den Unterrichtsstoff vor Ort vermitteln sollen. Schon hier muss eine Gehirnwäsche durch gezielte „Lehrerfortbildung" vorausgegangen sein. Im Endeffekt sind unkritische und leicht beeinflussbare Lehrer dafür mitverantwortlich, dass eine Indoktrinierung tatsächlich stattfinden kann. Das ursprüngliche pädagogische Ziel, die jungen Menschen zu kritischer Wahrnehmung zu erziehen, wird ins Gegenteil umgedreht, wenn die Politik in die Ausbildung und den Lehrplan manipulierend eingreift. Die Lehrer führen im Prinzip die Vorgaben der Bildungspolitik aus. Das zeigt Wirkung: Schüler demonstrierten oft freitags gegen eine angebliche Erderwärmung und für Klimaschutz - wie in Kap. 12 näher ausgeführt wird. Eine pädagogische „Glanzleistung" für Fehlinformation von verantwortlichen Kultus- und Bildungsministerien, die Lehrer und Schüler mit ideologisch gefärbtem Halbwissen indoktrinieren.

Auch die Klimakanzlerin und Physikerin sowie alle anderen Politiker haben diese Erklärung des Treibhauseffektes natürlich „ganz leicht und sofort verstanden", dank ihrer „exzellenten Vorkenntnisse" in der Physik. Eine zum Erdboden (nach unten) gerichtete „Gegenstrahlung" ist bei Dipl.-Ing. Heinz Thieme (**"Der thermodynamische Atmosphäreneffekt"**, 2011) nichts anderes als ein Phantasieprodukt und er ersetzt bewusst den Begriff „Treibhauseffekt" durch einen Atmosphäreneffekt. Thieme weiter: *„Das einzig Phänomenale an der „Gegenstrahlung" ist, dass diese in zahlreichen Schulbüchern für Kinder und Jugendliche verkündet wird* (gemäß Abb. 11) *und damit den Treibhauseffekt „beweisen" soll."*

Tatsächlich fehlt die Gegenstrahlung zum Beispiel im Hochschul-Lehrbuch „Physics of Climate" von J.P. Peixoto & A.H. Oort (1992), wie man in Abb. 12 sieht. Das heißt, es gibt hier keinen atmosphärischen CO_2-Treibhauseffekt. Auch in Abbildungen der NASA taucht die **Gegenstrahlung nicht auf,** also existiert auch hier kein Treibhauseffekt.

Wie schon mehrfach gezeigt wurde, versteht man unter Klima eine gigantische Wetterdatensammlung, warum sollte man ein riesiges meteorologi-

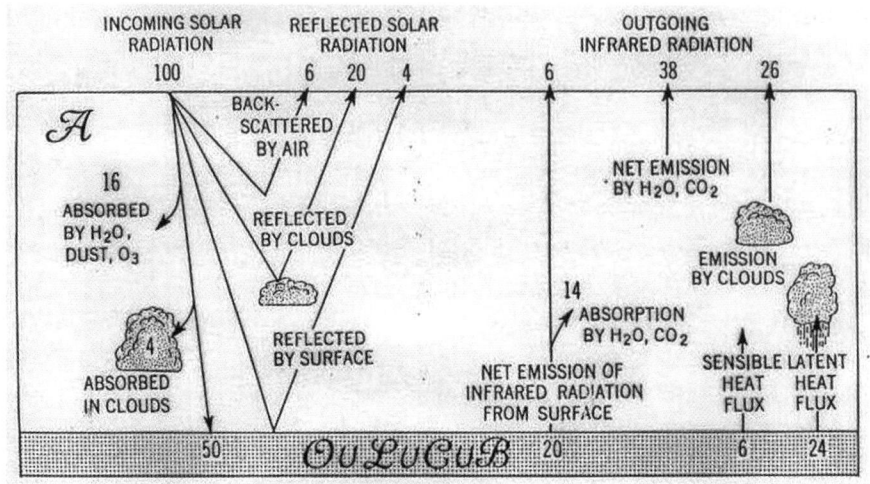

Abb. 12: Aus dem Lehrbuch „Physics of Climate" von J.P. Peixoto & A.H. Oort (1992).

sches Datenpaket schützen, wie und wovor? Ein infantiler Denkansatz und Aberglaube ohne praktische Relevanz, welcher der Physik eindeutig widerspricht! Eine Klimakanzlerin mit Physikstudium sollte das eigentlich wissen und weiß es wohl auch! So funktioniert eben Politik.

Ulli Weber geht in seinem Buch: **„Klima-Mord – Der atmosphärische Treibhauseffekt hat ein Alibi"** auf diverse sozial-politische Aspekte der Erderwärmung ein und zeigt, dass man für den Treibhauseffekt ein nicht naturwissenschaftliches Erklärungsmodell konstruiert hat.

Sinngemäß meint er: *„Die völkerrechtliche Vereinbarung zur Dekarbonisierung der Welt bis zum Jahre 2100 wurde mit Transferleistungen von jährlich 100 Milliarden US-Dollar aus dem Steueraufkommen der Industrienationen erkauft. Die globalisierte politische Klasse versucht damit, eine planwirtschaftliche Weltrevolution zu erzwingen, die zwangsläufig mit allen Grundsätzen von Aufklärung, Wissenschaft und Demokratie kollidieren muss. Wir leben in einer Zeit, in der Gesinnungsmoralisten eine Meinungsführerschaft in den wohlstandsübersättigten westlichen Industrienationen übernommen haben. Diese vollalimentierte Minderheit skandalisiert fortwährend unsere historischen und wirtschaftlichen Grundlagen. Dabei hat sie jeglichen Bezug zu den konventionellen Energieträgern verloren, aus deren technischer Nutzung allein sich unser aktueller Lebensstandard und unsere gegenwärtige Lebenserwartung herleiten. Unter dem Mäntelchen einer angeblich vom*

Menschen verursachten Klimakatastrophe soll die **Große Transformation** *gesellschaftlich etabliert werden, für einige zu einer mittelalterlich-ökologischen Weltgemeinschaft bis zum Jahre 2100."*

Fakt ist: Mit dem atmosphärischen CO_2-Treibhauseffekt haben sich die von der Politik angeworbenen, sogenannten Klimawissenschaftler in Grund und Boden blamiert. Auch die Klimakanzlerin Angela Merkel müsste die physikalischen Fakten kennen. Es werden also absichtlich den Menschen die wahren Zusammenhänge beim Klima verschwiegen. Denn kaum jemand macht sich wirklich die Mühe, selbst die Hintergründe aufzuspüren und nachzulesen. Viele reden einfach unkritisch die weit verbreitete These vom Treibhauseffekt nach und lassen sich - wie politisch voll beabsichtigt - **Angst vor einer fiktiven, drohenden Klimakatastrophe** einreden.

6 CO$_2$-Emissionen überall

Die politisch angestrebte Null-Emission von Kohlendoxid kann es nicht und wird es auch niemals auf unserem Planeten geben können, weder bis 2050 noch irgendwann später. Das ist eine irrsinnige und unrealistische Wahnsinns-Vorstellung. Nur verblendete Ideologen und Anhänger des „Ökologismus" kommen auf solche Phantasien - fernab von jedem pragmatischen Denken.

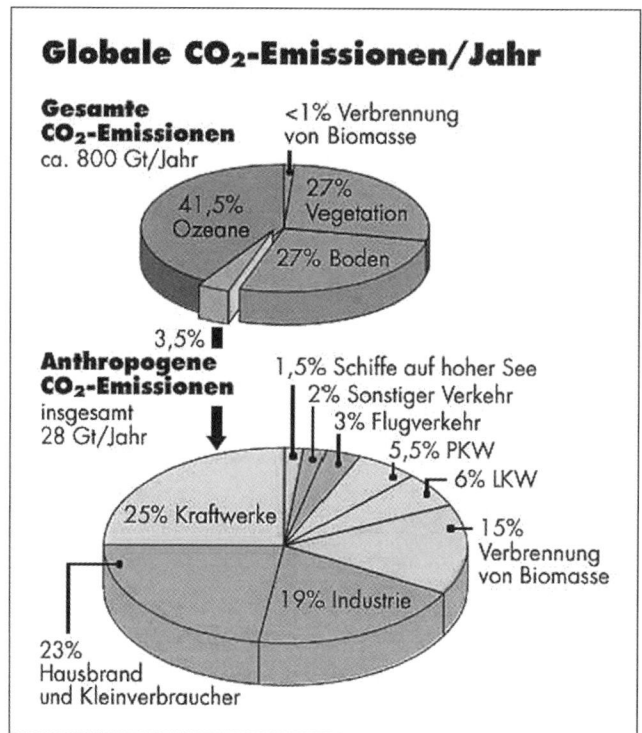

Abb. 13: Von den global emittierten Gesamtemissionen an CO$_2$ sind nur etwa 3,5 % anthropogenen Ursprungs (unten).
Quelle: Internet-Vademecum 3.4.9 (Kohlenstoffdioxid)

Die Herkunft und die Prozent-Angaben sprechen für sich und müssen hier nicht weiter analysiert werden. Lediglich auf die größten Emittenten soll kurz eingegangen werden. Bei den natürlichen Emissionen stammt das meiste CO$_2$ aus den riesigen Ozeanen. Da wir uns derzeit in der holozänen Warmzeit befinden, wird das Muster des CO$_2$-Anstiegs jetzt immer noch fortgesetzt. Das bedeutet: Erst einige hundert Jahre nach dem Warmzeit-Maximum geht das atmosphärische Kohlendioxid langsam, aber spürbar wieder in Lösung. Damit senkt sich dann die CO_2-Konzentration in der Atmosphäre wieder ab. Es gibt keinen Hinweis darauf, dass dieses Wechsel-Phänomen jetzt beendet sein soll.

Von einigen Nicht-Klimatologen hört man manchmal, dass der natürliche Anteil an der CO_2-Konzentration kleiner und damit der anthropogene Anteil größer sein soll als in Abb. 13 angegeben. Selbst der Weltklimarat (IPCC) gibt zu, dass die natürlichen CO_2-Emissionen deutlich größer sind als die vom Menschen freigesetzten. Wenn also die fanatischen Anhänger des Ökologismus fordern, Kohlendioxid müsse gänzlich aus unserer Lebenswelt entfernt werden, dann muss man sich fragen, wie der „Löwenanteil" der natürlichen CO_2-Emissionen ebenfalls auf null gebracht oder deutlich kleiner werden soll.

Die Ausgasungen aus den Ozeanen wird der Mensch niemals stoppen können. Die Kohlendioxid-Konzentration wird auch künftig immer in allen Warmzeiten zunehmen. Bei dem 27%-Anteil aus dem Boden sind neben den Karbonaten auch die CO_2-Vulkan-Exhalationen enthalten. An erster Stelle steht dabei der Ätna, der fast jedes Jahr, manchmal mehrmals im Jahr, unter anderem riesige Mengen an Kohlendioxidgas in die Atmosphäre schleudert. Das CO_2 aus unserer Umwelt gänzlich zu entfernen, kann nur ein schlechter Witz sein, denn alle rund 1200 aktiven Vulkane in 84 Ländern der Erde dürften dann kein CO_2 mehr ausstoßen - aber wie? Diese (dumme) Frage kann man nur mit Ironie beantworten: Man verpasst den Vulkanen einen CO_2-Rückhaltefilter nach dem Prinzip eines Kaffee-Filters. Aber - selbst längst erloschene Vulkane geben immer noch Kohlendioxid-Blasen in die Luft ab, wie zum Beispiel im Laacher See, im früheren Vulkangebiet der Eifel.

Zu den **anthropogenen Kohlendioxid-Emittenten** gehört auch der Mensch und die gesamte Tierwelt. Um CO_2 aus der Biosphäre wirksam zu entfernen, müssten wir unsere Atmung einstellen - oder denken die grünen Ökologie-Fanatiker an rein theoretische Lösungen: Vielleicht wollen sie selbst erstmal Atemschutzmasken im Alltag tragen. Probleme könnte es mit Gasmasken beim Essen, Trinken und Küssen geben. Denn die Dinge des täglichen Lebens spielen in der alles überragenden Ideologie und im Ökologismus keine Rolle mehr. Hauptsache Kohlendioxid muss unbedingt zurückgehalten werden, damit wir das Leben in einer CO_2-freien Umwelt „genießen" können? Auch hier ist der Dummheit nur mit Ironie zu begegnen. Außerdem: Was passiert mit der gesamten Pflanzenwelt ohne das lebensnotwenige Kohlendioxid? Man braucht halt immer noch ideologiefreies, naturwissenschaftliches Denken!

Bei den anthropogenen CO_2-Emissionen gehen die meisten Menschen immer von Kohle- und Gaskraftwerken, Industrie und Zentralheizungen aus. Daher wird auch von der Politik und den Klima-Aktivisten eine möglichst rasche Stilllegung von Kohlekraftwerken gefordert. Das Ende der fossilen Energienutzung wird vehement eingefordert, obwohl – wie bereits dargelegt – CO_2 völlig klimaneutral ist.

An den anthropogenen CO_2-Emissionen sind erstaunlicherweise auch die Kernkraftwerke in hohem Maße beteiligt. Die Kernenergie wird zwar als CO_2-frei deklariert, aber bei der Herstellung der massiven Kraftwerksblöcke werden große Mengen Stahl und Beton benötigt. Dabei wird sehr viel Kohlendioxid durch die Verwendung von Zement freigesetzt. Die Zementwerke galten bis etwa 1960 als die klassischen „Dreckschleudern". Obwohl alle Zementwerke immer noch viermal so viel CO_2 freisetzen wie der weltweite Flugverkehr zusammen, verbesserte sich der Umweltschutz bei der Zementherstellung deutlich, indem modernere Filteranlagen die Staub- und Abgasemissionen senken konnten.

Die Zementindustrie produziert weltweit jährlich 4,1 Milliarden Tonnen Zement, der im Mittel etwa 60 % CaO enthält. Damit ergibt sich durch das Freisetzen des im Kalk gebundenen Kohlendioxids, selbst bei optimaler Prozessführung, ein Ausstoß von mindestens drei Milliarden Tonnen CO_2 oder etwa 6 bis 8 % des jährlichen CO_2-Ausstoßes. Wäre die globale Zementindustrie ein Land, so wäre sie der drittgrößte CO_2-Emittent weltweit – nach der Volksrepublik China und den Vereinigten Staaten. Um die Vorgaben des Pariser Klimaabkommens zu erfüllen, müssten die jährlichen CO_2-Emissionen der Zementindustrie bis zum Jahr 2030 um mindestens 16 Prozent sinken.

Dementsprechend werden Überlegungen angestellt, Zement mit umweltverträglicheren Methoden herzustellen. Es gibt zwar prinzipielle Ansätze für neue Herstellungsprozesse, die deutlich weniger CO_2 freisetzen könnten, aber es wird wohl noch geraume Zeit vergehen, bis eine deutliche Reduzierung der Emissionen wirklich weltweit erreicht werden kann.

Im Grunde stellt also die Kernreaktortechnik ebenfalls eine große anthropogene Kohlendioxid-Quelle dar und ist keineswegs eine CO_2-freie Energietechnik, wie sie selbst von sich immer schon behauptet hat. Da das von den Reaktorherstellern und Betreibern der Öffentlichkeit stets bewusst verschwiegen wurde, spricht man auch zu Recht von einer **Kernenergie-Lüge.**

Diese Lüge von der CO_2-freien Kerntechnik wurde schon im Januar 1986 von der „Deutschen Physikalischen Gesellschaft" (DPG) im Hotel Tulpenfeld in Bonn der Presse verkündet. Der Kernenergie-Popanz wurde den Medien als **„Klimakatastrophe"** präsentiert. Diese Klimakatastrophe wurde also zugunsten der Kerntechnik ins Leben gerufen. Die DPG wollte damals vor allem das schlechte Image der Kernenergie-Reaktor-Technik verbessern, die immer zu großen Protesten, Demonstrationen und sehr häufigen Polizeiaktionen in Deutschland geführt hatte. Dass scheinbar seriöse Physiker eine „Klimakatastrophe" verbreiteten, konnte damals kaum jemand glauben. Dieser Wortschatz wurde bis dahin nur der Boulevard-Presse zugeordnet. Eine skandalöse Wortwahl, von der sich auch die „Deutsche Meteorologische Gesellschaft" (DMG) zunächst distanzierte - unabhängig von dem fundamentalen Irrtum der menschengemachten Erderwärmung. Bis heute untersteht der Deutsche Wetterdienst dem Bundesverkehrsministerium und ist damit der *Political Correctness* verpflichtet, egal ob Factum oder wie in diesem Fall: politische Ideologie.

Die Mühe der DPG war aber vergeblich: Bereits am 26. April desselben Jahres ereignete sich der schreckliche Reaktor-Unfall in Tschernobyl, der auf ein Zusammenwirken von technischem Versagen und einer Kette menschlicher Fehler zurückgeführt wurde. In Tschernobyl war dann **das Wort von einer Nuklear-Katastrophe wirklich angebracht.** In vielen Berichten wurden die Auswirkungen der radioaktiven Kontamination in der nahen und weiteren Umgebung von Tschernobyl untersucht und dokumentiert.

Neben Krebs sind wohl die sozialen und psychischen Traumata große Probleme für die Bevölkerung in den Gebieten um Tschernobyl. Einige Wissenschaftler halten diese psychischen Folgen für das größte Gesundheitsproblem infolge des Unfalls. Die weißrussische Autorin und Nobelpreisträgerin Swetlana Alexijewitsch thematisiert in ihrem Werk diesen Aspekt der Katastrophe. Bei 134 Personen, insbesondere bei Kraftwerksbeschäftigten und Feuerwehrleuten, wurde unmittelbar nach dem Ereignis eine Strahlenkrankheit diagnostiziert. Davon starben 28 Personen im Jahr 1986 infolge der Strahlenkrankheit, die meisten in den ersten Monaten nach dem Reaktorunfall. In den Jahren 1987 bis 2004 starben 19 weitere, von der radioaktiven Kontamination direkt betroffene Helfer, einige davon möglicherweise an den Spätfolgen der Strahlenkrankheit.

Was vor allem die grünen Ideologen und „Klimaschützer" erheblich stören dürfte, ist die Tatsache, dass auch für die großen Türme der **Windräder sehr viel Beton - sprich Zement -** eingesetzt werden muss. Ein großer deutscher Zementhersteller aus Heidelberg beabsichtigt, Zement künftig im Osten der Insel Java/Indonesien herzustellen. Mal ganz abgesehen vom reichlichen Zementstaub in der Luft ist es doch eigentlich egal, **wo in der Welt** das durch ein Zementwerk entstehende CO_2 emittiert wird, wenn man denn unbedingt meint, CO_2 müsse aus der Umwelt verschwinden oder zumindest minimiert werden. Aber die deutsche Politik könnte so ihrer „Vorreiterrolle" gerecht werden und die CO_2-Bilanz würde dann **nur für Deutschland** wieder besser? Bei uns wurden in der Vergangenheit über 30.000 Windräder gebaut und das Netz dieser immer größer werdenden Türme soll von Flensburg bis zum Bodensee noch dichter werden.

Bei den Windrädern ist neben den unbedachten CO_2-Emissionen bei den Betonmasten noch ein ganz anderes Problem von den Ideologen völlig übersehen worden: Die Flügel der Windräder werden schon seit langem aus Verbundwerkstoffen hergestellt. Noch kein Grüner hat offensichtlich daran gedacht, dass am Ende der Nutzungsdauer diese Anlagen wieder entsorgt werden müssen. Die großen **Mengen an Verbundwerkstoffen** sind nur als **Sondermüll** zu entsorgen, da sie nicht *recycelt werden können*. Das beißt sich eindeutig mit der Reduzierung von Sondermüll. Ein gigantisches Umweltproblem kommt da noch auf uns zu. Noch schlimmer sieht die Gesamt-Energiebilanz der Windkraftanlagen aus. Der Energieaufwand, der bei jedem Windrad eingesetzt werden muss (Materialkomponenten, Fertigung, Transport und Montage bis zur Entsorgung) übertrifft um ein Vielfaches die gelieferte elektrische Energie durch die Windkraft - und das für die gesamte Betriebszeit. Auch hier ist fehlendes logisches Denken und mangelndes technisches Wissen typisch für die grüne oder grüngefärbte ideologie-gesteuerte Denkweise. Die grüne Umwelt-Idee von der Windkraft-Nutzung (ohne CO_2) erweist sich als Eigentor und hat allenfalls nur Mitleid verdient. Es geht eben nichts ohne Kohlendioxid.

Doch inzwischen ist immer mehr Widerstand in der Bevölkerung gegen die Windkrafttürme angesagt und zwar nicht wegen der negativen CO_2-Bilanz, sondern wegen der ökologischen und gesundheitlichen Schäden beim Betrieb der rotierenden Flügelräder. Vögel und Insekten werden getötet oder schwer verletzt. Passt das zu einer gesunden Umwelt? Diese Debatte ist nun auch bei deutschen Gerichten angekommen.

Auch bei der Herstellung der Fundamente und Gestelle aus Stahl und Beton für die großen **Solarflächen im Freiland** entsteht immer CO_2. Ohne Kohlendioxid-Emissionen kommt also nicht einmal die regenerative Energiebereitstellung aus und belügt sich selbst und die Bevölkerung.

Sogar bei der für klimafreundlich gehaltenen **Elektromobilität** entsteht bei der Kobaltextraktion für die Batterien viel Kohlendioxid (s. Kapitel 15). Eine Industrie ohne CO_2-Emissionen ist reine, naive Phantasie bzw. ideologische Wunschvorstellung, fernab jeder Realität.

Wenn schon die Politik meint, auf die Kernreaktoren müsse man in Deutschland verzichten, wie wäre es denn, nicht nur an die Regenerativen Energiequellen, sondern speziell auch an Erdgas zu denken? Die CO_2-Emissionen sind bei **Erdgas im Vergleich zu den Regenerativen Energien** mit ihren erheblichen Metall- und Betonteil-Fertigungen zwar geringer, aber sie sind dennoch nicht einfach wegzudiskutieren.

Alle Kohlendioxid-Emissionen bei der Erdgasverbrennung könnte man nur verhindern, indem man das CO_2 während des Prozesses der Verstromung abscheidet, einfängt und beispielsweise unterirdisch lagert. Doch von dieser Technik (**CCS** – Carbon Capture and Storage) hört man in letzter Zeit sehr wenig. Hauptproblem ist die Akzeptanz **gewaltiger Lagerstätten in der Erde** durch die Bevölkerung. Außerdem ist der Prozess der Abscheidung ziemlich **energieintensiv** und **teuer** und vermindert insgesamt den Wirkungsgrad doch sehr erheblich. Das würde heißen: „Den Teufel mit dem Beelzebub austreiben". Hinzu kommt: Keiner weiß, was mit den unterirdisch eingelagerten CO_2-Mengen langfristig passiert. Viele Menschen halten diese Technologie für sehr gefährlich. In Deutschland sind zwar Probespeicher möglich, doch wird dies nur unter sehr strengen Bedingungen erlaubt. Ähnlich streng sieht es in anderen EU-Ländern aus, in manchen gibt es sogar strikte Verbote.

Es kam nämlich im **August 1986 in Kamerun** zu einem folgenschweren Unfall mit **ganz natürlich-unterirdischem Kohlendioxid:** Der Nyos-Vulkankrater-See setzte plötzlich nach einem Erdrutsch 1,6 Millionen Tonnen **natürliches CO_2** aus dem Untergrund frei. Das Gas ist zwar ungiftig, aber es ist schwerer als Luft. Daher kam es in einer großen Senke zur Verdrängung des Sauerstoffs und 1800 Menschen und etwa ebenso viele Tiere erstickten an Sauerstoffmangel in dem gesamten Tal. Dieser schreckliche Unfall hat viele Bürger in Deutschland zu Protesten gegen die künstliche Einlagerung von CO_2 veranlasst. Man muss Unfälle erst gar nicht herausfordern, schon gar nicht, wenn es für die technische Verpressung (CCS) von CO_2 in den Boden keinen wirklichen Grund gibt. Wie in Kapitel 3 gezeigt wurde, wird nämlich im Gegenteil in vielen Gewächshäusern der Kohlendioxid-Gehalt bewusst deutlich erhöht, um das Pflanzenwachstum durch intensivere Photosynthese deutlich zu verbessern, insbesondere bei C3-Pflanzen. Auch hier hat die politische Energiewende den völlig falschen, kontraproduktiven Weg eingeschlagen.

Aber es gibt natürlich auch Profiteure der CO_2-Abscheidung und unterirdischen Verpressung: Die Betreiber solcher CCS-Anlagen (bisher Pilotanlagen) bringen nur großes Lob für die CO_2-Abscheidung auf. Mit dem Bau und Betrieb solcher Anlagen können viele Industriebetriebe richtig Geld verdienen. Auch ausländische Firmen zeigen im Umfeld der Kohlendioxid-Hysterie großes Interesse. Dabei werden wieder mal der Sinn und Zweck der Energiewende deutlich: Nur die Wirtschaft kann davon profitieren - ein vielversprechendes Geschäftsmodell durch den Klimawandel. Die Kosten werden auf den Bürger und Verbraucher umgelegt, für eine Technik, die absolut überflüssig ist (s. oben), weil die CO_2-Abscheidung und Verdrängung auf falscher Information und dem Aberglauben einer Notwendigkeit fußt. Die Energiekonzerne wissen das natürlich, nutzen aber die Chance aus, um zu neuen Einnahmequellen zu kommen, wenn die Politik es fördert. Die Frage, ob es volkswirtschaftlich oder aus Umweltgründen nötig ist, wird überhaupt nicht gestellt. Die Politik entscheidet das einfach so – von Ideologie gesteuert, egal ob es eventuell vernünftig sein könnte oder im Endeffekt unökonomisch ist. Das passt doch perfekt in das politische Konzept der Klimapolitik der Bundesregierung: nur nicht nach der Logik und dem Sinn von Klimamaßnahmen fragen. Gegebenenfalls wird einfach gegen den Willen des Volkes entschieden.

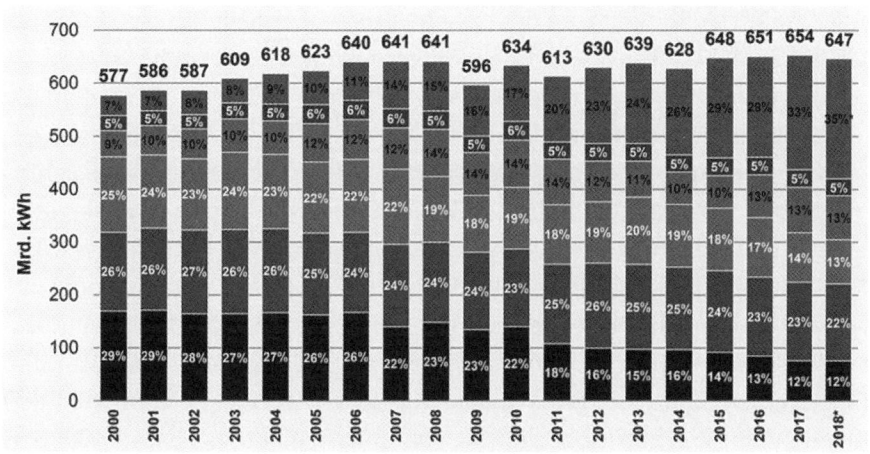

Abb. 14: Brutto-Stromerzeugung in Deutschland (2000-2018)
Quelle: nach BDEW, Bundesverband der Energie- und Wasserwirtschaft 3/2019

Woher beziehen wir denn künftig Strom, wenn die Versorgung mit den Wind- und Solaranlagen eng wird - bei Flaute oder dunklen Wolken oder nachts, Frau Merkel? Wobei doch jeder weiß, dass gerade im ununterbrochen bereitzustellenden Grundlastbereich die Wind- und Sonnenenergie keinen Beitrag mit ihren Leistungsschwankungen liefern kann. Wie Abb. 14 zeigt, kommt mehr als die Hälfte der Stromerzeugung in Deutschland aus Kraftwerken mit CO_2-Emissionen (Braunkohle, Steinkohle und Erdgas). Wenn man bedenkt, dass auch die anderen Kraftwerke (Kernkraft, Erneuerbare und auch Öl, Wasserkraft u.a.) beim Anlagenbau ebenfalls erhebliche Mengen an CO_2 emittieren, geht **gar nichts** in der Stromversorgung **ohne Kohlendioxid-Emissionen.** Es ist eine absolut dumme Idee, CO_2 aus der Umwelt verbannen zu wollen.

Wahrscheinlich wird beim Wegfall von Kernkraft-, Stein- und Braunkohlekraftwerken der Strom aus anderen europäischen Ländern importiert werden müssen; zum Beispiel aus französischen Kernkraftwerken oder aus osteuropäischen Kohlekraftwerken. Das hilft „natürlich" bei allen CO_2-Einsparungen, wenn die Emissionen in anderen Ländern abgegeben werden.

Vielleicht kann hier auch Norwegen helfen, da von dort angeblich „grüner Strom" nach Leipzig geliefert werde - laut Stadtwerke. Dort sind zwar viele Wasserkraftwerke im Einsatz, aber die elektrische Energie wird nicht über separate Fernleitungen zum deutschen Verbraucher geliefert, sondern spätestens an der Grenze ins europäische Verbundnetz eingespeist.

Für wie dumm werden die Menschen eigentlich von den Stadtwerken gehalten? Mit einer Welle des Protests antworteten viele engagierte Leipziger Bürger. Es muss wohl peinlich für die Stadtwerke Leipzig gewesen sein, dass es hinlänglich bekannt ist, wie das europäische Verbundnetz fast alle Kraftwerke in Europa bündelt, egal wie der Strom erzeugt wird oder wo er herkommt - und das in Leipzig, der Stadt der europäischen Strombörse (European Energy Exchange AG). Mangelnde Fachkenntnisse bei den Stadtwerken sind wohl eher unwahrscheinlich, also kann man wohl von einem üblen Werbetrick ausgehen, von dem man glaubt, dass er bei den Kunden mit unkritischer Öko-Gläubigkeit und Unwissenheit ankommen kann. Neuerdings wollen sich einige Nachbarländer aus dem Verbundnetz ausklinken. Sie versuchen, bei einem „Black Out", einem großen Stromausfall in Deutschland, nicht in ein europäisches Versorgungsproblem mithineingezogen zu werden. Deutschland wird also vom europäischen Verbundnetz zunehmend isoliert - wegen seiner *„weltweit dümmsten Energiepolitik"* (Zitat: Wall Street Journal, siehe Kap. 15).

Ein weiteres Faktum zeigt den Irrsinn der frei erfundenen Klimawende: Heute wird die Bevölkerung immer noch vor weltweiten CO_2-Emissionen gewarnt. Die Kohlendioxid-Emissionen sollten ja vermindert werden, damit die atmosphärische Temperatur-Erhöhung nicht über 2°C ansteigt, obwohl niemand tatsächlich sagen kann, wieviele Tonnen CO_2 denn einem oder zwei Grad Celsius Temperaturerhöhung weltweit (!) zahlenmäßig entsprechen würden. Es gibt nämlich keinen mathematischen oder physikalischen Zusammenhang zwischen den Parametern Temperatur und CO_2-Konzentration. Wie im Kapitel 2 gezeigt wurde, ist ein kausaler Zusammenhang zwischen Temperatur und CO_2-Anstieg nicht herleitbar. Selbst wenn das belastbar wäre, wird auf internationaler Ebene niemals eine entsprechende Reduktion erreicht werden. Will man das auf alle Staaten, die Kohlendioxid emittieren herunterbrechen, ist das Chaos einer Reglementierung perfekt.

Selbst Deutschland mit seiner Klimakanzlerin konnte und kann seiner „Vorreiterrolle" nicht gerecht werden. Viele andere Staaten bekunden zwar aus solidarischen Gründen ihren guten Willen rein formal, sind aber nicht wirklich ernsthaft an CO_2-Einsparungen interessiert. Deutschlands „Vorreiterrolle" gilt nur bei unseren Politikern als seriöse Idee, in unseren Nachbarländern ist sie eine Lachnummer und unsere Politik bemerkt es nicht einmal. Nationale Interessen wird jedes Land verständlicherweise immer voranstellen, aber eine „Solidarität" kann man natürlich leicht vortäuschen, und auch das kommt in unserer Regierung nicht an. Man denke nur zum Beispiel an Merkels „europäischer Lösung" bei der Verteilung der Flüchtlinge. Die osteuropäischen Länder haben Frau Merkel zwar nicht schallend ausgelacht, aber sie wurde einfach höflich ignoriert.

Ignoriert und mitleidig belächelt wird im Ausland auch der deutsche Ausstieg aus den fossilen Energieträgern, sowie dem auch quasi gleichzeitigen Ausstieg aus der Kernenergie-Nutzung. Während fast überall in der Welt die Weichen für die Zukunft ganz anders gestellt werden.

Ein wirklich kurioses Beispiel: An der zweiten, neuen **Erdgaspipeline North Stream 2** von Russland durch die Ostsee nach Deutschland besteht großes Interesse nicht nur bei allen Anrainerländern, sondern selbst bei der deutschen Energiepolitik. Von CO_2-Einsparungen spricht da plötzlich niemand mehr. Erdgas und vermutlich auch Erdöl werden uns als abiotische Energieträger **noch auf unglaublich lange Zeit zur Verfügung stehen.** Daher werden Erdgas-Kraftwerke die Stromversorgung zumindest in naher Zukunft sicherstellen müssen, wenn Kohle- und Kernkraftwerke per Gesetz abgeschaltet und vom Netz gegangen sind. Widersprüchlich ist auch die Zulassung für das Kohlekraftwerk *„Datteln 4"*. Vermutlich hat die deutsche Energiepolitik inzwischen erkannt, dass ohne Kraftwerke im Grundlastbereich die Lichter bei uns bald ausgehen werden. Nicht auszudenken, wie die Menschen darauf reagieren würden.

Die früheren, regelmäßigen Reichweitenberechnungen der fossilen Energieträger waren schon immer falsch und wurden ständig immer wieder nach hinten verlängert. Auch die Bundesanstalt für Geowissenschaften und Rohstoffe (GBR) in Hannover hat sich viele Jahrzehnte lang an den Warnungen der Endlichkeit der fossilen Energieträger beteiligt. Allerdings steht in der Energiestudie der GBR von 2013 zu Reserven, Ressourcen und Verfügbarkeit von Energierohstoffen: *„Erdgas ist aus geologischer Sicht noch in sehr großen Mengen vorhanden."* Das zeigt doch ein Umdenken auch bei der GBR im Vergleich zu früheren Aussagen. Man fügt aber gleich relativierend und widersprüchlich hinzu - wie bei allen politischen oder politiknahen Einrichtungen: *„Die Erdgasförderung in Europa hat ihr Maximum seit einigen Jahren bereits überschritten".* Berechtigt ist dann die Frage: Wieso wird denn dann die neue Erdgaspipeline „North Stream 2" mit großen Investitionen, viel technischem Aufwand und riesigen Kosten ergänzend zu „North Stream 1" überhaupt gebaut? Peinliche Fragen, die von offizieller, politischer Seite nicht beantwortet werden.

Das abiotische Erdgas (also nicht fossil entstanden) wird nämlich aus sehr großen Tiefen aus dem Erdkern durch chemisch-physikalische Prozesse in die bekannten Lagerstätten aufwärts gepresst. Eine biologische Entstehung aus Faulschlämmen oder Mikroorganismen, wie man früher in der Schule lernte, entspricht nicht den Fakten. Für die GBR, die Politik und die petrochemische Industrie ist es ein großes Problem, wenn sich herausstellt, dass das potenzielle Angebot sehr weit über der Nachfrage liegt. Dann müsste der Preis nach unseren markwirtschaftlichen Regeln „in den Keller gehen". Das geht natürlich gar nicht und die riesigen Gewinne der Konzerne und die ebenso großen Steuereinnahmen des Staates wären Vergangenheit. Also wird der Bürger wieder mal hinters Licht geführt und man hofft, dass die Wahrheit noch lange Zeit verborgen bleibt.

Die größeren Erdgasquellen sind weltweit seit vielen Jahrzehnten noch nie **endgültig** versiegt - entgegen aller Vorhersagen. Die Ressourcen werden ganz offensichtlich während der Förderung wieder aus dem Erdinneren mindestens genauso schnell „nachgefüllt" wie ausgeschöpft – kaum zu glauben, aber das erinnert doch irgendwie an das Märchen „Tischlein deck dich" oder an ein Fass ohne Boden - ein Glücksfall oder ein neues geologisches Faktum? Für die Gegner der Kernenergie-Reaktoren eine willkommene Lösung: Auf die Nutzung der Kernenergie kann verzichtet werden. Der Verbleib weiterer radioaktiver Abfälle hat sich dann erledigt. Die Gegner der Kohlendioxid-Emissionen glauben aber, ein „verschärftes" Klimaproblem zu haben, welches jedoch mit dem Wissen vom tatsächlich **klimaneutralen** Kohlendioxid nur ein Scheinproblem ist - eine Gasblase im wahrsten Sinne des Wortes.

Die **fixe Idee der Elektro-Automobile** wird von der Klimapolitik als Lösung für schadstofffreien Straßenverkehr gesehen. Davon träumen wir alle: Elektroautos - die sauberen Fahrzeuge. Die Autoindustrie wollte anfänglich aber nichts von dieser Technik wissen: riesige Entwicklungskosten, zu hoch der Verkaufspreis, **zu gering die Reichweite,** zu wenig Ladestationen, zu lange Ladezeiten … (s. unten). Der politische Druck hin zu einem abgasfreien und geräuschlosen Autoverkehr nahm aber nicht ab, im Gegenteil, der Politiker weiß eben immer besser, was gut und richtig für die Menschen ist. Dazu braucht die Politik keinen technischen Sachverstand, keine weitsichtigen Folgen – es geht nur um die Macht der Durchsetzung von ideologischen Zielvorstellungen. Da ist natürlich die Klimakanzlerin die totale Expertin: Entscheidungen gegen den Willen der Betroffenen durchzusetzen.

Aber wie steht es wirklich mit der Ökobilanz der Elektrofahrzeuge? Die Wahrheit ist: Das E-Auto kann für die Industrie ein lukratives Geschäft werden, falls es sich gut verkaufen lässt – für die Klima-Alarmisten ist es aber eine Katastrophe. Batteriebetriebene Elektrofahrzeuge sind per EU-Definition Null-Emissionsautos. Stimmt aber nicht. Die Emissionen entstehen nur an anderen Stellen. Nämlich dort, wo wir mit Gas, Braunkohlekraftwerken, mit fossilen Brennstoffen oder Atomenergie Strom für die millionenfach benötigten Autobatterien erzeugen. In Frankreich sei das Elektroauto schon längst sauber, weil der Strom durch Atomenergie erzeugt wird, sagte unlängst ein Renault-Manager. Dasselbe in den Vorzeigestädten Chinas, Schanghai und Peking: Vermeintlich gibt es dort saubere Straßen durch eine kurzfristig ausbleibende Direktemission. Aber weit weg von den Städten werden CO_2-Emissionen in den Braunkohle-, Steinkohle- und Ölkraftwerken in die Luft geballert. **Wer glaubt, dass die Einführung von Elektrofahrzeugen eine Wirkung auf den CO_2-Ausstoß in die Atmosphäre insgesamt hat, irrt.** Im Kapitel 15 werden die Probleme im Kontext zur Elektromobilität ausführlicher beleuchtet.

Geradezu pervers ist die Idee, Kohlendioxid aus unserer Umwelt entfernen zu wollen, wenn man daran denkt, dass Flora und Fauna auf der ganzen Erde auf CO_2 dringend angewiesen sind. Bei einer Konzentration von unter 250 ppm beginnt ein langsamer Erstickungstod der Pflanzen. Eine CO_2-freie Umwelt ist das Todesurteil für alle irdischen Lebewesen. Hier zeigt sich, wie schizophren blinder Ökologismus ist. Eine Erderwärmung durch CO_2 soll unterbunden werden - und wenn wir uns dabei umbringen! Wie können Menschen nur so dumme Gedanken entwickeln? Die Wahrheit ist: Kohlendioxid ist klimaneutral! Es hatte noch nie in der gesamten Erdgeschichte bis heute eine Wirkung auf die Klimaentwicklung unseres Planeten. CO_2 ist Lebensspender und kein Klimakiller. Es ist essenziel wichtig für die Photosynthese der Pflanzen. Ohne CO_2 gäbe es keine Nahrungsmittel und keinen molekularen Sauerstoff, d.h. das Leben auf der Erde wäre unmöglich. Wie bereits in Kapitel 2 gezeigt wurde, ist einer **Erhöhung der CO_2-Konzentration** um mindestens den Faktor zwei, also auf mehr als 800 ppm in der Atmosphäre sehr günstig für viele Pflanzen und auch für die Biosphäre insgesamt.

Hinzu kommt: Kohlendioxid ist Bestandteil vieler Getränke wie zum Beispiel Bier, im Mineralwasser, in Limonaden und anderen Erfrischungsgetränken. Wahrscheinlich würde kein Mensch auf diesen prickelnden und völlig unschädlichen Zusatz verzichten wollen. Mit Kohlensäure (H_2CO_3) hat Kohlendioxid (CO_2) übrigens nichts zu tun. Oft werden diese beiden Kohlenstoff-Verbindungen leider verwechselt. Während CO_2 leicht wasserlöslich ist und dort auch sehr lange verbleiben kann, ist H_2CO_3 im Wasser zwar ebenfalls löslich, aber Kohlensäure-Moleküle existieren, wenn sie sich einmal gebildet haben, nur die unvorstellbar kurze Zeit von einigen Nano-Sekunden, also in der Größenordnung von gerade einmal 0,000000001 Sekunden – sind also mit anderen Worten sehr schwer nachweisbar.

Kohlendioxid besitzt ein breites technisches Anwendungsspektrum: In der chemischen Industrie z. B. wird es zur Gewinnung von Harnstoff eingesetzt. In fester Form als **Trockeneis** wird es als **Kühlmittel** verwendet, überkritisches Kohlenstoffdioxid dient als Löse- und Extraktionsmittel. Kohlendioxid kommt auch als **Löschmittel in Feuerlöschern** zum Einsatz. Dabei tritt es an vielen Stellen als Alternative zum Löschen mit Wasser auf. Öle und Fette können auf keinen Fall mit Wasser gelöscht werden. Hier sind CO_2-Feuerlöscher ein wichtiger Ersatzstoff. Die EU-Bürokraten wollten sogar die Feuerlöschung mit Kohlendioxid verbieten, um CO_2-Emissionen einzusparen zu können. Ganz abgesehen von dem Minimal-Effekt müssten alle Feuerwehren in der EU umgerüstet werden, das ginge nur mit teureren Ersatzstoffen und würde wiederum Milliarden Summen verschlingen: aufwendig, ohne Sinn und messbaren Effekt. Wahrscheinlich denken die Eurokraten ständig darüber nach, wie man weitere Torheiten zum Thema CO_2-Einsparungen kostenaufwendig einführen kann. Noch mehr Beispiele für mangelnde technische Kenntnisse und fehlendes Abwägen von Verhältnismäßigkeiten werden sicher nicht lange auf sich warten lassen.

Kohlendioxid kommt auch immer häufiger in der Medizin zum Einsatz.

Zum Beispiel wird es äußerlich in Form von Wasserbädern eingesetzt, um die Durchblutung zu fördern, periphere Gefäße zu weiten und damit den arteriellen Blutdruck zu senken. CO_2 dient in der Medizin auch zur Verbesserung des Hautbildes bei tropischen Erkrankungen sowie bei Nekrosen und Dekubitus. Aktuell wird Kohlendioxid auch bei minimalinvasiven Operationen verwendet, um Körperhöhlen aufzudehnen - die sogenannte Insufflation. In der Notfallmedizin wird CO_2 in einem Gemisch mit Sauerstoff bei Störungen der Atemwege eingesetzt.

Ein anderes Anwendungsspektrum von CO_2 in der Medizin betrifft die Koloskopie. Es wird etwa 150mal schneller über die Darmwand rückresorbiert als Raumluft. Zahlreiche Studien konnten den klinischen Wert für CO_2 bei der gastrointestinalen Endoskopie zeigen. Die Koloskopie ist in der Vorsorge von Kolonkarzinomen verbreitet und wird für Patienten ab dem 55. Lebensjahr von den Kassen übernommen. Wie die Studien gezeigt haben, kann eine Koloskopie mit CO_2 bei vielen Patienten klare Vorteile gegenüber Raumluft bezüglich intra- und postinterventioneller Beschwerden zeigen. In der Medizin gilt CO_2 manchmal auch als „das Wundermittel in Maßen".

Zusammenfassend muss man feststellen: eine Verbannung des lebenswichtigen Kohlendioxids ist auf der Erde vollkommen unmöglich. Gelänge dies – zumindest theoretisch - den ideologisch verblendeten Ökologismus-Anhängern, wäre es das Ende aller Lebensformen auf der Erde: *„Operation gelungen - Patient tot".*

7 Die Kohlendioxid-Propaganda

Schon als Bundesumweltministerin hatte sich Angela Merkel das Thema Klima und Klimaschutz als Interessensschwerpunkt ausgewählt. Als Physikerin dachte sie, Klima hat irgendetwas mit Naturwissenschaft zu tun. Im Prinzip ist das auch richtig, denn im Detail gibt es auch einige Berührungspunkte, z.B. in der Thermodynamik und in der Atmosphärenphysik. Aber die völlig falsche Einschätzung des Spurengases CO_2 in der Atmosphäre hätte ihr als Physikerin niemals passieren dürfen.

Die wichtigsten naturwissenschaftlichen Fakten (zum großen Teil Schulwissen) über das in der Atmosphäre vorhandene Kohlendioxid sollen hier zur allgemeinen Information kurz zusammengefasst werden:

Vorkommen in der Atmosphäre nur als Spurengas - das heißt, die Konzentration beträgt rund 400 ppm (Parts per Million) oder 0,04 Vol.% oder anteilig 0,0004 als Absolutwert geschrieben. Mit anderen Worten: Auf 10.000 Luftmoleküle kommen 4 CO_2-Moleküle, das ist eine extrem dünne Verteilung (s. Abb. 15).

Für die **Herkunft des Kohlendioxids** in der Atmosphäre sind mehrere Quellen bekannt: Wie im Kapitel 6 gezeigt wurde, stammen 96,5% aus der Natur, der größte Teil (ca. 41%) wird von den großen Ozeanen ausgegast. Das passiert immer in Warmzeiten wie jetzt, also auch in den letzten 10.000 Jahren. Während der Eiszeiten ist das umgekehrt - CO_2 verschwindet wieder aus der Atmosphäre. Die Meere nehmen es wieder auf, weil CO_2 wasserlöslich ist.

Weitere natürliche Emissionen für Kohlendioxid sind vor allem Böden und Vulkane, daneben entsteht es auch durch Verwitterung von Gesteinen. Es gibt heute weltweit ca. 1500 aktive Vulkane auf der Erdoberfläche, hinzu kommt noch eine nicht genau bekannte Zahl submariner Vulkane. Jedes Jahr gibt es etwa 50 bis 60 Vulkanausbrüche. Auch aus der gasreichen Lava werden große Mengen Kohlendioxid an die Luft abgegeben. Allein der Ätna fördert bei seinen vielen jährlichen Ausbrüchen etwa **90 kg CO_2 in jeder Sekunde!** Bei SZ.de war am 18. April 2014 zu lesen, dass diese Menge den Emissionen von 17.000 BMW (7er Reihe) bei einer Geschwindigkeit von 90 km/h entspricht. Nur etwa 3,5% der globalen CO_2-Emissionen stammen aus anthropogenen Quellen, dazu zählt im Wesentlichen die Verbrennung von Kohle, Erdöl und Erdgas.

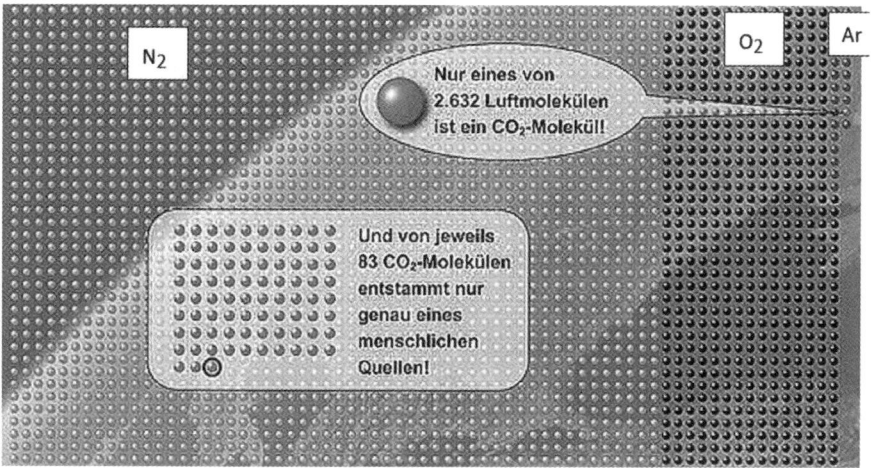

Abb. 15 zeigt schematisch die dünne Konzentration von 4 CO₂-Molekülen, die von 10.000 Luftmolekülen umgeben sind. Auf ein CO₂-Molekül umgerechnet heißt das: Unter 2.632 Luftmolekülen (Sticksoff, Sauerstoff und Argon) befindet sich nur ein Kohlendioxid-Molekül (ganz rechts). Quelle: verändert nach Newstopaktuell.wordpress,com

Die öffentliche CO_2-Propaganda der Politik sowie die Mainstream-Medien und die ideologisch gesteuerten Ökoaktivisten ignorieren oder vertuschen die Wahrheit über das harmlose und klimaneutrale Spurengas Kohlendioxid. Sie **glauben,** einen Sündenbock gefunden zu haben, der die gewünschten gesellschaftlichen Veränderungen bringen soll.

Die chemischen Eigenschaften zeigen, dass CO_2 ein geschmack- und geruchloses Gas ist, unsichtbar und ungiftig unter einem 5 % Anteil. Erst wenn die Konzentration in der Atmosphäre sich um mehr als das Hundertfache (!!) erhöhen würde, könnte es für die Gesundheit kritisch werden. Auf die Eigenschaft unsichtbar muss hier besonders hingewiesen werden, weil vorwiegend die öffentlich-rechtlichen Medien oft schwarz rauchende Industrie-Schornsteine im Bild zeigen, wenn gleichzeitig über CO_2-Emissionen berichtet wird.

Das ungefährliche Kohlendioxid (CO_2) wird von absoluten Laien oft mit dem giftigen Kohlenmonoxid (CO) verwechselt, das als Abgas aus dem Auspuff von Autos mit Verbrennungsmotoren in die Luft abgegeben wird. Auch mit Kohlensäure (H_2CO_3) wird CO_2 sehr oft verwechselt. Viele Menschen glauben, dass z.B. in Mineralwasser und Bier Kohlensäure als prickelnder Zusatz enthalten sei. Dies ist völlig falsch, es handelt sich dabei immer um Kohlendioxid (CO_2). Dies ist in Wasser gut löslich und auch in den Wassermassen der Ozeane (Kap. 6) enthalten. Kohlensäure kommt dagegen in der Natur in reiner Form praktisch nicht vor. Es wurde von Berliner Forschern überhaupt erstmals in Wasser nachgewiesen - für extrem kurze Zeit im Bereich von Nanosekunden, also 10^{-9} Sekunden. Kohlensäure (H_2CO_3) hat daher auch technisch keine Bedeutung - im krassen Gegensatz zu CO_2.

Die physikalischen Eigenschaften besagen, das CO_2 spezifisch schwerer ist als Luft. Dennoch sammelt es sich nicht am Boden, weil es bei extrem dünner Verteilung durch die atmosphärische Zirkulation ständig aufgewirbelt, umverteilt und mit Luft vermischt wird. Dabei kann es auch zu einem geringen Teil vorübergehend in größere Höhen gelangen. Insbesondere gibt es erst recht keine Kohlendioxid-Schicht im festen Aggregatzustand in etwa 6 km Höhe. Dies nahmen Arrhenius und Fourier Ende des 19. Jahrhunderts an, um den Treibhauseffekt durch eine Art „Abdachung" wie im Glashaus erklären zu wollen. Heute wissen wir, es war ein naiver und grundlegender Irrtum. Es zeigte sich auch sehr bald, dass Kohlendioxid klimaneutral ist. Auf die letzten beiden Aussagen wird im nächsten Kapitel über den Treibhauseffekt noch ausführlich eingegangen.

Den biologischen Eigenschaften des CO_2 kommt eine ganz besondere Rolle zu. CO_2 ist Lebensspender und kein Klimakiller. Kohlendioxid ist essenziell wichtig für die Photosynthese der Pflanzen. Ohne CO_2 gäbe es keine Nahrungsmittel und keinen molekularen Sauerstoff, d.h. das Leben auf der Erde wäre unmöglich. Auch Kohle, Braunkohle, Torf und Moore, aber auch Kalkstein und Korallenriffe wären niemals entstanden. Die Klima-Alarmisten sprechen übrigens auch von einer gefährlichen Verdoppelung der Konzentration, also auf 0,08 %. Das entspräche dann angeblich der lebensbedrohenden Klimakatastrophe. Der höchste Wert der CO_2-Konzentration, der jemals in Anwesenheit von Lebewesen in der Atmosphäre vorhanden war, betrug 7000 ppm vor rund 500 Millionen Jahren, d.h. im Kambrium (s. Abb. 1), also in der Zeit der sogenannten „kambrischen Explosion". Damit ist das plötzliche, parallele Auftreten vieler Tiere mit ganz unterschiedlichen Körperbauplänen in einer geologisch kurzen Epoche gemeint. Das geschah in einer Zeit mit relativ hoher, globaler Mitteltemperatur (ca. 22°C) und einer extrem hohen Kohlendioxidkonzentration (ca. 7000 ppm).

Pflanzen brauchen für ihr Wachstum unbedingt CO_2. Mindestens 200 ppm bzw. 0,02 % oder mehr unterstützt die Photosynthese und verstärkt damit das Wachstum. Der Düngungseffekt von Kohlendioxid ist seit langem bekannt – warum nicht auch in der Politik? Viele Gärtner leiten in ihre großen Gewächshäuser zusätzlich CO_2-Gas ein. In Island zum Beispiel, wo Tomaten naturgemäß nicht gerade üppig wachsen, verdoppeln die Gärtner die Konzentration auf 900 ppm und mehr (s. Abb. 16). An geothermischer Wärme fehlt es in Island nicht, meist sind solche natürlichen Wärmequellen in der Nähe der Gewächshäuser - oder Zuleitungen übernehmen den Warmwassertransport. Nach eigenen Angaben der Tomatenzüchter könnten sich die Erträge durch höhere Konzentrationen noch steigern lassen. Aber der Einsatz bleibt oft begrenzt, nur damit die Tomatenpreise in einem wirtschaftlich vertretbaren Rahmen bleiben. Die Steigerung auf 900 ppm im Treibhaus ist für Menschen und Tiere nicht spürbar. Auch CO_2-Konzentrationen von 1600 ppm werden unter Umständen manchmal in Gewächshäusern eingesetzt.

Von den hartnäckigen Vertretern des Ökologismus wird dieser Düngungseffekt des Kohlendioxids einfach abgestritten – wider besseres Wissen oder einfach nur wegen Dummheit? Ein Besuch dieser Treibhäuser könnte vielleicht helfen.

Abb. 16: Eingang zum großen Tomaten-Gewächshaus Fridheimar auf Island, ganz rechts: der große CO_2-Tank.   Quelle: Reisefoto von Travelcooking: „Island" (März 2017)

Der Düngungseffekt des CO_2 beruht auf einer steigerungsfähigen Aufnahme der Pflanzen für den biochemischen Prozess der Photosynthese. Aber nicht bei allen Pflanzen ist eine erhöhte CO_2-Aufnahme möglich. Bei den sogenannten **C3-Pflanzen** (mit **drei** Kohlenstoffatomen im Molekül) lässt sich die Photosynthese kontinuierlich durch erhöhte Kohlendioxid-Aufnahme steigern. Die Pflanzen gedeihen besser und schneller. In Abb. 17 sieht man den Anstieg der CO_2-Aufnahme. Die meisten Pflanzen in unseren Breiten sind C3-Pflanzen. Auch bei der Tomate kann eine Ertragssteigerung durch erhöhte Kohlendioxid-Konzentration erreicht werden. Trotz der zusätzlichen Investitionen für die CO_2-Anreicherung ist die Wirtschaftlichkeit offensichtlich gegeben.

Interessant ist, dass auch viele tropische Bäume von mehr CO_2 in der Atmosphäre profitieren, d.h. das Wachstum des tropischen Regenwaldes kann unterstützt werden und den schwindenden Waldflächen entgegenwirken. Es wäre das falsche Signal, steigende CO_2-Emissionen zu bremsen oder gar durch Vereinbarungen oder Gesetze stoppen zu wollen. Die Politik geht mit ihren Ideen und Gesetzen in die falsche Richtung. Wir brauchen nicht geringere, sondern höhere CO_2-Konzentrationen in der Atmosphäre. Versagt bei der Physikerin und Klimakanzlerin und bei vielen Ökoaktivisten das einfache logische Denken? Oder steckt dahinter vielmehr eine politisch gewollte, hartnäckige Ideologie, die naturwissenschaftliche Fakten ausblendet?

Bei den **C4-Pflanzen** (mit **vier** C-Atomen im Molekül, s. Abb. 17) ist eine Steigerung der Photosynthese ab 400 ppm offenbar nicht mehr möglich. Die Studien zeigen, dass es bei Pflanzen der südlichen Länder wie Mais, Zuckerohr, Hirse oder Amarant, nicht zu einer erhöhten Aufnahme von CO_2 für eine Wachstumssteigerung kommt. Zum Glück sind bei uns in Europa nur 3 bis 4 % der Nutzpflanzen C4-Pflanzen. Bei uns überwiegen eindeutig die C3-Pflanzen.

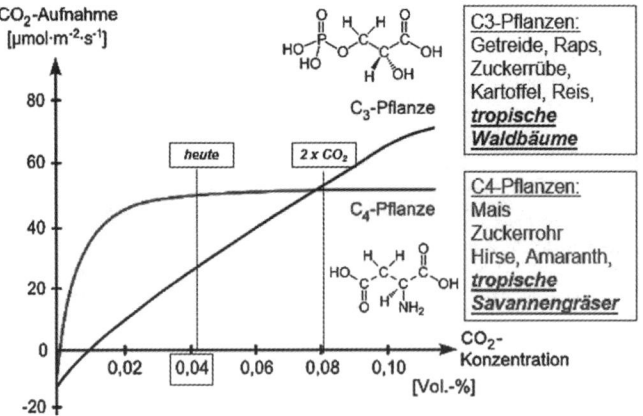

Abb. 17: Die unterschiedliche Aufnahme von C3- und C4-Pflanzen für die Photosynthese mit zunehmender CO_2-Konzentration.

Forschergruppen, die für die Unterstützung der Idee vom Klimawandel staatliche Fördergelder erhalten – wie auch einige Hochschul-Geographen – bleiben natürlich bei ihrer falschen These von der Ausbreitung der Wüsten. An der Desertifikation der Trockenräume der Erde darf auf keinen Fall gezweifelt werden, so meinen sie. Die Fakten beweisen aber das Gegenteil: Die semiariden Halbwüsten ergrünen zunehmend. Bäume und Sträucher, besonders in der afrikanischen Sahelzone, breiten sich aus und wachsen wieder zusehends nach. Satellitenbilder registrieren seit einigen Jahren schon eine weltweite Zunahme der Vegetation, insbesondere in den Randgebieten der Wüsten. Langfristige Feldstudien im Sahel von **Prof. Chris Reij** (Universität Amsterdam) untermauern die Erkenntnisse aus den Satellitenbildern. Dabei werden gerade die angrenzenden **tropischen Waldbäume** als C3-Pflanzen von einer künftig global weiter steigenden CO_2-Konzentration erheblich profitieren (s. Abb. 17). Die anthropogene Wiederaufforstung, die auch von Prof. Reij dort gefördert wird, stabilisiert die Zunahme und Ausweitung der Grünzonen.

Chris Reij ist neben seinen wissenschaftlichen Studien ein vielbeachteter Vortragsredner, Buchautor und ein unermüdlicher Mitstreiter für die Belange der Kleinbauern im Sahel. Denn nur durch eine nachhaltige Anpassung der Land- und Forstwirtschaft kann sich die stark zunehmende Weltbevölkerung langfristig ernähren.

„Ich bin voller Bewunderung für jeden, der es schafft, hier zu leben", sagt Reij. „...Leider ist der Sahel in der öffentlichen Meinung immer noch der Inbegriff von Dürre, Hunger und Not. Doch verschiedene Teile der Region südlich der Sahara befinden sich inzwischen auf dem Weg der Besserung, sie haben sich eine dauerhafte Vegetationsdecke zugelegt. So auch auf dem Zentral-Plateau in Burkina Faso, wo die Bauern vor allem mit dem Bau von Natursteinmauern ihre Böden vor Erosion schützen und das Regenwasser besser nutzen. Eine sehr wichtige Lokomotive dieser eindrucksvollen Erfolgsgeschichte war das deutsch-burkinische Vorhaben PATECORE, welches nun durch ehemalige Projektmitarbeiter weitergeführt wird. Im Jahr 2003 haben wir gemeinsam mit Mitarbeitern der Universität Ouagadougou die positiven Wirkungen der Boden- und Wasserkonservierung dokumentiert."

Aber sehr viele „Klimaforscher" sind eben Opportunisten. Um die persönliche Karriere zu sichern, richten sie sich nach den Vorgaben der Klimapolitik und verfolgen dabei vorrangig den Zweck, staatliche Fördermittel zu erhalten. Dann muss man eben alle positiven Eigenschaften zunehmender CO_2-Konzentrationen verschweigen.

Ein weiterer Beweis deutet auf die bewusst gesteuerte Kohlendioxid-Propaganda hin. Prähistorische Daten über die großen Temperaturschwankungen und Kohlendioxid-Variationen während der letzten Eiszeiten (seit ca. 800.000 bis vor etwa 10.000 Jahren) sind aus Eisbohrkernen gut rekonstruiert worden.

Alle hier gezeigten Fakten belegen, dass die Politik, allen voran die Klimakanzlerin, von falschen Annahmen ausgeht. Die These von der Verantwortung des Kohlendioxids für eine Erderwärmung und eine drohende Klimakatastrophe ist lediglich eine **Kampagne politischer Propaganda** und Panikmache. Der nicht hinreichend informierte Bürger soll sich den angeblichen Problemen „schuldbewusst" beugen und zur Entrichtung von Abgaben (CO_2-Steuer) bereit sein, damit Deutschland in einer "Vorreiterrolle" die Welt retten soll. Diese Vorreiterrolle wird in anderen Ländern meist mitleidig belächelt, weil sie den deutschen Steuerzahler völlig unnötig und übermäßig stark belastet.

Andere Länder emittieren allerdings weit mehr Kohlendioxid als Deutschland, wie aus der Grafik in Abb. 18 zu sehen ist.

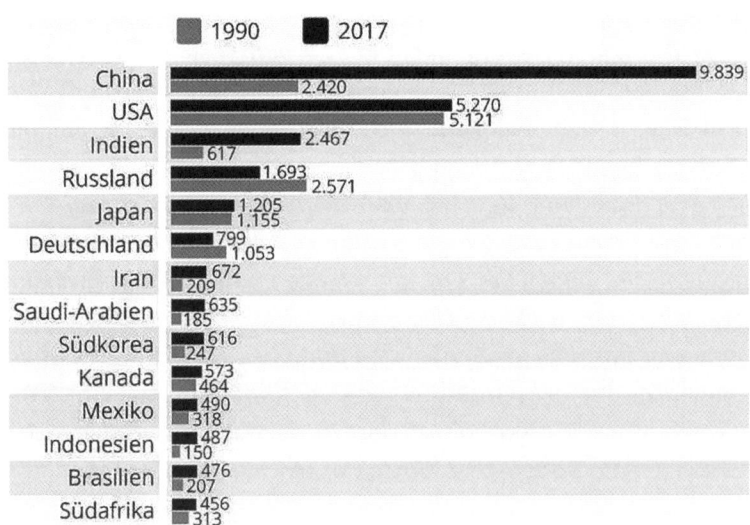

Abb. 18: Die anthropogenen CO_2-Emissionen (in Mio. Tonnen) zwischen 1990 und 2017 im Vergleich.
Grafik: Statista / Quelle: Global Carbon Project (Auszug)

Wie man in Abb. 18 sieht, hat China die USA in den letzten 20 Jahren deutlich überholt. Die Steigerung von 1990 bis 2017 betrug in China mehr als 300%, in den USA waren es im gleichen Zeitraum nur ca. 3% mehr. Deutschland folgt erst an 6. Stelle und hat einen Rückgang der Emissionen in den 27 Jahren von 24% zu verzeichnen. Ein Rückgang, der global gesehen, nichts bringt. Bei fast allen anderen Ländern in dieser Tabelle sind nur zunehmende Emissionen erreicht worden.

Im weltweiten Vergleich kann man durchaus von einer **gescheiterten „Vorreiterrolle"** sprechen - insbesondere, da in China nach 2017 weiterhin mehr CO_2 emittiert wurde, und die Zahl der Kohle-/Braunkohlekraftwerke (in Bau und Planung) noch einige Jahre erheblich zunehmen wird. Dass eine Reduzierung von CO_2-Emissionen das Weltklima nicht „retten" kann, zeigt die Tabelle mehr als eindrucksvoll, *selbst wenn das Kohlendioxid einen Klima-Einfluss ausüben würde.* Das ist aber keineswegs der Fall. Im Endeffekt ist Deutschland auf einem unglaublichen Irrweg und erhöht bei uns die Wahrscheinlichkeit künftiger Stromausfälle durch einen bevorstehenden „Black Out". Im Gegensatz dazu sorgen vor allem China und die USA für eine Verbesserung der Wachstumsbedingungen der globalen Flora. Weltweit werden Pflanzen und Wälder bei zunehmender atmosphärischer CO_2-Konzentration besser gedeihen können. Die „Vorreiterrolle" Deutschlands ist allein ein ineffektives Wunschdenken zu Lasten der deutschen Steuerzahler.

Allmählich spricht sich aber auch bei den Klima-Alarmisten herum, dass das CO_2 keine Klimaeffekte und keine Erderwärmung bewirken kann. Da man aber nicht einfach die Flinte ins Korn werfen will und die Blamage zugeben kann, wird nach einem "klimaschädlichen Ersatzgas" gesucht. **Methan (CH_4)** gerät daher ins Visier, klima-verändernd zu sein. Der Mensch soll - dieses Mal mit seinem Fleischkonsum - als Schuldiger ausgemacht worden sein. Im Inneren der Erde kommt Methan (als Erdgas) in großen Mengen vor. Allerdings ist die Konzentration in der Atmosphäre noch über 200mal kleiner als die des CO_2, sie beträgt ca. 2ppm (also 0,000002 = ein zweimillionstel Anteil im Vergleich zu den Luftmolekülen). Etwas anschaulicher könnte man sagen: Man bringt einen warmen Tropfen Wasser in eine sehr große Schüssel mit kaltem Wasser und behauptet nun, das Wasser in der Schüssel hätte sich *messbar* erwärmt. Zu berücksichtigen wäre bei dem groben Vergleich, dass CH_4 in der Atmosphäre, wie auch CO_2, keinen Treibhauseffekt tatsächlich auslösen kann. Damit wäre der Vergleich nur ein Rechenspielchen ohne physikalischen Hintergrund. Ein nur theoretisches Exempel, das in der Realität aber nicht existiert, da es auch beim Methan eine „Gegenstrahlung" (siehe Kapitel 5) nicht gibt. Methan ist aber in größeren Mengen spektroskopisch auf den Planeten Jupiter und Saturn nachgewiesen worden. Eine Planetenerwärmung ist dort trotz der erheblich höheren und natürlichen (!) CH_4-Konzentration nicht bekannt.

8 Die Medien als Sprachrohr der Klimahysterie

Nach einer Untersuchung von H.M. Kepplinger und S. Post (2008) bei 239 Klimaforschern nahmen 133 im Sommer 2006 an einer Befragung teil. Eine weit überwiegende Mehrheit beurteilte die meisten Medienberichte sehr negativ. Unter anderem erklärten 74 Prozent, in den Medien werde „die Leistungsfähigkeit von Klimamodellen überschätzt". Nur sieben Prozent meinten, die Leistungsfähigkeit der Klimamodelle wäre realistisch eingeschätzt. Die Urteile der Klimaforscher über die **Qualität** der Medienberichterstattung und die **Qualifikation** der Berichterstatter waren in den Ergebnissen doch **erstaunlich unterschiedlich** - eine sehr vorsichtige und nicht ins Detail gehende Interpretation der Auswertung. Zur Qualität und Qualifikation werden (vorsichtshalber) Namen in der betreffenden Untersuchung verschwiegen.

Längst hat auch der Fernseh-Zuschauer erkannt, dass seine Rundfunkgebühren zum großen Teil nicht gut angelegt sind. Die ehemalige MDR-Moderatorin Katrin Huß kann dies aus ihren 20jährigen Erfahrungen beim MDR bestätigen. Mit einem großen Teil des Geldes der Gebührenzahler, das leider für sinnlose Randeffekte bei Fernsehshows ausgegeben wird, könnte man die hinkende Programm-Qualität erheblich verbessern, so Katrin Huß.

Interessant ist, mit welch dreisten Methoden - insbesondere die Öffentlich-Rechtlichen (ÖR) - vorgehen, um bewusste Meinungsmache als solche zu vertuschen. Wie man sich u.a. bei Eva Herman oder Heiko Schrang im Internet anschauen kann, werden zum Beispiel in Sendungen mit Politikern und mit Live-Publikum im Studio bestimmte Meinungen verstärkt oder abgeschwächt. Oft werden mit Claqueuren - also bezahlten Klatschern - die im Publikum verteilt sitzen, gezielt Meinungen mit Applaus unterstützt. Diese haben von der Redaktion genaue Anweisungen, wann ein politisches Statement duch initiiertes Anklatschen betont und bestätigt werden soll und wann nicht. Diese „Warm-Upper" sorgen dann dafür, dass immer an der richtigen Stelle das restliche Publikum mitklatscht und so werden die Fernsehzuschauer an den Bildschirmen manipuliert - für oder gegen eine von der Redaktion gewünschte Meinung. Das ist im Grunde eine Ohrfeige für eine faire und ehrliche Berichterstattung und bewegt sich fern ab von jeder Meinungsfreiheit. Im Gegenteil: Die Redaktion „nimmt sich die Freiheit" ihre gewünschte Meinung mit organisierter Manipulation gemäß „Political Correctness" zu verstärken.

Auch einige sogenannte Klima-Skeptiker sind in Talkshows als Querdenker eingeladen worden und wurden dann vom Moderator, den anderen Gesprächspartnern (meist in der Überzahl) und mit Unterstützung der eingestreuten Claqueure im Publikum negativ vorgeführt. Bei den Meinungsgeber-Anstalten, wie ARD und ZDF, ist das ein „völlig normaler" Vorgang. Man darf damit nur nicht beim Fernsehzuschauer auffallen. Eva Herman berichtet sogar im Internet-Video mit dem Titel „Zehn Jahre nach Kerner – Der andere Blick" vom 19.09.2017, dass bezahlte Anklatscher bei bestimmten Sendungen mit Bussen zum Studio gefahren werden, um nach Instruktionen der Redaktion Meinungen bei den Fernsehzuschauern zu Hause zu beeinflussen.

Den Kampf gegen die sogenannten „alternativen" Nachrichtenanbieter im Internet weiten die großen Leitmedien immer weiter aus. Es gibt jetzt eine App **„Newsguard"**, die auf allen Rechnern und Handys vorinstalliert wird und nur systemfreundliche Nachrichten zulassen soll. Damit wird jede kritische Berichterstattung der vielen kleinen Nachrichtenanbieter im Vorfeld bereits unterdrückt. Ein mächtiger Schritt gegen die Presse- und Meinungsfreiheit. Damit „verdienen" sich die ÖR wirklich den Titel des Staatsfernsehens und sollen so wieder das Meinungsmonopol zurückgewinnen und ihre Politiknähe weiter ausbauen können. Aber die Öffentlich-Rechtlichen stellen natürlich andere Staaten an den Pranger, die genau das bereits seit langem tun, nämlich nur staatlich zensierte Informationen zuzulassen. Ein unglaublicher medialer Widerspruch und ein Schlag ins Gesicht für die Demokratie und die freie Meinungsäußerung. Schon seit Jahren wird von Kritikern der Nachrichtensendungen von ARD und ZDF eine zunehmende Politiknähe beklagt. Die größer werdende Abhängigkeit und Hörigkeit der Medien ist ein ernstzunehmendes Signal für den Demokratie-Verlust, wie er in totalitären Staaten längst zur Realität geworden ist.

Schon der weise Georg Christian Lichtenberg (1742-1799) sagte: **„Die gefährlichsten Unwahrheiten sind Wahrheiten, mäßig entstellt".** Genauso agieren sehr oft die öffentlich-rechtlichen Nachrichtensendungen. Mäßig entstellt findet sich wieder in Halbwahrheiten oder in lückenhaften Meldungen, in denen alles entscheidende Aussagen einfach unterdrückt werden. So werden auch beim Thema des politisch beschlossenen Klimawandels - selbstverständlich verursacht durch das von menschlicher Technik emittierte Kohlendioxid - selektiv Informationen präsentiert, die dem Zweck und dem Ziel der politischen Meinungshoheit dienen.

Der Medienwissenschaftler **Prof. Ulrich Teusch** beschreibt in seinem Buch: **„Lückenpresse – Das Ende des Journalismus wie wir ihn kannten"** (Abb. 19) die massive Glaubwürdigkeitskrise, in der die etablierten Medien stecken, weil das Publikum den Leitmedien gegenüber kritischer geworden ist.

Im Zentrum der Teusch-Analyse: **Die Unterdrückung wesentlicher Informationen** und das Messen mit zweierlei Maß. Beide Defizite sind in unserem Mediensystem strukturell verankert, sagt er. Wenn sich daran nichts ändert, wird sich das Siechtum der Mainstream-Medien fortsetzen. **Der Journalismus, wie wir ihn kannten, wird bald der Vergangenheit angehören,** so Teusch. Das Berufsethos des Journalisten war ursprünglich der sogenannte Investigationsjournalismus, das heißt, schonungslos die Wahrheit aufdecken, taktische Machenschaften und Lobbyismus entlarven, Fehlentscheidungen der Politik kritisieren. Das alles ist zumindest bei den öffentlich-rechtlichen Medien verschwunden. Wer als Journalist vorankommen will, finanziell oder an seine Karriere denkt, der wird früher oder später zum politik-hörigen „Papagei"-Journalisten und redet alles nach, was die Politik vorgibt. Schließlich werden sie mit staatlicher Hilfe gefördert und unterstützt.

Dass ausgerechnet der ZDF-Nachrichtenjournalist Steffen Seibert von Merkel zum Regierungssprecher auserwählt wurde, zeigt doch wieder einmal deutlich die Regierungsnähe des ZDF. Seibert war zuvor beim ZDF als Moderator des *„heute-Journals"* tätig, eine Sendung, die nicht nur Nachrichten, sondern vor allem politische Kommentare, also Meinungen, präsentiert. Offensichtlich ist Seibert mit Kritik an Merkel und der CDU im heute-Journal immer sehr sparsam umgegangen, sonst wäre ihm dieser Merkel-treue-Job nicht vor die Füße gefallen. Unauffälliger wäre zum Beispiel ein Sport- oder Kulturjournalist von RTL oder Pro Sieben gewesen, der eine neutralere Haltung zur Politik eingenommen hätte.

Die Öffentlich-Rechtlichen verbreiten in ihren Nachrichtensendungen statt ausgewogener Information ganz gezielt ausgesuchtes Halbwissen, um politische Ideologien und Albträume in den Köpfen der Menschen zu installieren und volkspädagogisch Denkrichtungen vorzugeben. Beim Thema Klimawandel ist das mehr als offensichtlich. Den Menschen als bösen Sünder und Klimasünder soll das Staatsfernsehen „predigen". Wissen schadet dabei nur, Glauben jedoch fördert das Gedankengut eines gewünschten Ökologismus. Die Naturwissenschaft klärt auf und vermittelt Wissen und Hintergründe. Der

Ökologismus beschränkt sich auf Glaubenslehren. Wissen muss man sich hart und lange erarbeiten, einfach nur Glauben ist leichter und bequemer und wird mit viel Propaganda ins Volk getragen – frei nach Prof. Ernst Stuhlinger.

Teile des Publikums proben den Aufstand. Auch in vielen anderen Ländern geraten die angeblichen Leitmedien unter Beschuss. Stein des Anstoßes sind die Inhalte der Berichterstattung - Stichwort „Lügenpresse". ARD und ZDF wehren sich natürlich gegen den Vorwurf, Lügen zu verbreiten.

Abb. 19: Bereits der Buchtitel „Lückenpresse" von Ulrich Teusch trifft das Problem auf den Punkt. Quelle: Buch-Cover „Lückenpresse" von Ulrich Teusch, Westend Verlag 2016

Zum Beispiel berichteten die öffentlich-rechtlichen Medien in den letzten Jahren immer wieder über neue Wärmerekorde. Abgezielt wird natürlich unterschwellig auf den Klimawandel bzw. auf die drohende Klimakatastrophe. Politik und Medien haben die Verantwortung des Menschen für Klimaänderungen und die drohende Klimakatastrophe wie einen Hype inszeniert, eine mitreißende und besonders spektakuläre Täuschung.

Wahrscheinlich vermeiden die Moderatoren direkt die entsprechenden Begriffe, um die Zuschauer mit diesen Floskeln nicht ständig zu nerven. Die Sender haben wohl inzwischen bemerkt, dass viele Zuschauer mittlerweile auf „Durchzug" schalten, bei den sich zu oft wiederholenden Ermahnungen vor einem Klimawandel. Stattdessen berichtet man über immer neue Wärmerekorde und überlässt dem Publikum die Schlussfolgerung: Der Klimawandel ist angekommen. Eine subtile Methode der Falschinformation, zumal es in den Meldungen nicht um Klima, sondern immer um Wetter geht. Noch dreister sind die Behauptungen in den staatlichen Medien, auch in Deutschland gäbe es immer mehr Tote durch den Klimawandel. Man schreckt auch nicht vor falschen Behauptungen zurück, in den letzten Jahren habe es immer mehr "Klimaflüchtlinge" gegeben. Wie im Kapitel 1 (Abb. 3) bereits gezeigt wurde, sind Menschen, ganze Völker vor kalten

Klimaänderungen geflohen, wie zum Beispiel die Kimbern und Teutonen zur Zeit der großen Völkerwanderungen im 2. und 3. Jahrhundert v. Chr.

Die Verdummung der Zuschauer ist grenzenlos. Dass es (wenige) Menschenleben zu beklagen gibt, liegt in Deutschland oft an mehr oder weniger heftigen Hochwasser-Ereignissen. Das sind aber keine Klimafolgen, sondern ist immer auf gelegentliche Wetterphänomene zurückzuführen. Klimaeffekte würden sich nur über sehr lange Zeiträume - von mindestens 30 aufeinanderfolgenden Jahren - bemerkbar machen. Auch auftretende Kreislaufschwächen mit Todesfolge können unmöglich mit Klimafolgen in Verbindung gebracht werden, eher mit Unverträglichkeiten älterer Menschen bei plötzlichen Wetteränderungen. Einzelne Wetterereignisse werden von den öffentlich-rechtlichen Staatsmedien immer gerne und bewusst mit langfristigen Klimaphasen verwechselt (s. Kap. 4). Der Bürger wird somit immer häufiger durch bewusste Manipulation beeinflusst - im Sinne der „Political Correctness".

Die Öffentlich-Rechtlichen sollten sich nicht wundern, wenn sie häufig als *Staatsfernsehen* bezeichnet werden, wenn sie die politische Botschaft „unauffällig" - so glauben sie - dem Volk vermitteln wollen. So ist es nicht sonderlich schwer, die staatlichen Moderatoren mit ihren wahren und plumpen Absichten zu durchschauen. Noch schlimmer ist es bei der „Sachinformation" im Detail.

Eine moderate Erwärmung, die allerdings seit etwa 15 Jahren nicht mehr nachweisbar ist, hatte niemand abgestritten. Man hörte nämlich oft die Parole: „... aber es ist doch wärmer geworden!!" Stimmt, denn wir erleben in den letzten ca. 150 Jahren eine **natürliche Wiedererwärmung nach der kleinen Eiszeit.** Da muss es natürlich wärmer werden, sonst fände diese kleine Eiszeit ja kein Ende. Aber das **Unterdrücken wichtiger Informationen** ist die Stärke der Leitmedien. Auch umgekehrt gab es nach jeder Warmphase, z.B. nach dem mittelalterlichen Optimum im 11., 12. und 13. Jahrhundert, wieder eine natürliche und längere Periode der Abkühlung. Natürlich ohne jeden menschlichen Einfluss. In prähistorischen Zeiten war das ganz genauso und dieser ständige, natürliche Temperaturwechsel wird auch künftig ähnlich weitergehen. Aber plötzlich brauchen wir interessanterweise jetzt einen Sündenbock: der böse Mensch, der auf das langfristige Klima nicht die geringsten Einflussmöglichkeiten hat und schon gar nicht mit dem klimaneutralen Kohlendioxid.

Auch der ARD-Meteorologe Karsten Schwanke unterdrückte wichtige Informationen - zum Beispiel im „Wetter vor Acht" - die eine Bewertung seiner Aussage völlig wertlos machen. Als Meteorologe sollte Schwanke eigentlich wissen, dass neben der Angabe der Temperaturänderung und dem betrachteten Zeitabschnitt natürlich auch immer der betreffende Ort oder die Region dazu gehört. Es fehlt also der **räumliche Bezug** in seiner Information. Hier wird ein wesentlicher Bestandteil der Wetterstatistik bewusst unterdrückt, nach dem üblichen Muster der „Lückenpresse". Ohne diese Information ist jede meteorologische Aussage irrelevant und nicht vergleichbar. Wie bei einer Wetterkarte jede Vorhersage nichts wert ist, wenn die betreffende Region einfach weggelassen wird.

Warum verschwieg Karsten Schwanke das an dieser Stelle? Er lässt die Zuschauer glauben, eine natürliche Wiedererwärmung sei nicht normal, sondern diese wurde durch die Industrialisierung eingeleitet. Er müsste auch wissen, dass das Spurengas Kohlendioxid in einer extrem dünnen atmosphärischen Konzentration schon aus physikalisch-energetischen Gründen keinen Einfluss auf Wetter und Klima haben kann. Aber er folgt natürlich dem politischen Kurs der ARD und unterdrückt hier die tatsächlichen Hintergründe. Außerdem bezieht er sich auf die letzten paar Jahre, die sicher eine Aussage zum **Wetter** machen, aber auf keinen Fall irgendetwas mit **Klima** zu tun haben. Das wird natürlich vom Staatsfernsehen nicht gesagt.

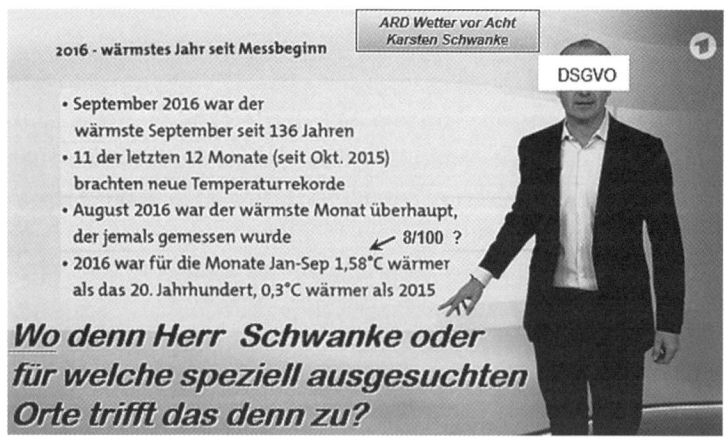

Abb. 20: Immer neue Wärmerekorde verkünden die Öffentlich-Rechtlichen im Fernsehen, wie hier Karsten Schwanke im „ARD Wetter vor Acht", 10/2016. (Diese Abbildung wurde inzwischen aus dem Internet entfernt. Sehr wahrscheinlich sind Herrn Schwanke seine gravierenden meteorologischen Fehler selbst aufgefallen.) Quelle: Video: Extra: 2016 - wärmstes Jahr seit Beginn der Messaufzeichnungen 12/2016, ergänzt nach W. Kirstein

Es geht den Medien also nur darum, eine ständige, wenn auch noch so geringe Erwärmung (wie hier auf 8/100 Grad genau!) überdeutlich zu präsentieren, um damit das politisch gewollte Drohgespenst der Klimakatastrophe zu unterstützen. Keine Messung der Lufttemperatur kann auf hundertstel Grad genau sein. Da muss man schon in die Trickkiste greifen (s. Abb. 20). Nirgendwo auf der Erde werden Lufttemperaturen so genau gemessen. Vor allem, wenn im Ergebnis eine höhere Genauigkeit (mit 1/100 Grad) angegeben wird als die Messwerte (mit 1/10 Grad) es zulassen. Wen wundert es, wenn beim Wetter in der ARD schlampig und meteorologisch inkorrekt Meldungen den Zuschauern zugemutet werden, die – so glaubt die Wetterredaktion ganz offensichtlich – den meteorologisch Unkundigen hoffentlich nicht auffallen werden.

Jeder Meteorologe, auch Herr Schwanke, müsste doch wissen: Selbst wenn es **tatsächlich** vergleichsweise **wenige hundertstel Grad** in den letzten Jahren **wärmer geworden sein sollte,** folgt immer nach einer kühleren Phase (wie nach der kleinen Eiszeit vor 150 Jahren) dann wieder eine natürliche Wiedererwärmung. Die mäßig gestiegenen Temperaturen seit Mitte des 19. Jahrhunderts sind Ausdruck der zu Ende gehenden kleinen Eiszeit. Niemand weiß heute, ob diese Re-Erwärmung jetzt abgeschlossen ist oder vielleicht noch weitere Jahrzehnte andauern wird. Interessant ist, dass die Fernsehmeteorologen immer nur über „Wärmerekorde" berichten, auch wenn sie nur statistisch ermittelt sind, wenige hundertstel Grad irgendwo und irgendwann betragen haben. Kältere Wetterphasen, wie zum Beispiel im Mai 2019, bleiben dagegen unerwähnt. Das passt nicht in das politisch gewollte Bild einer Erderwärmung und wird daher einfach unterdrückt. Ein ausgezeichnetes Exempel zum Thema Lückenpresse in Deutschland. Werden die durchschnittlichen Temperaturen unterschritten, zählen sie allenfalls zu normalen Wettervariationen, während bei über dem Mittel liegenden Werten die „Meteorolügen" von Extremwetter sprechen und es dem Klimawandel zuordnen. Dafür werden sie offensichtlich bezahlt. Es wurde bereits darauf hingewiesen, dass eine Gruppe von Meteorologen in der Deutschen Meteorologischen Gesellschaft sich gegen diese unwissenschaftliche und politisch unterwürfige Vorgehensweise vehement gewehrt hat.

Die insgesamt geringe Erwärmung seit Mitte des 19. Jahrhunderts um etwa 0,8°C ist schon deswegen unabhängig vom Beginn des Industriezeitalters, weil sie von 1940 bis 1970 pausierte und ab 2000 ebenfalls nicht mehr nachzuweisen ist. Dennoch sind auch in diesen Zeiten die CO_2-Konzentrationen angestiegen - ohne Effekte auf die Temperaturentwicklung. Auf diesen vermeintlichen und physikalisch nicht haltbaren Zusammenhang zielt aber die gesamte Klimawandel-Propaganda ab, mit kräftiger Unterstützung der Fernsehmeteorologen in den Öffentlich-Rechtlichen und dem staatlichen Deutschen Wetterdienst.

Der Medienwissenschaftler und Soziologe an der TU Berlin, Prof. Norbert Bolz, stellt die Glaubwürdigkeit der Öffentlich-Rechtlichen in Frage: „... auch die Tagesschau ist mittlerweile wahnsinnig eingefärbt und hat oft **propagandistische Züge ...**"
(https://youtu.be/hliMrc4wi7w, Ausschnitt 58:49)

Bezüglich des Stichwortes „**Propaganda**" werden die ehemaligen ARD-Mitarbeiter der Tagesschau-Redaktion **Volker Bräutigam und Friedhelm Klinkhammer** noch erheblich konkreter. Im Interview mit Ken Jebsen haben beide herbe Kritik an den Methoden der ARD-Tagesschau-Redaktion geübt. Die ehemaligen Insider der ARD-Tagesschau fassen das Problem so zusammen: „**Die Tagesschau ist reine Propaganda**". Das betrifft viele politisch relevante und brisante Themen wie Kriegsberichterstattung, Meinungen über „populistische" Parteien und Meinungsführer und auch die Darstellung von Regierungskritikern.

Noch als aktiver Redakteur analysierte **Volker Bräutigam** 1982 Strukturen und Arbeitsweisen der Tagesschau-Redaktion und kam zu dem Schluss, dass die Tagesschau das bringe, „**was unsere politischen Zustände bestätigt und verfestigt und was die von den öffentlichen Medien gesteuerten Massen angeblich hören und sehen wollen**". Er schildert aus seiner Erfahrung, wie verantwortungsvolle journalistische Arbeit abgewürgt wird und der Informationsauftrag öffentlich-rechtlicher Medien zur methodischen Desinformationsmasche mutiert.

Bräutigam macht in seiner Analyse der sogenannten „Bundestagsdebatte" zum Rundfunkrecht deutlich, wie das Rundfunkrecht und die verbürgte journalistische Unabhängigkeit gebeugt werden. Die Massenmedien fördern und verschärfen mehrheitlich mittels Falschinformation und aggressiver Intoleranz die bestehenden gesellschaftlichen Missverhältnisse.

Ursachen machte Bräutigam vor allem in der massiven parteipolitischen Einflussnahme auf die Aufsichtsgremien aus:
„Keiner wird bei uns Intendant, der den Parteien insgesamt kritisch gegenübersteht. Keiner wird Chefredakteur, es sei denn, er hat die richtigen Beziehungen oder das richtige Parteibuch". In einer Rezension bezeichnete Hans Heinrich Obuch, inzwischen verstorbener Autor und Moderator beim Norddeutschen Rundfunk und beim Nordwestradio, diese Einblicke als „anschaulich und exakt".

Selbst die Gewerkschaften seien untätig, was die Freiheit von Presse und Rundfunk angeht. Bräutigam wollte sich nicht weiterhin als Mitläufer einer unrechtssystemkonformen Kollaboration verbiegen.

Seit 2014 hat Bräutigam gemeinsam mit Friedhelm Klinkhammer, dem ehemaligen Vorsitzenden des ver.di-Betriebsverbandes NDR, über hundert Programmbeschwerden beim NDR eingereicht. Auch andere ehemalige Mitarbeiter der Tagesschau bestätigen die merkwürdige Vorgehensweise, wie die Tagesschau mit der Wahrheit in ihrer Berichterstattung umgeht: **Eva Herman** war von 1988 bis 2006 Nachrichtensprecherin der Tagesschau und moderierte bis September 2007 verschiedene Fernsehsendungen für den Norddeutschen Rundfunk (NDR).

Im Gegensatz zu den anderen Tagesschau-Sprechern passte Herman mit einer eigenen Meinung offenbar nicht mehr in das Konzept der politisch „braven" Nachrichten-Sprecher. Bei den Zuschauern galt sie nach einer Emnid-Umfrage (2003) als „beliebteste Moderatorin Deutschlands". Im krassen Gegensatz dazu wird oft das absolute Pendant, Chefsprecher Jan Hofer, bei den Zuschauern gesehen. Sein Image: langweiliger, förmlicher und verstaubter geht's nicht mehr. Er passte sich an die dubiosen Vorgaben der Tagesschau-Redaktion offenbar sehr gut an.

Eva Herman bringt ihre Kritik an den Medien in dem Internet-Video aus der Reihe *der andere Blick* auf den Punkt: **„Totalitäre Verseuchung deutscher Medien"** (Febr. 2019):

„Die deutsche Presse ist in enormen Finanzschwierigkeiten. Massenhaft werden Stellen gestrichen, vor allem die Journalisten müssen dran glauben. Das geht natürlich zu Lasten der Qualität der Berichterstattung."

Die Tageszeitungen, das wird jetzt deutlich, haben kaum noch Korrespondenten im Ausland. Eva Herman berichtet über die Zentralisierung der deutschen Presse. Der Begriff **Gleichschaltung der Presse** erhält eine ganz neue Qualität.

Jeder weiß, dass die Print-Medien in Deutschland in massiven Überlebenskämpfen versuchen, sich „über Wasser zu halten". Zeitungsblätter - erst recht, wenn sie politisch gefärbt sind - haben den Kampf gegen die Internet-Konkurrenz am Laptop oder Tablet schon lange verloren.

Die sechs Blätter der Kölner Mediengruppe, darunter der Kölner Stadtanzeiger und die Berliner Zeitung, bekommen seit dem 1.10.2008 alle überregionalen Inhalte vom Madsack-Verlag in Hannover geliefert. Durch diesen Deal wurden die Dumont-Auslandskorrespondenten überflüssig. Ihnen waren schon Monate zuvor die Pauschalisten-Verträge gekündigt worden. Das hat Folgen für die Berichterstattung. Dies war nicht nur sehr kostensparend für die gebeutelten Printmedien, sondern auch gleichzeitig ein wichtiger Schritt zur erwähnten **Gleichschaltung der Presse.**

Beim Zweiten Deutschen Fernsehen (ZDF) geht man auch nicht gerade seriös mit der Berichterstattung zum Thema Klima bzw. Klimawandel um:

Zum Beispiel ist Frau Gerster offenbar völlig entgangen: Der Tropische Regenwald in Zentral-Afrika und auch Südamerika stirbt oder verschiebt sich nicht durch den unterstellten Klimawandel, sondern ist durch Brandrodung und Abholzung gefährdet. Dabei sollen die Menschen in der Region Arbeit finden und gleichzeitig der Weg frei gemacht werden für eine landwirtschaftliche Nutzung und für geplante Viehzucht. Ob das ökonomisch und ökologisch sinnvoll erscheinen mag, ist eine ganz andere Frage. Jedenfalls ist es keine Klimafolge, wie sie behauptete.

So „informiert" sie die Zuschauer in der heute-Sendung vom 18.12.2009, dass der tropische Regenwald in Zentral-Afrika sich **durch den Klimawandel** um mehr als 800 km nach Süden verschieben könne (natürlich wie immer im Konjunktiv). Wie sie auf die Zahl 800 km kommt, hat sie natürlich nicht verraten. Ebenso erklärt sie nicht, warum die angebliche Verschiebung nach Süden und nicht nach Norden erfolgen solle. Die Lösung ist einfach: eine Meinungsmanipulation, die Ängste schüren soll: vor Dürre und Austrocknung durch die Klimakatastrophe. Die Zuschauer sollen glauben, die Sahara dehne sich damit weiter nach Süden aus. Diese *Desertifikation* würde eine Vergrößerung der Trockengebiete und Wüsten bedeuten und damit den Glauben an den Klimawandel verstärken. Genau das ist die vorgefertigte Medienmeinung der ZDF-Redaktion zu diesem Beispiel.

Abb. 21: *Frau Gerster folgt unbewiesenen Spekulationen, die den tropischen Regenwald in Afrika 800 km nach Süden verschieben sollen. Der Pfeil im Bild wurde vom Autor zur Verdeutlichung der unsinnigen und unüberlegten Aussage eingefügt.*
Quelle: ZDF-Heute-Sendung vom 18.12.2009, ergänzt von W. Kirstein

In Wahrheit zeigt die Trockenzone der Sahara eine deutliche Tendenz zur Verkleinerung! Die früher weit verbreitete Ansicht einer Desertifikation, also einer Wüstenausdehnung in die Randregionen, ist falsch - ideologischer Ökologismus!

Viele Forschungen haben nachgewiesen, dass in den Wüstenrandzonen immer mehr Vegetation nachwächst. Prof. Chris Reij von der Universität Amsterdam bestätigt durch viele Forschungsreisen in diese Region das Wachstum der Baum- und Strauchbestände. Dieser Trend trägt dazu bei, dass eine Zunahme an Grünflächen auch global zu verzeichnen ist. Satelliten-Messungen im Infrarot-Bereich haben seit 1982 eine weltweite Zunahme der Laubentwicklung von etwa 10 % ergeben. Davon betroffen sind vor allem Wüstenrandgebiete auch im Westen Australiens, in der Peripherie der Wüste Gobi, am Rande der Wüste Namib, in Bereichen der Rocky Mountains und in einigen Teilen des Hochlands von Dekkan. Dagegen sind die Zonen mit negativer Laubentwicklung wie Sibirien und Brasilien relativ kleiner. Insgesamt überwiegt aber doch ein positiver Trend an Zuwachs der grünen Laubentwicklung. Außerdem gehört zum Grundwissen in der Schulgeographie, dass in der Umgebung des Äquators die innertropische Konvergenz des NO- und SO-Passats immer überdurchschnittlich hohe Niederschläge liefert. Ein Austrocknen in dieser äquatorialen Tiefdruckrinne ist innerhalb des gesamten Zirkulationsmusters der Atmosphäre unmöglich.

Mit Inhalten der Vegetationsgeographie und soliden Schulkenntnissen der atmosphärischen Zirkulation ist Frau Gerster offensichtlich völlig überfordert. Daher wiederholt sie nur vorgefertigte, kühne Spekulationen über großräumige Vegetationsänderungen, **ohne eigenes Nachdenken** – und schürt damit Ängste in der Bevölkerung vor der politisch angesagten Klimakatastrophe.

Inzwischen haben die Medien erkannt und mussten zugeben, dass tatsächlich der Sahel grüner geworden ist und das Pflanzenwachstum zunimmt. Diese unbequeme Tatsache haben die Warner des Klimawandels nun für sich ins Gegenteil umgedreht: Danach sprechen die gleichgeschalteten Medien neuerdings von einer „grünen Mauer", die die Wüstenausbreitung in den Sahel hinein verhindern soll.

Haben die Klimawarner ihre eigenen Aussagen vergessen, dass die Wüste angeblich dabei ist, sich immer weiter auszudehnen, wie Frau Gerster es im heute-journal 2009 noch fest behauptet hat? Wie soll denn eine „grüne Mauer" im Sahel in der Lage sein, den angeblich unaufhaltsamen Klimawandel nun plötzlich zu stoppen? Wenn dieser Klimawandel - wie behauptet wird - tatsächlich existieren würde, hätte eine grüne Mauer nicht die geringste Chance, die herbeigeredete Desertifikation aufzuhalten. Der Widerspruch ist den Alarmisten wohl überhaupt nicht aufgefallen. Aber die Leitmedien mussten nun neue Lügen erfinden, um die Position der Erderwärmung irgendwie weiterzuspinnen. Dass das für die Pflanzen nützliche Kohlendioxid als natürlicher Dünger diese Ausbreitung der Sahel-Vegetation mächtig unterstützt hat, wird natürlich immer noch streng verschwiegen.

Im Dezember 2019 berichtete das ZDF über eine Dürre in Teilen Chiles. Danach sei der relativ flache **Aculeo-See** im Jahr 2018 **ausgetrocknet.** Verantwortlich machte das ZDF natürlich den Klimawandel. Wenn das so einfach wäre, müssten zig-tausend andere Seen weltweit ebenfalls jetzt ausgetrocknet sein oder große Mengen Wasser verloren haben, denn es handelt sich ja angeblich um einen **globalen** Klimawandel. Schon mit wenig Nachdenken kann man die Lügen-Propaganda leicht durchschauen. Dass dort derzeit trockene Jahre auftreten, bezweifelt niemand. Aber das ZDF verschweigt die Tatsache, dass in den letzten Jahren an den Ufern des Aculeo-Sees sehr viele Häuser gebaut wurden. Die zugezogenen Menschen dort entnahmen ihr Wasser ausschließlich aus dem See. Gleichzeitig hat die Intensivierung der Landwirtschaft hier dazu beigetragen, dass Unmengen an Wasser aus dem See gepumpt wurden. Wer die Hintergründe dieses Phänomens nicht kennt und den Nachrichten im ZDF blind glaubt, muss natürlich auf den wohl beabsichtigten Schwindel hereinfallen.

Man muss sich doch fragen: **Warum** informieren die Öffentlich-Rechtlichen - insbesondere das ZDF - die Öffentlichkeit bewusst falsch? Ist es das Unvermögen journalistisch fairer Recherche oder gibt es Profiteure bei den ÖR? Gilt auch hier die ungeschriebene Regel: „Geld regiert die Welt"? Dass Journalisten Spaß an Falschinformationen haben, ist kaum vorstellbar. Denn diese Informationsweise sollte dem journalistischen Berufsethos entschieden widersprechen. Also gibt es offenbar andere Gründe für die staatlichen Medien, der Linie der politischen Klimahysterie bedingungslos zu folgen und die Menschen zu desinformieren.

Ein sehr ähnliches Beispiel ist auch die Wasserbilanz des Jordan-Flusses. Die Anrainerstaaten Libanon, Syrien, Israel und Jordanien streiten sich schon lange um einen angemessenen Anteil am Wasser des nur rund 250 km langen Flusses. Auch hier wird sehr viel Wasser von den genannten Ländern für Landwirtschaft und Industrie abgezweigt. Es muss doch erstaunen, dass **nur die deutschen Medien** auch hier den Klimawandel für das Wasserproblem verantwortlich machen wollen. Dabei war diese Region sehr lange vor der „Klimakatastrophe" schon immer ganz natürlich ein arides Gebiet. Die deutschen Staatsmedien wissen eben, dass sehr viele Deutsche ein übersteigertes Umweltempfinden haben. In anderen Ländern ist das keineswegs so. Daher kommt der Klimawandel in Deutschland auch besonders gut an. Der Kohlendioxid-Wahn (s. Kap. 7) wird bei uns oft nicht hinterfragt. Der Ökologismus braucht keine Logik und kein Wissen, es reichen emotionale Beweggründe, um **an die Klimakatastrophe zu glauben.**

Auch die Brandrodungen und das Abholzen vieler tropischer Gehölze in allen Regenwäldern der Erde können niemals im kausalen Zusammenhang mit der „Erderwärmung" stehen. In Wirklichkeit geht es bedauerlicherweise um viele Arbeitsplätze für die Waldarbeiter und um das Schaffen von Freiflächen für Landwirtschaft und Viehzucht. Natürlich ist das extrem ungünstig für das Ökosystem Regenwald, aber eine Klimaveränderung, wie Frau Gerster das den Zuschauern verkauft, ist eine unerhörte Desinformation durch das Staatsfernsehen.

Eine weitere Berichtslücke in den deutschen Medien ist die Aussage von Steven Koonin, einem leitenden Regierungsbeamten, der in einem Internet-Interview mit Mary Kissel zugegeben hat, dass während der Obama-Administration Klimadaten bei den US-Agenturen von NOAA und NASA gefälscht wurden, um die These eines anthropogenen Klimawandels zu unterstützen. Das muss also auch Präsident Obama gewusst haben. Die Öffentlich-Rechtlichen haben bei uns in Deutschland natürlich nichts darüber verlauten lassen.

Nicht nur Obama, sondern auch fast alle Spitzenpolitiker weltweit wissen, dass die Menschen beim Thema Klimawandel getäuscht werden und die Leitmedien massive Hilfestellung leisten. Natürlich war und ist auch die Klimakanzlerin bei diesen Täuschungen der Bürger mit dabei. Die grüne Ideologie und der Ökologismus, so sieht es jedenfalls aus, sind völlig ahnungslos, was wirklich Sache ist beim Klimawandel. Abstrakte, schöngeistige Ideologie wird dort immer höher bewertet als solide naturwissenschaftliche Fakten.

In der heute-Sendung vom 30.05.2016, 19:00h, versuchte die ZDF-**Meteorologin Katja Horneffer** die Ursache von ungewöhnlichen Unwetterereignissen den Zuschauern zu „erklären". Angeblich – so Frau Horneffer – können sich durch den Klimawandel Tiefdruckgebiete **„verhaken"** und dadurch solche Unwetter auslösen. Welch ein meteorologisch-sachlicher Unsinn !!

Vorausgesetzt, es gäbe tatsächlich einen menschengemachten Klimawandel, dann lässt Frau Horneffer das Problem einer „Verhakung" immer noch offen. In der seriösen Meteorologie spricht man dagegen von **Blockierungswetterlagen** (s. Kap. 4), die es übrigens auch bei Hochdruckgebieten immer wieder mal gibt. Was eine Blockierung ist, versteht jeder Wetterlaie, da muss man nicht mit einer Kindergartensprache „verhaken" kommen und Erwachsene für dumm verkaufen wollen.

Es handelt sich bei dieser Wetterlage also um ein **Wetter**phänomen. Mit **Klima** hat das nichts zu tun. Man glaubt es kaum: Einer Meteorologin ist scheinbar der Unterschied zwischen Wetter und Klima nicht bekannt? Nein - viel wahrscheinlicher ist es doch, dass sie die Zuschauer bewusst in die Irre führen will. Die Klimawandel-Propaganda ist keine Seltenheit beim Staatsfernsehen im ZDF. Keine Gelegenheit wird ausgelassen, Politiknähe beim Thema Klima offenkundig zu machen.

Eine Stunde später gab die ARD im Anschluss an die Tagesschau im „Brennpunkt" zum selben Thema deutlich mehr sachliche und informativere Informationen zur Ursache bekannt. Innerhalb des 15minütigen Beitrags fiel nicht ein einziges Mal das Wort „Klimawandel". Das heißt aber nicht, dass im Ersten immer offen und ehrlich über den „Klimawandel" berichtet wird.

Auch im ZDF-heute-Journal versuchte Claus Kleber immer wieder die Zuschauer zu täuschen, wenn er z.B. von den schlimmen CO_2-Emissionen spricht. Gleichzeitig wird im Hintergrund ein Bild gezeigt, das dunklen Rauch aus Industrie-Schornsteinen zeigt. Die subtile Täuschung besteht darin, dass die gleichzeitige Bild- und Ton-Information den Zuschauer glauben lassen soll, die dunklen Abgase aus den Schornsteinen im Bildhintergrund wären die CO_2-Emissionen. Es reicht eine gezielte Ton-Bild-Kollage, um diesen falschen Eindruck zu erwecken (Abb. 22), ohne dass Kleber das Wort Klimawandel hier in den Mund nehmen muss. Eine perfide Art der Manipulation.

Er wird auch mit Sicherheit wissen: Kohlendioxid ist ein **unsichtbares, geruchloses und ungiftiges Spurengas** in der Atmosphäre, das nicht nur klimaneutral, sondern auch lebenswichtig für Flora und Fauna der Erde ist – sogar als natürliches Düngemittel in Gewächshäusern eingesetzt wird. Ein subtiler Täuschungsversuch des ZDF zugunsten einer drohenden Klimakatastrophe.

Abb. 22: Claus Kleber täuscht immer wieder die Zuschauer im ZDF heute-journal über CO_2-Emissionen und setzt auf deren Unkenntnis.
Quelle: Screenshot aus ZDF heute-Journal, ergänzt von W Kirstein.

Der Verdacht liegt nahe, dass wahrscheinlich für die linien-treue Haltung des ZDF zur Ideologie *„Political Correctness"* beim Thema Klima Extra-Gelder fließen. Denn auch in der ZDF-Reportage „Terra-X" wird immer wieder ein Grund gesucht, um einen - manchmal weit hergeholten - Zusammenhang zum *Klimawandel* herzustellen.

Deutschlands **„Vorreiterrolle"** in der Energiepolitik wird nicht nur von der Politik selbst, sondern auch von den staatstreuen Medien ständig herausgestellt. Claus Kleber präsentiert sich immer wieder gerne in dieser Rolle im ZDF, allerdings nimmt er für sich eine besondere **„Hysterie-Vorreiterrolle"** in Anspruch. Für Panikmache und Hysterie ist er der perfekte Vorreiter unter den öffentlich-rechtlichen Journalisten.

Sogar aus der Corona-Pandemie verstand er es, eine weit übertriebene Corona-Hysterie zu machen. Viele Wochen hat er immer nur von der beschleunigten Ausbreitung und der überschnellen Zunahme der Corona-Toten gesprochen. Nie hat er von dem typischen Erscheinungsbild einer Epidemie oder Pandemie berichtet, welches nämlich auch das genauso schnelle Abklingen zeigt. Man kann das gut vergleichen mit einer „Gaußschen Glockenkurve" in der Mathematik, die nämlich nicht nur den schnellen Anstieg, sondern auch eine rasche Abnahme zeigt. Die Gaußsche Kurve wird in der Statistik auch „Normalverteilung" genannt. Das Wort normal hat Kleber nie im Zusammenhang mit dem Corona-Verlauf gebracht. Da sprach er lieber über die ständig steigende Zahl der Infektionen. Das ist auch viel spektakulärer für den Sensations-Journalismus.

Im Interview spricht Kleber mit Ministern oder der Kanzlerin stets in einem überaus höflichen und fast anbiedernden Ton. Mit Samthandschuhen agiert er hier als Interviewer. Das sieht man ganz deutlich im Vergleich zu Frau Slomka. Sie spricht ganz offen „Klartext" mit Ministern und übt dabei auch deutliche und begründete Kritik, die schon so manchen Politiker in Verlegenheit gebracht hat.

9 Die Rolle des Weltklimarates (IPCC)

Das „Intergovernmental Panel on Climate Change" (IPCC), zu deutsch: „Weltklimarat" wurde 1988 vom Umweltprogramm der Vereinten Nationen (UNEP) und von der Weltorganisation für Meteorologie (WMO) gegründet. Er sollte ohne eigene Forschung, Ergebnisse von Meteorologie- und Klimainstitutionen sammeln und in Sachstandsberichten bewerten. Schon Ex-Bundekanzler Helmut Schmidt brachte sein Misstrauen dem IPCC gegenüber in seiner Rede zur globalen Erwärmung in Berlin am 11.01.2011 zum Ausdruck:

„Die vom Intergovernmental Panel on Climate Change (IPCC) bisher gelieferten Unterlagen stoßen auf Skepsis, zumal einige der beteiligten Forscher sich als Betrüger erwiesen haben."

Einen ausschlaggebenden Anteil an der Gründung hatte die ein Jahr zuvor von der Deutschen Physikalischen Gesellschaft (DPG) ausgerufene „Klimakatastrophe". Allein die Vokabel Klimakatastrophe gehörte bis dahin für Physiker nicht zum üblichen Sprachgebrauch. Diese populäre und nach Sensation klingende Formulierung ist eigentlich typisch für die Boulevardpresse. Die Physiker, die in der Regel über keinerlei klimatologische Ausbildung verfügen, hatten aber ein eigenes Interesse, sich für dieses Thema stark zu machen. Es ging ihnen um die sehr schwierige Akzeptanz der Kernenergie in dieser Zeit. Besonders in Deutschland hatten sich enorm viele Aktivistengruppen verbündet - mit dem Slogan: „Atomkraft? Nein danke!" Dieser Aufkleber war noch die harmlose Variante einer sozialpolitisch massiven Auseinandersetzung zwischen gewalttätigen Demonstranten und der Polizei. Die Kernenergie – so die Physiker – sei eine CO_2-freie Energiequelle, also klimafreundlich. Das klingt zunächst auch plausibel, da keine Schornsteine von Kernkraftwerken das Verbrennungsprodukt CO_2 an die Atmosphäre abgeben.

Die Aktion der DPG stellte sich schnell als „Schuss ins Leere" heraus, weil sich nur drei Monate nach der Presseankündigung der Klimakatastrophe der folgenschwere Reaktorunfall in Chernobyl am 26. April 1986 ereignete. Jedoch schlug in den USA die Klimakatastrophe der deutschen Physiker hohe Wellen, was – wie oben beschrieben – unter anderem zur Gründung des IPCC führte.

Es gibt ca. 1500 wissenschaftliche Arbeiten, die belegen, dass CO_2 keinen merklichen Einfluss auf das Erdklima haben kann. Dagegen gibt es keine Arbeiten, die einen Einfluss nachweisen, deshalb spricht der Weltklimarat von „Wahrscheinlichkeiten", nicht von Beweisen.

Der kanadische Klimawissenschaftler Dr. Madhav Khandekar war Experten-Begutachter (Expert Reviewer) des IPCC. Im Jahre 2000 wurde Dr. Khandekar von der Regierung von Alberta beauftragt, die Wissenschaft zu evaluieren, die das Kyoto-Protokoll unterstützt. Sein Report „Uncertainties in Greenhouse Gas Induced Climate Change" deckt Probleme und Unsicherheiten über den CO_2-induzierten Klimawandel auf. Khandekar erklärt, dass der weitaus größte Teil der Ergebnisse in der Klimawissenschaft auf Computermodellen und theoretischen Simulationsrechnungen beruht, die immer schnell dabei sind, eine Erderwärmung vorauszusagen. Diese Methode steht aber im Gegensatz zu jahrelangen Temperaturmessungen und Beobachtungen. Die tatsächliche Erwärmung war immer nur minimal im Vergleich zu den Projektionen der Computermodelle. Viele Regierungen haben jedoch die nur scheinbar „genauen" Modellsimulationen zur Grundlage ihrer Klimapolitik gemacht, obwohl sie in keiner Weise der Realität entsprechen. Die Politik vertraut nicht nur blind auf diese hypothetischen Modelle, sondern nimmt sie zum Anlass für ihre ideologisch gesteuerten Denkansätze und zum angeblichen „Wohle des Volkes", das überhaupt nicht nach Zustimmung für irgendwelche politischen Ideologien gefragt wird. Die Katastrophen-Propaganda des IPCC ist daher der Politik sehr willkommen. Das erklärt auch das internationale Ringen um gemeinsame Klimaschutz-Ziele bei den jährlichen Klimakonferenzen. Nur bei einer der ersten weltweiten Klimakonferenzen im österreichischen Villach 1985 waren tatsächlich Klimaexperten anwesend. Bei den vielen folgenden Klimagipfeln debattierten nur noch Politiker über mögliche Ziele von Klimaschutzverträgen – motiviert vom Weltklimarat und vielen Profiteuren des Klimawandels. Dazu gehört die Weltbank mit ihren gewinnbringenden Krediten für den (unnötigen) Klimaschutz.

Weitere Profiteure sind zahlreiche Forschungsinstitute, die lukrative Fördergelder für Personal und Infrastruktur ihrer Einrichtung erhalten oder auch Antragsteller finanziell ausstatten. An das „Institut für Klimafolgenforschung" fließen ebenfalls beträchtliche Summen aus Steuergeldern. Alles natürlich im Klimawandel-Konsens mit dem IPCC.

Auch viele Einzelpersonen sind durch die Klimakatastrophe zu sehr viel Geld gekommen. Zum Beispiel Al Gore, der frühere Vizepräsident der USA, ist durch seine Klimapropaganda sehr reich geworden. Für seine Vorträge in den USA bekam er jeweils 100.000 Dollar. In München erhielt Gore 2008 für eine Rede rund 230.000 Euro, dazu kamen „weitere Forderungen" über 356.000 Euro – wie Privatjet und Bodyguards für Al Gore, Honorare und Kongresskosten. Das belief sich auf fast 600.000 Euro für eine überdimensionierte Veranstaltung. Die Stadt München musste dafür aufkommen, obwohl sie nicht der Veranstalter war. Journalisten mussten nach fünf Minuten, wie meist bei Al Gore, den Vortragssaal wieder verlassen, weil sich die Inhalte seiner Vorträge offenbar immer wiederholten. Der Weltklimarat begrüßte stets die ständigen Propaganda-Aktionen des Prominenten Al Gore.

Weitere persönliche Profiteure des Klimawandels sind vor allem Warren Buffet, Elon Musk, Vinod Khosla und James Cameron.

Warren Buffet, der 80fache Milliardär und Spekulant, hat sich als grüner Investor auf Windkraft und Solar mehr und mehr spezialisiert. Er hat mit "nachhaltigen" und milliardenschweren Investitionen im Zusammenhang mit möglichen Folgen des Klimawandels ungeheure Gewinne erzielt. Angestoßen durch einen Nachhaltigkeitsgedanken setzte er auf enorme Investitionsmöglichkeiten in diesem zukunftsweisenden Bereich.

Elon Musk investierte gigantische Summen u.a. in den Elektromobil-Hersteller Tesla, um damit den Klimawandel zu besiegen. Im Jahr 2014 erhielt Musk von den Steuerzahlern in Nevada fast 1,5 Milliarden US-Dollar. Tesla verkaufte Lithium-Batterien für 7.000 $ pro Stück zur Speicherung von elektrischer Energie in Privathaushalten, gespeist von Dachpanels. Nach Berechnungen des *„Institute for Energy Research"* sollten sich die Batterien erst nach 30 Jahren amortisiert haben. Die Lebensdauer der Batterien wurde aber nur auf rund 15 Jahre geschätzt.

Vinod Khosla sieht den Markt für erneuerbare Energien als Quelle für große Profite in der Zukunft. Khosla hat vor allem in Biosprit-Unternehmen investiert. Einen großen Teil seines Vermögens steckte er in die Entwicklung von alternativen Umwelttechnologien, für die eine wachsende Nachfrage entstanden ist. Khosla schaffte es, vom Bundesstaat Mississippi einen zinslosen Kredit in Millionen-Höhe zu bekommen, wenn er mit neuen Fabriken rund 1000 Arbeitsplätze schaffen würde.

James Cameron, Regisseur und Produzent, hat enorm vom Umwelt- und Klima-Aktivismus profitiert. Viele seiner Filme befassen sich mit dramatischen Themen eines inszenierten Umwelt-Aktivismus, der eine drohende Gefahr für die Menschen sei. Seine ihn fesselnde Meinung, dass der Klimawandel die größte Bedrohung für die Vereinigten Staaten seit dem Zweiten Weltkrieg darstelle, spiegelt sich in seinen phantasiereichen Filmen wider. Beim US-Publikum stoßen apokalyptische Horror- und Actionfilme immer auf sehr großes Interesse.

Wenn man bedenkt, dass die Qualität von Klimavoraussagen selbst vom Weltklimarat eindeutig bezweifelt wurde, erscheint der Widersinn einer Klimakatastrophe doch an vielen Menschen vorbeigegangen zu sein. Allerdings haben einige Leute es verstanden, mächtig davon zu profitieren. Von der Öffentlichkeit praktisch unbeachtet äußerte nämlich der IPCC in seinem Statusbericht 2001 auf Seite 774 (Section 14.2.2.2) erhebliche Zweifel an der Aussagekraft von Klima-Modellrechnungen. Der Weltklimarat stellt dort **nur im ausführlichen Teil** des „Third Assessment Report" folgendes fest:

„In der Klimaforschung und -modellierung sollten wir erkennen, dass es sich um ein gekoppeltes nicht-lineares chaotisches System handelt. Deshalb sind längerfristige Vorhersagen über die Klimaentwicklung nicht möglich."

Aber in der Kurzfassung für Politiker und Journalisten fehlte dieses wichtige Statement. Ob diese erstaunlicherweise wahre Aussage des IPCC absichtlich der Presse und den Politikern vorenthalten wurde, ist nicht bekannt. Man kann aber mit sehr großer Wahrscheinlichkeit davon ausgehen, dass es kein Versehen war, sonst hätte der IPCC seine ureigene Funktion verfehlt. Dass Wetter und Klima in der Atmosphäre physikalisch gesehen chaotischen Prozessen unterliegen, ist nichts Neues und war in der Meteorologie auch vorher schon bekannt. Insofern ist das kein wirklich neues Ergebnis des IPCC. Erstaunlich ist dennoch, dass ausgerechnet der Weltklimarat (IPCC), einer der Antreiber der Klimakatastrophe, sich ausdrücklich wahrheitsgemäß zu diesen Fakten bekennt. Warum aber wurde das den Politikern und der Presse, also Laien in Sachen Klima, vorenthalten? Die wahren Zusammenänge sollten eben nicht an die Öffentlichkeit geraten und verschleiert bleiben. Die apokalyptische Klimapropaganda konnte damit weiterhin den Politikern und der Presse bewusst und dramatisch vorgeführt werden.

Auf eine ganz andere Art spektakulär war im Januar 2010 die Meldung, dass der Weltklimarat der UN (IPCC) das Abschmelzen der Himalaya-Gletscher für das Jahr 2035 vorhergesagt hatte. Eine unglaubliche Behauptung, die von vielen Fachleuten stark angezweifelt und kritisiert wurde. Als der peinliche Fehler schließlich nicht länger versteckt werden konnte, hieß es, ein Zahlendreher wäre den „exakten" Wissenschaftlern unterlaufen und es hätte 2350 heißen müssen. Diese Aussage war ebenfalls falsch, denn welchem seriösen Wissenschaftler kann so ein unglaublicher Irrtum passieren, zumal solche Aussagen laut IPCC angeblich 1000mal überprüft wurden, bevor sie in den IPCC-Bericht übernommen werden. Angenommen es hätte wirklich 2350 heißen sollen: Wie kommt man gerade auf 2350? Warum nicht 2300 oder 2400 oder ...? Nirgends wurde eine Begründung geliefert für das genannte, sehr weit entfernte Prognose-Jahr **2350**. Bisher hatte noch niemand eine Vorhersage in die Zukunft für über 200 Jahre gewagt und dann mit einer für Prognosen untypischen und nicht nachvollziehbaren Jahreszahl. Da war wohl die Absicht klar, dass eine verschärfte Panikmache für das relativ nahe Jahr **2035** versucht werden sollte. Dieser sehr nahe Zeitpunkt für ein rasantes Abschmelzen der Himalaya-Gletscher war so unwahrscheinlich, dass es auffallen musste und daher schnell der (peinliche) Versuch eines Zahlendrehers als Erklärung hinhalten musste, der aber zu einer verheerenden Blamage führte. Da muss man doch gleich wieder an die Worte von Helmut Schmidt über den IPCC denken (am Anfang dieses Kapitels).

Nach Recherchen von *„SPIEGEL Online"* ist am 25.01.2010 dort zu lesen: „Die Sache mit den Gletschern ist kein Einzelfall. Dass ein so umfangreicher Bericht Fehler enthält, ist kaum vermeidbar." Jedoch hätte die entscheidende Zahl 2350 unbedingt als falsch auffallen müssen.

Die Situation wurde noch bizarrer, als durch die Nachforschungen von Richard North herauskam, dass der damalige IPCC-Chef Rajendra Pachauri ein großes Forschungsprojekt für sein indisches Institut Teri (Energy and Resources Institute) eingeworben hatte - ausgerechnet auf Basis der falschen Gletscherbehauptung. *Teri* ist auch Empfänger erheblicher Geldbeträge, die von Firmen mit finanziellen Interessen in der Klimapolitik für Beratung durch Pachauri gezahlt wurden. Das Erstaunliche ist, dass Pachauri, der die

Vorwürfe zurückweist, damit gegen keinerlei Regeln verstoßen hat. Weil es **keine Verhaltensregeln** zu möglichen Interessenkonflikten bei IPCC-Verantwortlichen gibt - welch ein Zufall!

Der damalige Klimaberater der Kanzlerin - Prof. H. J. Schellnhuber - behauptete am 30.10.2009 in der ZDF-Sendung „Die lange Nacht des Klimas", er könne **"sehr leicht ausrechnen"**, dass die Himalaya-Gletscher in 30 bis 40 Jahren bei 2 Grad globaler Erwärmung abschmelzen würden. Eine Erklärung oder eine wissenschaftliche Grundlage für seine „Berechnung" konnte er nicht liefern. Man muss eher davon ausgehen, dass er seine Behauptung frei erfunden hatte, denn drei Monate später musste der Weltklimarat IPCC zugeben, dass es sich bei der Prognose der Himalaya-Schmelze im Weltklimabericht 2007 um einen "peinlichen Fehler" gehandelt hatte. Da wurde der „Klimawissenschaftler" und damalige PIK-Chef Schellnhuber doch als voreiliger Märchenerzähler erwischt. Schlimm ist nur, dass viele Zuschauer solche falschen Behauptungen nicht erkennen können, wenn man den Aussagen der Klimawissenschaft im Staatsfernsehen blind vertraut.

Der vom IPCC und anderen Klima-Alarmisten immer wieder hervorgehobene „Konsens" zum anthropogenen Klimawandel ist in Wirklichkeit frei erfunden. Im September 2007 wurde in Neuseeland eine Studie von John McLean (Mitglied der New Zealand Climate Coalition) veröffentlicht, die den damals neuesten Klimabericht des IPCC 2007 unter die Lupe nahm und untersuchte, wie viele Experten an der Begutachtung der entscheidenden Teile zum menschengemachten Klimawandel überhaupt teilgenommen haben. Der Weltklimarat behauptet nämlich, dass 2500 Experten am betreffenden Klimabericht (AR4) des IPCC gearbeitet hätten. Tatsächlich blieben aber nur **fünf Gutachter** übrig (nicht mal ein Zahlendreher des IPCC), die das Kapitel um den menschengemachten Klimawandel vollständig bejahten. Diese fünf, so MacLean, hatten auch ein persönliches Interesse an der Behauptung des Weltklimarates. MacLean war einer der Ersten, die den Mythos vom bestehenden Konsens unter den 2.500 Wissenschaftlern widerlegte.

Keinen Konsens findet auch eine Studie der „University of California", die 636 Artikel aus renommierten amerikanischen Tageszeitungen zwischen 1988 und 2002 auswertete. Das Ergebnis war ernüchternd: es sprachen genauso viele für einen Einfluss des Menschen wie dagegen – das ist alles andere als der immer behauptete Konsens.

Bereits am 25.01.2010 war in *„SPIEGEL Online"* zu lesen: „Rettet den Weltklimarat!" Der UN-Klimarat ist wegen falscher Prognosen heftig in die Kritik geraten. Damit gefährde er die Glaubwürdigkeit der gesamten Klimawissenschaft, warnten die Forscher *Richard Tol, Roger Pielke* und *Hans von Storch*. Sie verlangten eine Reform des Gremiums und den Rücktritt seines Chefs Pachauri.

Nach Auskunft von Dr. William Schlesinger (Ökobiologe beim IPCC) arbeiten im Weltklimarat „hochkarätige Experten". Auf die Frage, aus welchen Fachbereichen diese Experten kämen, gab er keine konkreten Hinweise, lediglich, dass rund 20 % aus klima-relevanten Disziplinen stammten. Über die übrigen 80 % machte er keine genauen Angaben, darüber erhält man aus verständlichen Gründen nur sehr vage Auskünfte beim IPCC. Dennoch ist bekannt, dass die meisten aus den Bereichen Ökonomie, Ökologie, Umweltwissenschaften, Biologie, Chemie, Sozialpsychologie, Wirtschafts-, Sozial- und Politikwissenschaften stammen. Diese Gruppe vertritt jedenfalls keine Klimaexperten, was auf die Klima-Kompetenz und die eigentlichen Absichten des Gremiums schließen lässt. Auch der Vorsitzende Rajendra Pachauri ist Ingenieur und Ökonom. Er erhielt außerdem den Ehrentitel eines Professors h.c. (honoris causa). Ihm wurde während seiner Amtszeit als IPCC-Vorsitzender mehrfach vorgeworfen, die Glaubwürdigkeit des Weltklimarates zu untergraben.

Etwa ein halbes Jahr vor dem Ende seiner regulären Amtszeit trat Pachauri vom Amt des IPCC-Vorsitzenden zurück mit der Begründung, dass das IPCC eine starke Führung und die volle Aufmerksamkeit des Vorsitzenden benötige, was er jedoch derzeit nicht leisten könne. Eine Kommission des bereits erwähnten Instituts *Teri* stellte fest, dass Pauchari wissenschaftliche Mitarbeiterinnen sexuell belästigt und diese später bedroht habe. Pauchari kam nach Leistung einer Kaution in Freiheit. Er versuchte, Medien die Berichterstattung über die Vorwürfe von neun ehemaligen Mitarbeiterinnen zu verbieten, dies wurde jedoch von einem Gericht in Delhi abgelehnt.

Einige Klima-Wissenschaftler haben den Weltklimarat aus nachvollziehbaren Gründen nach relativ kurzer Zeit wieder verlassen, weil sie eine *Klimawissenschaft* im eigentlichen Sinne beim IPCC nicht vorfanden. Zu dieser Gruppe zählen beispielsweise:

Prof. Henrik Svensmark, ein dänischer Physiker und Klimaexperte. Er sagt, die Klimawissenschaft ist keine normale Wissenschaft. Die Klimaforschung ist völlig politisiert und das widerspricht wissenschaftlichen Prinzipien. Svensmark hält aus energetischen Gründen den Einfluss von kosmischer Strahlung und Sonnenaktivität auf das Klima der Erde für unvergleichbar höher als mögliche menschliche CO_2-Einwirkungen.

Prof. Paul Reiter ist ein britischer Wissenschaftler und Professor für medizinische Entomologie am Institut Pasteur in Paris. Er sollte für den Weltklimarat die Gefahr einer sich durch den Klimawandel ausbreitenden *Malaria* bestätigen. Anfangs hatte er an den IPCC-Berichten mitgewirkt, sich dann aber zurückgezogen, als er die einseitig und politisch motivierte Absicht der dubiosen Malaria-Berichterstattung des Weltklimarats bemerkte. Trotzdem benannte der IPCC ihn als bekannten Wissenschaftler weiterhin als offiziellen Autor im Bericht, wogegen Reiter vehement protestierte. Schließlich kam er zu dem Schluss, der „Global Warming Alarm" komme im Gewand der Wissenschaft daher, aber es handelt sich dabei nicht um Wissenschaft. Es ist politische Propaganda.

Dr. Vincent Gray (†) war neuseeländischer Chemiker und „IPCC Expert Reviewer". Er erklärte öffentlich: „The IPCC is fundamentally corrupt." Seine Meinung begründete er ausführlich in einem Bericht. Er schrieb einige Bücher über die Arbeit des Weltklimarates, in denen er die Behauptungen des IPCC als gefährlichen und unwissenschaftlichen Unsinn halte. Er trat stets leidenschaftlich für wissenschaftliche Wahrheit ein und sagte: „In keinem IPCC-Bericht ist ein Beweisstück zu finden, dass die CO_2-Emissionen des Menschen schädliche Auswirkungen auf das Klima haben".

Prof. Nils-Axel Mörner (†) war schwedischer Ozeanograph und Dekan der Fakultät für Paläogeophysik und Geodynamik an der Universität Stockholm und Präsident der Kommission für Neotektonik der „Internationalen Union für Quaternäre Forschung" (INQUA). Mörner war mehrmals auf der Inselgruppe „Fidschi" im Südpazifik, um dort Veränderungen der Küsten und des Meeresspiegels zu erforschen. Einen deutlichen Meeresspiegelanstieg, wie vom IPCC unterstellt, konnte er nicht bestätigen. Er behauptete, beim Weltklimarat gäbe es keine Spezialisten für diesen Forschungsbereich – alles sei nur politischer Wunsch und Vorgabe. Sein ganzes Leben lang hat Mörner nach Veränderungen des Meerespegels geforscht und dazu 59 Länder bereist. Kaum ein anderer Forscher hat so viel Erfahrung auf diesem Gebiet. Der Weltklimarat (IPCC) aber hat die Fakten zu diesem Thema immer schon falsch dargestellt. Er übertreibt die Risiken eines Pegelanstiegs gewaltig. Der IPCC stützt sich dabei insbesondere auf fragwürdige Computermodelle statt auf solide Feldforschung.

Prof. Richard Tol ist niederländischer Umweltökonom und Professor für Ökonomie des Klimawandels an der Freien Universität Amsterdam. Er bezeichnete den UN-Klimabericht als einen Beitrag zum Alarmismus. In vielen Internet-Videos widerspricht er der Behauptung einer Klimakatastrophe.

Prof. Hans von Storch ist deutscher Meteorologe beim GKSS-Forschungszentrum Geesthacht. Beim IPCC zeigte er sich als Verfechter des anthropogenen Klimawandels. Seine späteren Aussagen sind jedoch sehr widersprüchlich. In seinem Buch „*Die Klimafalle*" kritisiert er „die gefährliche Nähe von Politik und Klimaforschung". Im *SPIEGEL-GESPRÄCH* mit Olaf Stampf und Gerald Traufetter sagt von Storch am 17.06.2013: „Wir stehen vor einem Rätsel - seit 15 Jahren steigen die Temperaturen nicht mehr an. Sollte die globale Erwärmung weitere 5 Jahre pausieren (also bis 2018), steckt in den Modellen ein fundamentaler Fehler und die Vorhersagen müssten korrigiert werden." Und weiter in der Wochenzeitung *DIE ZEIT,* vom 20.08.2009, Seite 29: „Das-Zwei-Grad-Ziel ist eine politische, eine sinnlose Zahl. Ich halte das für Verarschung." Auch seine mutige Kritik: „die Hockeystick-Kurve ist Quatsch" sorgte für Furore. Zu seinen widersprüchlichen Aussagen lässt sich sagen: Er ist offenbar einerseits ein ausgemachter Kritiker des IPCC, andererseits gleichzeitig auch Anhänger der Klima-Wandel-Hypothese, eine merkwürdige Gratwanderung aus wissenschaftlicher Sicht. Kenner der Hintergründe vermuten, dass auch hier Fördergelder eine große Rolle spielen könnten: *„Wes Brot ich ess, des Lied ich sing."*

Das Rätsel, von dem Hans von Storch im *SPIEGEL-GESPRÄCH* spricht, lässt sich leicht lösen: Die Klimamodelle gingen immer von CO_2 als Klimakiller aus. Daher auch die Ablehnung der Verbrennung von fossilen Energieträgern, um die Kohlendioxid-Emissionen zu verringern. CO_2 war und ist der Verursacher der Erderwärmung, so die Meinung der Klimamodellierer und Panikmacher. Dieser Ansatz ist grundlegend falsch. Eine Fortsetzung der

Erwärmung fand auch fünf Jahre nach diesem Interview nicht statt, trotz weiterhin steigender CO_2-Konzentration. Also müssten die Modelle, laut von Storch, korrigiert und nach anderen Ursachen gesucht werden. Dass dies nicht geschieht, ist der „fundamentale Fehler", den von Storch im *SPIEGEL-GESPRÄCH* zwar grundsätzlich erkannt hat, aber offensichtlich immer noch nicht zuordnen kann. Mit Computer-Modellen kann man alles simulieren, sowohl die Erwärmungshypothese als auch eine globale Abkühlung. Es ist immer nur eine Frage der Auswahl und der Gewichtung der Input-Parameter sowie der Weglassung gegenläufiger und unerwünschter Prozesse.

Auch die Klimakanzlerin hat die hypothetischen Ansätze und unbewiesenen Modellrechnungen des Weltklimarates zur Grundlage ihrer Klimapolitik gemacht. Die meisten deutschen Politiker watscheln unkritisch und wissenschaftlich blind im Gänsemarsch hinterher. Die öffentlich bekannt gewordenen Skandale und Falschaussagen des IPCC werden von der Klimapolitik vertuscht. Daraus wird die wahre Absicht des Klima-Komplotts deutlich erkennbar. Besonders die Grünen - ohne naturwissenschaftliche Grundkenntnisse - wurden zu IPCC-Gläubigen, weil es zur Ideologie dieser Partei genau passt. Im blinden Gefolge gehen dann auch die Umweltaktivisten und Vertreter des Ökologismus in diese Richtung, darunter bedauerlicherweise auch indoktrinierte Jugendliche, denen es an Erfahrung mit politischen Lügen (Kapitel 13) meist fehlt. Der Weltklimarat ist jedenfalls mit seiner Vermarktung der Klimakatastrophe relativ „erfolgreich" geworden.

Fast unglaublich ist, dass der IPCC so viele Menschen erreicht hat. Kaum jemand in der Öffentlichkeit hat dem fachlich inkompetenten und von Blamagen und Falschaussagen geprägten IPCC kritische Argumente entgegengesetzt. Kein Politiker und keine Partei hat je versucht, die Hintergründe und die Glaubwürdigkeit des Weltklimarates zu überprüfen. Im Gegenteil – das Potsdamer Institut für Klimafolgenforschung (PIK) unterstützt die Vermarktung der Hypothese vom menschengemachten Klimawandel als Instrument der politischen Propaganda. Viele fachfremde Wissenschaftler, viele Medien bis hin zu oberflächlich informierten Bürgern haben einfach Vertrauen und blinden Glauben an die Stelle eines kritischen Hinterfragens gesetzt. Leichtgläubige Ökoaktivisten sehen sich in ihrem Glauben an die Ideologie des Gutmenschentums durch den Weltklimarat bestärkt. Einem Ökologismus mit stark verzerrter Umweltwahrnehmung und ohne wissenschaftliche Grundlagen wird Tür und Tor geöffnet.

Sogar die jährlich wiederkehrenden Warnungen der Weltbank, die vom Klima nun wirklich nichts versteht, hat keine Skepsis ausgelöst. Spätestens da sollte verständlich werden, dass beim „Klimawandel" nicht nur Ideologie, sondern auch sehr viel Geld im Spiel ist, denn die Weltbank verdient am Klimawandel durch zahllose Kredite für den Klimaschutz.

Auch die deutsche Klimakanzlerin hätte sich leicht mit logischem Denken und solidem Wissen ein Bild von den Methoden und Absichten des IPCC machen können. Aber wenn der politische Zweck und eiserner Machterhalt einzig und allein im Vordergrund stehen, wird auch bei einer Physikerin die Naturwissenschaft und speziell die Physik (bewusst) verdrängt.

Welche Rolle der Weltklimarat tatsächlich beim Klimawandel und beim CO_2-Emissionshandel spielt, erklärt Dr. Shiva in dem Internet-Video: *„Wer profitiert vom Klimawandel"* https://youtu.be/8ZAtNRjDo9I – in der Originalfassung: *Who profits from „climate change"?* https://www.youtube.com/watch?v=8ZAtNRjDo9I&feature=youtu.be

Für viele Menschen sind es sicherlich erschreckende Fakten, die hinter den Kulissen des CO_2-Debakels beim IPCC und den beabsichtigten Zielen des Pariser Klima-Abkommens stecken.

10 Pseudowissenschaft und Klimalügen

Die eigentliche **Klimakunde** wurde im Hochschulbereich seit über hundert Jahren im Fach „Physische Geographie" und dort in der Klimageographie gelehrt. Als einer der Pioniere der Klimatologie gilt Wladimir Köppen (1846 – 1940). Der in Sankt Petersburg geborene Forscher war auch an den alten deutschen Universitäten Heidelberg und Leipzig tätig. Seinen Hauptverdienst erwarb er sich durch die nach ihm benannte Klimaklassifikation. Dabei definierte er „Klimaformeln", die heute noch in der Klimageographie auf dem Lehrplan der Studenten stehen. Viele Fachleute sehen in ihm den eigentlichen Begründer der (klassischen) Klimatologie. Später haben andere Klimatologen seine Arbeiten ergänzt und vertieft.

Lange Jahre war der wissenschaftliche Zugang zur **Klimatologie** allein über den Einstieg in die **Klimageographie** möglich. Bis heute werden Lehrveranstaltungen hierzu an deutschen Universitäten im Bereich der Klimageographie angeboten. Auch Meteorologen besuchen in der Regel ergänzend diese Vorlesungen und Übungen.

Bedeutende Klimatologen waren neben Wladimir Köppen (s.o.) vor allem auch Penck, Geiger, Troll, Paffen, von Wissmann, Creutzburg, Walter, Flohn, Neef, Hänsel und weitere. Arbeitsmittel der Klimatologie sind **Langzeitdatenreihen** vieler internationaler Messstationen. Im Sprachgebrauch der Klimatologie wurde immer von Klimaänderungen, Klimaschwankungen, -fluktuationen, -variationen und Klimapendelungen gesprochen.

Als krasser Gegensatz hierzu trat seit Mitte der 1980er Jahre plötzlich die sogenannte *„Klimawissenschaft"* auf. Hasselmann, Grassl und Schellnhuber witterten wohl mit einer panikmachenden Klimakatastrophe lohnende Karriere-Chancen. Diese Klimakatastrophe wurde in Deutschland von einem Panik-Institut gelenkt und in der Öffentlichkeit forciert. Der so genannte deutsche „Klimapapst" - als Berater der Klimakanzlerin - übernahm mit einigen Mitarbeitern die Rolle des Panikmachers ohne wissenschaftliche Beweise für eine wirkliche, von Menschen gemachte Klimaänderung, ganz zu schweigen von einer drohenden Klimakatastrophe. Zitat des dänischen Klimaforschers und Physikers Prof. Henrik Svensmark: *„Die Klimawissenschaft ist keine normale Wissenschaft mehr. Sie wurde völlig politisiert".*

Nicht abgestritten wird, dass es in den letzten ca. 150 Jahren tatsächlich etwas wärmer geworden ist, weil man immer zu hören bekommt: „Aber es ist doch in den letzten Jahrzehnten wärmer geworden". Stimmt, und nochmal: Wir haben seit dem 18./19. Jahrhundert die kleine Eiszeit erlebt. Danach ist es wärmer geworden, wie das immer der Fall ist nach einer Abkühlungsphase, von einer CO_2-Ursache keine Rede! Auch vor dem „Klimaoptimum" im 13. Jahrhundert wurde es nach einer kälteren Phase wieder ganz natürlich wärmer ohne jede menschliche Verbrennungstechnik. Die Verantwortung des Menschen durch CO_2 ist im wahrsten Sinne des Wortes „aus der Luft gegriffen", weil sie emotional und ideologisch in unseren Köpfen verankert werden soll.

Die Klimakanzlerin hatte schon früher als Umweltministerin eine Kampagne losgetreten, die sie als seriöse Physikerin eigentlich als absolut unwissenschaftlich erkannt haben müsste, wenn nicht ein politisch-ideologisches Ziel, wie sehr oft, jede wissenschaftliche Grundlage verdrängt, so auch die Meinung vieler anderer Politiker.

Die Pseudo-Klimawissenschaft geht immer von einer anthropogenen Beeinflussung des Weltklimas aus, also vom vermeintlichen Einfluss des Menschen auf das Erdklima. Mit Hilfe von rein hypothetischen Modellrechnungen, Computersimulationen und mit dem Daten-Input eines „CO_2-Klimakillers" lassen sich Katastrophen-Szenarios beliebig herbeireden. Interessanterweise stimmen die Ergebnisse der so „berechneten" Klimamodelle genau mit den Ideen und Vorstellungen der Politik überein - welch ein Zufall!

Fakt ist: Das Ergebnis vieler Studie spiegelt immer das Wunschergebnis des Auftraggebers wider, der die Studie finanziert. Das gilt übrigens ganz allgemein, nicht nur für die Klima-Studien der Alarmisten.

Jedem Leser kann in diesem Zusammenhang ein Internetvideo empfohlen werden: **Der große Erderwärmungs-Schwindel - Doku Deutsch** über die Erderwärmung. Hier wird von kompetenten Wissenschaftlern ein großer Teil der Klimalügen richtiggestellt, die über den Weltklimarat als apokalyptische Katastrophen-Ängste verbreitet werden. Ein weiteres Aufklärungsvideo ist im Internet zu sehen unter dem Titel: **„Der Klimaschwindel – SpiegelTV".** Es zeigt, dass eine große Zahl namhafter Wissenschaftler den vom Menschen herbeigeführten Klimawandel als Politikum und nicht als Wissenschaft betrachtet.

In den USA protestierten im letzten Jahr über 31.000 Wissenschaftler in einer Petition an die Regierung der Vereinigten Staaten:

Die Hypothese der vom Menschen verursachten globalen Erwärmung ist falsch. *(Epoch Times 17. Januar 2018): „Wir richten die eindringliche Bitte an die Regierung der Vereinigten Staaten von Amerika, die Kyoto-Vereinbarung von 1997 und jedwede ähnliche Erklärung nicht zu unterzeichnen. Die vorgeschlagenen Begrenzungen von Treibhausgas-Emissionen würden der Umwelt schaden, den Fortschritt in Wissenschaft und Technologie hemmen und Gesundheit und Wohlergehen der Menschheit schädigen.*

Es gibt keinen belastbaren wissenschaftlichen Nachweis, *dass menschengemachtes CO_2, Methan oder andere Treibhausgase heute oder in absehbarer Zukunft eine katastrophale Erwärmung der Erdatmosphäre und eine Umwälzung des Erdklimas bewirken.* ***Darüber hinaus ist wissenschaftlich eindeutig belegt, dass eine CO_2-Zunahme in der Atmosphäre viele positive Auswirkungen auf die natürliche Pflanzen- und Tierwelt erbringt."*** (s. Kap. 2)

Die Klima-Gläubigen versuchten natürlich, dieses Ergebnis mit gefälschten Behauptungen zu entkräften. Aber im „National Press Club" wird von verschiedenen Wissenschaftlern die Richtigkeit der Petition im Epoch-Times-Video (1/2018) bestätigt.

Wie ein Klima-Gläubiger durch ein „Damaskus-Erlebnis" vom Saulus zum Paulus wurde, zeigt eindrucksvoll das Beispiel des **James Lovelock.** Unermüdlich warnte Lovelock vor der Katastrophe des Klimawandels: Bis zum Ende dieses Jahrhunderts könnten 80 Prozent der Menschheit ausgelöscht sein. Am 23. April 2012 kam dann die überraschende Kehrtwende. James Lovelock erklärte in einem Interview mit dem MSNBC, dass er sich mit seinen alarmistischen Klimaprognosen wohl geirrt habe. Auch Al Gore hat es seiner Meinung nach übertrieben. Lovelock gab zu, dass er in seinen Vorhersagen zu weit in die Zukunft extrapoliert hätte.

Lapidar, ohne langes Herumreden sagte er: *„Okay, ich habe einen Fehler gemacht."* Er sei ein Alarmist gewesen. So schlimm sei der Klimawandel gar nicht. Er habe genauer über die Modelle nachgedacht, auf deren Grundlage die Klimakatastrophe prognostiziert werde. Diese Modelle, so Lovelock, überzeugten ihn nicht mehr.

Die Klimaforscher verließen sich allein auf mathematische Modelle. Fakten und Beobachtungen kämen hingegen viel zu kurz. Die Statistiken belegten gar keine dramatische Erwärmung. Das, sagt Lovelock, habe ihn beunruhigt, nachdenklich und fast schuldbewusst versuchte er seinen scharfen U-Turn zu erklären.

Lovelock: *„Das Problem ist, dass wir noch viel zu wenig über das Klima wissen. Noch vor 20 Jahren dachten wir, wir hätten alles im Griff. Dies führte dann zu einigen alarmistischen Büchern, darunter auch meins, weil es so eindeutig aussah. Aber es ist nicht eingetreten. Das Klima absolviert sein übliches Programm. Im Grunde ist nichts Außergewöhnliches passiert. Dabei hatten wir angenommen, dass wir heute bereits auf halbem Wege in eine überhitzte Welt sein sollten. Jedoch hat sich die Welt seit Beginn des Millenniums kaum erwärmt. Und zwölf Jahre sind dabei eine beachtliche Zeit. Die Temperatur ist nahezu konstant geblieben, obwohl sie hätte ansteigen sollen. Dabei ist der Kohlendioxidgehalt in der gleichen Zeit weiter angestiegen, darüber herrscht kein Zweifel."*

Ein Eingeständnis eines Alarmisten, der offen zugegeben hat, dass der Klima-Alarmismus und die Klimakatastrophe ein übertriebener Glaube und durch Fakten nicht belegt ist. Er ist auf eine emotional angetriebene Pseudowissenschaft hereingefallen.

Die Klima-Pseudowissenschaft kommt auch sehr deutlich in einer Analyse von Peter Haisenko (in EPOCH TIMES, Juni 2017) zum Ausdruck:

„Erderwärmung: Wie uns die Klima-Lobby gezielt des-informiert"
Hieraus die folgenden Zitate:
- *Der Handel mit Immissionsrechten ist ein milliardenschwerer Betrug.*
- *Das Pariser Klimaabkommen ist eine riesige Show zur Volksverdummung und an Unehrlichkeit kaum zu überbieten.*
- *Ob es nicht vielmehr negativ in der Bilanz ist, wenn Tausende aus der ganzen Welt zu den Konferenzen fliegen, dabei Kerosin und Steuergelder verbrennen und sich in Luxushotels einen gut bezahlten schlauen Lenz machen?*

In jedem Jahr reisen nämlich politische Delegationen aus vielen Ländern – keine Klimawissenschaftler – von einer Klimakonferenz zur nächsten, weltweit. Zusammenfassend kann man sagen: „Außer Spesen nichts gewesen". Reisekosten, für die die Steuerzahler natürlich aufkommen müssen, eine lukrative Abwechslung für die Delegierten der Klimapolitik. Unter anderen haben auch deutsche Minister regelmäßig daran teilgenommen.

Auch der politisch-ideologische **Öko-Nihilismus** ist, zumindest aus naturwissenschaftlicher Sicht, **eine Pseudowissenschaft.** Nihilismus heißt nach Albert Camus, dem französischen Schriftsteller, Philosoph und Literatur-Nobelpreisträger nicht, an nichts zu glauben, sondern nicht an das, was ist. Oft setzen Nihilisten alles daran, etwas vermeintlich Gutes zu erreichen, achten dabei aber nicht auf dessen symbolischen „Preis". Dieser kann unglaublich hoch sein und völlig gegen Prinzipien des naturwissenschaftlichen und logischen Denkens verstoßen. Zum Beispiel kann es mit Einschränkungen von Lebensweisen, Komfort oder sogar von Freiheit verbunden sein. Auch Verletzungen der Menschenwürde nimmt der Nihilismus für den angeblich guten Zweck in Kauf.

Beim Öko-Nihilismus steht ein stark übertriebener, hartnäckiger Wille der Umweltrettung im Vordergrund dieser Lebensphilosophie. Nach Meinung der Ökonihilisten zerstört der „böse Mensch" die friedliche Natur. Dieser Ansatz ist zu simpel, das Problem liegt aber darin, dass wir mit unserer Umwelt tatsächlich oft sträflich umgehen. Ein politisch geregelter Umweltschutz ist da sinnvoller und durchaus angesagt. Das heißt aber nicht, die Initiative selbst, ähnlich wie bei Selbstjustiz, oder in randalierenden Gruppen alle Contra-Maßnahmen allein in die Hand zu nehmen - unter Umständen mit Gewalt, Terror und Volksverhetzung. Öko-Nihilismus ist eine Ideologie, die mitunter von rücksichtslosem Ökoterror gekennzeichnet ist. Wie der lateinische Wortstamm sehr treffend sagt **(nihil = nichts),** ist an rationalem Denken und an naturwissenschaftlichem Wissen nichts vorhanden, nichts an Verhältnismäßigkeit, neutralem Abwägen von Argumenten oder an Pragmatismus - einfach nur ein „Dagegenhalten" <u>ohne</u> konsequent durchdachte Sinnhaftigkeit. Oft werden die Anhänger dieser fanatischen Ideologie auch dem Ökologismus zugeordnet. Ein <u>reales</u> Umweltbewusstsein ist sicher eine gute und vernünftige Sache, übertriebener Aktivismus und Umweltfanatismus machen dagegen blind für logisches und verantwortungsvoll angemessenes Denken und Handeln. Einfach nur

„Nein" zu sagen oder immer nur das Gegenteil zu behaupten mit nicht praktikablen und nur ideologischen Sprüchen hilft nicht.

Der Ökologismus findet seine Zuspitzung im **Klima-Katastrophismus** – eine Verschwörungstheorie, die Verbote für Fachleute fordert, für Klimaexperten und Wissenschaftler, die ihre Meinung sagen zu den naturwissenschaftlichen Fakten der Klimageschichte. Das ist de facto eine **Ökodiktatur,** die jede Meinungsfreiheit verbieten will - zugunsten eines ideologischen Irrglaubens.

Nach Edgar Gärtner - in seinem Buch **„Öko-Nihilismus: Eine Kritik der politischen Ökologie"** - bleibt „menschliches Wissen immer eine Insel in einem Meer von Nichtwissen". Statt 90 Prozent wissen wir oft weniger als ein Prozent von dem, was wir wissen müssten, um natürliche und/oder gesellschaftliche Prozesse zielgerichtet steuern zu können. Wir müssen aus Versuch und Irrtum lernen. Deshalb ist Nihilismus tendenziell gleichbedeutend mit der „Negation des Lebens" (Friedrich Nietzsche).

Die aktuell gefährlichste Form des Nihilismus sieht nicht nur Edgar Gärtner im Klimaschutz. Gärtner: „Was ist Öko-Nihilismus? Wirtschaftlicher Selbstmord auf Raten, weil alles auf eine Karte gesetzt wird, ohne dabei an die Kosten zu denken." Gedankenlos nimmt die „Klimapolitik" mit der (gewollten) Verteuerung von Energieträgern und Nahrungsmitteln Hungersnöte in Kauf, um ein statistisches Konstrukt zu schützen. „Klimaschutz" - durch die Drosselung von CO_2-Emissionen mithilfe „erneuerbarer" Energien - ist eine dumme, unausgereifte Vorstellung. Sonnen- und Windenergie gibt's eben nicht umsonst, die Kosten der technischen Umsetzung sind enorm hoch und alles andere als CO_2-neutral (s. Kapitel 4: CO_2-Emissionen auch bei Windkrafträdern und Solar-Anlagen). Diese Überlegungen sind den Anhängern des Klima-Katastrophismus fremd, sagen ihnen **nichts,** daher **Nihil**isten, die nichts von naturwissenschaftlichen Methoden und nichts von der Klimatologie verstehen.

Mitunter hört man auch aus den Reihen des Nihilismus bzw. Ökologismus, es wäre **heute der Zeitgeist,** dass der Mensch am Klimawandel schuld sei. Wenn die Menschen sich immer am Zeitgeist orientiert hätten, würden alle heute noch glauben, die Sonne und alle Planeten drehen sich selbstverständlich um die im Mittelpunkt stehende Erde. Das war der

Zeitgeist im 16. Jahrhundert, weil doch jeder sehen kann, dass die Sonne am Himmel auf einer Bahn von Osten nach Westen zieht, also die Erde umkreist. So naiv denkt eben der ungebildete Zeitgeist. Man muss schon etwas genauer und intelligenter hinschauen, um zu sehen, dass der Zeitgeist uns vollkommen täuschen kann. Galileo Galilei wurde als Ketzer von der Inquisition ins Gefängnis gebracht, weil er dem Zeitgeist damals widersprochen hatte.

Beim Zeitgeist Klimawandel ist es prinzipiell sehr ähnlich. Die Behauptung, dass eine kurzfristige Erwärmung in den letzten 100 Jahren mit zunehmender CO_2-Konzentration kausal zusammenhinge, ist ebenso dumm und falsch. Ob es auf der Erde in den nächsten 100 Jahren wärmer oder kühler wird, können uns numerische Modelle der atmosphärischen Zirkulation grundsätzlich nicht sagen, wie Gerald Roe und Marcia Baker (in „Science" Vol. 318, p. 582) gezeigt haben.

Schlussfolgerungen: Um das vollständige Abgleiten in den Nihilismus zu vermeiden, sollte das 1992 von der Rio-Konferenz einstimmig angenommene Vorsorgeprinzip mit einer Regel der Verhältnismäßigkeit kombiniert werden. Auch Vorsorge-Aufwendungen müssen sich rechnen und dürfen auf gar keinen Fall den naturwissenschaftlichen Klimafakten widersprechen, wie das beim anthropogenen Klimawandel der Fall ist. Die Bürokratie als notwendiges Übel darf nicht die führende Rolle in Deutschland und Europa spielen - insbesondere, wenn eine Meinungsdiktatur sich auf falsche Aussagen und Klimalügen stützt. Auf keinen Fall sollte ein Pseudowissenschaftliches Institut mit politischer Unterstützung Meinungsmanipulation, Irrglaube und **apokalyptische Panikmache** für eine Klimakatastrophe verbreiten - in vollem Bewusstsein, dass überwiegend junge Menschen (siehe Kapitel 8) auf emotionaler und nicht rationaler Ebene sehr anfällig sind. Da es erwiesen ist, dass die Behauptungen einer menschengemachten Erderwärmung falsch sind, kann der angebliche „Zeitgeist" nur auf Volksverdummung oder Betrug zielen.

11 Klimawandel – Glaube versus Wissen

Auch für das Klima und seine globale oder regionale Entwicklung gilt: Wer sich hier nicht über die Fakten informiert, dem ist entweder alles egal oder es bleibt ihm nichts anderes übrig, als alles zu glauben, was gesagt wird.

Georg Christoph Lichtenberg (1742-1799), der erste deutsche Professor für Experimentalphysik, sagte bereits: *„Ach, das waren noch gute Zeiten als ich alles glaubte, was ich hörte."* Offenbar hat die Physikerin Merkel vom Genie Lichtenberg noch nie etwas gehört. Jedenfalls ist ihr die kritische und hinterfragende Denkweise wohl verborgen geblieben.

Es ist wahrscheinlich auch zu viel verlangt, sich selbst über den umfangreichen und teils komplexen Sachverhalt beim Thema Klima auf den richtigen Wissensstand zu bringen, vor allem, weil von der Politik ganz gezielt gegengesteuert wird, von der sogenannten Klimawissenschaft, vom Weltklimarat, von den Mainstream-Medien und sogar von den Meteorologen des Deutschen Wetterdienstes. Selbst die Weltbank erinnert jedes Jahr an die drohende Klimakatastrophe. Die genannten Gruppen sind nämlich Profiteure der unlauteren Kampagne einer menschgemachten Erderwärmung. Hier steht sich einerseits ein medial verbreiteter **Glaube** an einen anthropogenen Klimawandel und auf der anderen Seite ein solides **Wissen** zu den Tatsachen über Wetter und Klima gegenüber.

Ernst Stuhlinger, ein Mitarbeiter und Freund Wernher von Brauns, sagte einmal: *„Der Weg zum Glauben ist kurz und bequem, der Weg zum Wissen ist lang und steinig."*

Genau das ist nämlich unser gesellschaftliches Problem: *Viele Menschen wollen den bequemen, kurzen Weg gehen. Einen steinigen und langen Weg über das mühsame Aneignen von Faktenwissen – so die Meinung vieler Menschen – ist doch gar nicht nötig: Man bildet seine Meinung einfach auf emotionaler Glaubensebene.* Dazu reicht das Schlagzeilen-Niveau der Boulevard- und Mainstream-Medien.

Die staatsnahen und politikhörigen Medien – in Deutschland die Öffentlich-Rechtlichen – wissen das und können so sehr große Bevölkerungsgruppen leicht manipulieren. Viele Menschen verlassen sich einfach darauf, von diesen Medien die Wahrheit zu erfahren. Dass damit der Weg zu einer unkritischen Volksdummheit geebnet wird, ist letztlich das Ziel von Poiltik und Leitmedien.

Das hat das Genie **Albert Einstein** zu seinem berühmt gewordenen Zitat veranlasst:

„Zwei Dinge sind unendlich, das Universum und die menschliche Dummheit, aber beim Universum bin ich mir noch nicht ganz sicher."

Mit der menschlichen Dummheit meinte er wohl eher die skrupellosen Meinungsmacher und Meinungsverbreiter als die ahnungslosen Meinungskonsumenten. Letzteren muss man allerdings den Vorwurf machen, oft den bequemeren Weg zu wählen, statt sich selbst um Fakten auf der Basis von Wissen zu kümmern.

Der emotionale Ökologismus, angetrieben von **„Emotionen statt Fakten"**, ist die moderne und weit verbreitete Form, allen irrationalen Unsinn zu glauben, ohne solides Wissen. Die menschliche Dummheit - nach Albert Einstein - orientiert sich nicht an Fakten, sondern sie folgt ungeprüften (Wunsch-)Vorstellungen oder Ideologien, Fakten stören dabei nur. An Stelle von solidem Wissen und belastbaren Tatsachen folgen die meisten Menschen einer vorgebeteten Klimareligion mit vielen CO_2-Glaubensbekenntnissen:

Glaube:
Man muss der Politik nur (blind) vertrauen, jedes gesellschaftliche Problem wird von unseren Politikern einer Lösung zugeführt. Beim Thema Klimawandel haben wir ja eine Klimakanzlerin, die den Bürgern das Selbst-Nachdenken abnimmt und eine **Vorreiterrolle** in der Welt erreichen will.

Wissen:
Das Problem ist jedoch, dass man in der Politik nicht naturwissenschaftlich und logisch denkt. Merkel hat das, was sie in der Physik eigentlich gelernt haben sollte, als Politikerin vergessen oder verdrängt. Unsere Politiker (die selbsternannten Gutmenschen) wissen immer viel besser, was für das Volk gut ist, als die betroffenen Menschen selbst, obwohl sie keinesfalls ausgewiesene Fachleute sind. Wer gestern noch Verteidigungsminister war, kann morgen schon Innenminister sein, oder eine ähnliche politische Karriere

machen. Da hat es schon viele „Leuchten" in der deutschen Politik gegeben. Sogar Ex-Politiker, wie Bundespräsidenten oder EU-Bürokraten, haben schon mal viel Stoff für Satire und Comedy geliefert.

Worum geht es der Politik? Es geht in erster Linie um ideologische, politisch gefärbte Überzeugungen. Die Ideologie von der **"großen Transformation"** in unserer Gesellschaft breitet sich in den Köpfen vieler Politiker wie ein Virus aus. Im Grunde ist es eine fixe Idee, die definierte Zielvorstellungen für die Zukunft unseres Zusammenlebens vorschreiben will. Dazu gehören vor allem die Dekarbonisierung (weg von der Nutzung fossiler Brennstoffe), die Dezentralisierung von Wirtschaft und Energieversorgung verbunden mit einer langfristigen Deindustrialisierung. In letzter Konsequenz würde das bedeuten, wir überlassen den technischen Fortschritt und Wohlstand anderen Ländern und kehren zurück ins Mittelalter – werden zu einem Volk von Bauern und Handwerkern, das von einer elitären Feudalherrschaft regiert wird. Das haben wir alles schon hinter uns, aber es bleibt heute das Wunschziel vor allem einer rot-grünen Ideologie-Vision. „Aussteiger" praktizieren das schon seit einiger Zeit, zurückgezogen als Öko-Selbstversorger. Demokratie braucht man angeblich dazu nicht, wenn man blind nur an das Gute im Menschen glaubt. Das Problem in diesem naiven Weltbild sind die Feudalherren mit ihren Steuereintreibern, wie vor Jahrhunderten. Diese Regierungsform funktioniert wie eine Diktatur der Obrigkeit, die im Mittelalter im Wesentlichen durch den Klerus ausgeübt wurde.

Vorerst soll aber eine Ankurbelung der Konjunktur die langfristigen Ziele nach hinten verschieben. Die Politik glaubt, dass die Menschen es gut finden, wenn die Wirtschaft „brummt". Das ist aber nur die halbe Wahrheit, das persönliche Wohl ist die andere Seite der Medaille. Beides muss nicht immer miteinander verknüpft sein. Was nützt wirtschaftliche Blüte, wenn das nur auf Kosten von immer höheren Steuern funktioniert? Die Autoindustrie zum Beispiel sichert für viele Menschen Arbeitsplätze und Einkommen. Was aber ist, wenn die Kosten für den Autokauf immer höher werden, weil der CO_2-Ausstoß (mit teurer Technik) immer weiter gesenkt werden soll? Die neuen, politisch gesetzten Investitionen für die Autoindustrie werden natürlich an die Käufer weitergegeben. Das politisch scheinbar hehre Ziel der Ankurbelung der Konjunktur geht also nach hinten los. Die politische Ideologie geht nicht auf.

Die Reduktionsziele für CO_2 sollen auch durch den Ausbau von Solar- und Windkraft erreicht werden und mit Biomasse und Elektromobilität vorangetrieben werden. Die Konjunktur kann man damit vielleicht beleben, aber auf wessen Kosten? Die politische Ideologie blendet das aus.

Finanzielle Anreize schafft die Politik auch für die Wissenschaft. Forschungsgelder bekommen Institute und Forscher, die Fördergelder beantragen für Arbeitsrichtungen, die von der Politik in Förderkatalogen ausgewiesen werden. Das sind natürlich Projekte, die zur politischen Ideologie passen. Bei Fördermitteln für die Klimaforschung müssen die Folgen des „bösartigen" Klimawandels bestätigt werden oder die schädlichen Wirkungen einer Erderwärmung im Vordergrund stehen. So muss die Wissenschaft für die Zwecke der Politik arbeiten, denn die staatliche Grundfinanzierung von Universitätsinstituten ist schon seit längerem stetig zurückgefahren worden. Die Wissenschaftler dort sehen sich immer mehr gezwungen, externe Drittmittelgelder über Zusatzprojekte einzuholen. Neue Professoren werden nur noch eingestellt, wenn sie Erfahrungen im Einwerben von Drittmitteln nachweisen können. Auf diese Weise wird die Wissenschaft immer mehr vor den Karren der Politik gespannt.

Glaube:
Die CO_2-Konzentration von derzeit etwa 0,04% in der Atmosphäre müsste dringend verringert werden oder dürfe auf keinen Fall weiter ansteigen. Die deutsche Klimapolitik soll eine Vorreiter-Rolle einnehmen und die CO_2-Emissionen für Deutschland schrittweise so weit absenken, dass der Anstieg der Lufttemperatur 2°C (neuerdings 1,5°C) nicht überschreiten soll.

Wissen:
Die deutsche Klimapolitik ignoriert (mit Vorsatz), dass es keine wissenschaftliche Beziehung zwischen der CO_2-Konzentration und der Atmosphären-Temperatur gibt. Niemand weiß, welche Mengen an CO_2-Reduktion wirklich erforderlich wären, um ein „Zwei-Grad-Ziel" zu erreichen. Wie unsicher sich die „Klimawissenschaft" bei dieser Frage ist, zeigt, dass man nun von einer neuerlichen Begrenzung auf 1,5 °C ausgeht. Gäbe es einen gesicherten Zusammenhang, könnte man die Begrenzung nicht einfach von 2°C auf jetzt 1,5°C herabsetzen - also nur ein Zahlenspiel oder eine willkürliche **Verschärfung der Panikmache** ohne sachlichen Hintergrund.

Man kann aber ausrechnen, dass der **deutsche Anteil an den CO_2-Emissionen** der globalen 0,04 % Konzentration **nur 0,0000434 % beträgt.** Die Rechnung geht aus von 0,04 % CO_2-Konzentration x 0,035 (= 3,5 % anthropogener Anteil) x 3,1 % Deutschlands Anteil (also 0,031). Das liefert einen CO_2-Anteil von 0,04 % x 0,035 x 0,031 = **0,0000434 %** für Deutschlands Anteil an der globalen CO_2-Konzentration unter den hier genannten Voraussetzungen. Diese Annahmen sind nicht ganz konstant, z. B. steigt die CO_2-Konzentration sehr langsam an und beträgt derzeit 0,041 %. Wenn die Schätzung des anthropogenen Anteils noch stimmt (3,5 %) trotz nicht konstanter natürlicher Emissionen, dann müsste hier immer wieder mal nachgerechnet werden. Außerdem wird der prozentuale Anteil Deutschlands in Zukunft sinken, weil in China und in anderen Ländern die Zahl der Kohlekraftwerke zunimmt und damit der Anteil von Deutschland abnimmt. Es bleibt also bei einem **extrem geringen Anteil** Deutschlands in der **hunderttausendstel Stelle** nach dem Komma als dubiose Grundlage für die **irrsinnige deutsche CO_2-Klimapolitik!**

Mit diesem winzigen Anteil für Deutschland soll eine erhebliche Reduzierung der Kohlendioxid-Emissionen gesetzlich durchgesetzt werden - mit teurer CO_2-Reduktionstechnik für alle Bürger in Deutschland. Im Ausland wird aber weiter Kohlendioxid emittiert und es bleibt dort auch bei vagen Absichtserklärungen. Auch die deutsche Politik weiß, dass die selbstgesteckten Klimaziele Unsinn sind und auch **nicht erreicht werden müssen** - wegen der bewiesenen Klimaneutralität des Kohlendioxids. Zumindest wissen das sehr viele Politiker. Ein dummes und teures Spielchen, das da abläuft. Man muss wirklich kein Naturwissenschaftler oder Techniker sein, um diesen Irrsinn der deutschen Politik zu durchschauen. Den meisten Menschen sind aber die Fakten nicht bekannt und offenbar auch vielen Journalisten nicht. Es sei denn, bestimmte Medien spielen bewusst mit bei dieser Panik-Inszenierung und der arglistigen politischen Täuschung.

Glaube:
Die Klimaveränderungen seien vom Menschen verursacht. Er trägt demnach die Verantwortung für eine künftig unbewohnbare Erde, die von einer Klimakatastrophe heimgesucht wird, wenn wir nicht schnellstens die CO_2-Emssionen reduzieren.

Wissen:

Viele Klimaschwankungen sind älter als die Menschheit. Beweise dafür liefern sogenannte „Proxi-Daten". Das sind indirekte Anzeiger für das Klimageschehen (Klimazeugen) in historischer und prähistorischer Vergangenheit. So können Rückschlüsse auf das Klima vergangener Zeiten z.B. aus Eisbohrkernen, Baumringen, Pollen, Korallen, Sedimenten oder Isotopenvariationen gezogen werden. Im Kapitel 1 wurde die Klimageschichte der Erde dargestellt.

Glaube:

In seinem Buch „Selbstverbrennung" malt Hans-Joachim Schellnhuber ein apokalyptisches Bild einer Verbrennung der Menschheit und unseres Planeten wegen des zu befürchtenden globalen Temperaturanstiegs durch das vom Menschen emittierte „klimaschädliche" Kohlendioxid.

Wissen:

Schellnhuber benutzt für seinen Buchtitel „Selbstverbrennung" Vokabeln aus der Boulevard-Presse. Kein seriöser Wissenschaftler bedient sich eines so primitiven und krassen Sprachgebrauchs für ein angebliches „Sachbuch", das den Anspruch auf Faktendarstellung erheben möchte.

Dabei meint Schellnhuber nicht den Suizid einzelner Menschen, sondern noch viel schlimmer - den Untergang allen Lebens auf der ganzen Erde, wie es in dem Bild auf dem Frontcover seines Buchs zum Ausdruck kommt: eine glühende Erde. Diese verbrennende Erde und der Buchtitel sind aus wissenschaftlicher Sicht völlig inakzeptabel, ganz abgesehen von einer apokalyptischen Glaubensstimmung an eine Klimakatastrophe. Dafür soll das harmlose und unschädliche Spurengas Kohlendioxid als „Sünden"-Bock dienen. Wer daran glaubt, dem ist nicht zu helfen.

Bei unseren Nachbarn in der Schweiz gibt es ein Gesetz, das ein Verbrechen bzw. ein Vergehen gegen den Frieden ahndet (2. Buch, 12.Titel) als *Schreckung der Bevölkerung nach Art. 258/1*. Darin heißt es sinngemäß: **„Wer die Bevölkerung durch Androhen oder Vorspiegeln einer Gefahr für Leib, Leben oder Eigentum in Schrecken versetzt, wird mit Freiheitsstrafe bis zu drei Jahren bestraft".** Eine Drohung der globalen Selbstverbrennung durch Mitwirken des Kohlenstoffs, wie es in Schellhubers Buchtitel heißt, ist zumindest in der Schweiz strafbar. In Deutschland müsste geprüft werden, ob hier nicht eine Art Volksverhetzung mit falschen und drohenden Aussagen vorliegt mit dem Zweck, Ängste in der Bevölkerung zu schüren.

Hans J. Schellnhuber ist auch an anderen Stellen mit widersprüchlichen Aussagen aufgefallen, die in die Welt des Glaubens gehören. Beim Klima handelt es sich nachweislich um ein chaotisches System (siehe IPCC-Aussage im Kapitel 9). Schellnhuber hat sich früher mit Chaosforschung in der Physik beschäftigt. Trotzdem verbreitet er öffentlich den Glauben, die Komplexität des Klimas könne auf eine einfache lineare Gleichung mit Bezug auf die angebliche Klimawirkung des Kohlendioxids heruntergebrochen werden. Auf einer Pressekonferenz im November 2009 spricht er von einem **„linearen CO_2-Klima"**. Am 17.04.2013 widerspricht er wieder seiner eigenen These vom linearen CO_2-Klima. Man sagt, dass Schellnhuber je nach medialem Umfeld seine Thesen wechselt. (Quelle: *TRAILER zu „10 unbequeme Wahrheiten über H. J. Schellnhuber"* vom 27.08.2013). In dieser Beziehung verhält er sich genau wie die Klimakanzlerin, die ihre politischen Meinungen und ihren Klimaglauben von äußeren Umständen und politischen Strömungen abhängig macht. Der frühere Leiter des Potsdamer Instituts, Hans-Joachim Schellnhuber, sorgte für einige Verwirrung. Wahrscheinlich haben es die Wenigsten tatsächlich bemerkt. Man kann vom (Klima-)Glauben abfallen, wenn man seine widersprüchlichen Aussagen miteinander vergleicht:

In der wissenschaftlichen Fachzeitschrift: *Physical Rewlew E 68, 046133 (2003)* wird in dem Artikel: **„Power-law persistence and trends in the atmosphere : A detailed study of long temperature records"** berichtet, dass die Temperaturdaten von 95 weltweiten Stationen genau untersucht wurden. Autor dieses Aufsatzes ist unter anderem H.-J. Schellnhuber. Dort schreiben die Autoren: **Bei der Mehrheit der Stationen konnten wir keine Anzeichen für eine globale Erwärmung der Atmosphäre erkennen.** Ausnahmen seien bei 95 untersuchten Stationen nur drei in den Alpen, bei denen ein wärmeres Stadtklima ausgeschlossen werden kann. Ein deutliches wissenschaftliches Statement **gegen den anthropogenen Klimawandel** – und das ausgerechnet bei Schellnhuber! Vielleicht hat er gar nicht gelesen, was er da mitverantwortet hat.

Glaube:
Viele Menschen glauben, in der Politik vertreten nur die GRÜNEN die Meinung, dass der vom Menschen gemachte Klimawandel sofort gestoppt wer-

den müsse und mit Gesetzen und Verboten eine rigorose und bedingungslose Klimaschutz-Politik zu betreiben sei.

Wissen:
Heute haben sich fast alle Parteien ein grünes Mäntelchen angezogen, um eine positive Einstellung zum Leben und eine kritische Sicht auf den sogenannten Klimawandel zur Schau zu tragen. In Wirklichkeit folgt man „selbstgebastelten" politischen Ideologien und dient vielen Lobbyisten. Mit Sicherheit gibt es aber in jeder Partei leider zu wenige, gut informierte Fakten-Kenner zum „Klimawandel", denen der Unsinn mit der Klimakatastrophe als Ausdruck eines übertriebenen Ökologismus klar ist. Aber es gibt auch solche, die ahnungslos und ohne Wissen und Fachkenntnis blind einer Klimareligion folgen, vielleicht sogar aus tiefster Überzeugung. Man darf in Deutschland, dank Religionsfreiheit, natürlich alles glauben, auch den größten Unsinn. Aber die grüne Mentalität in vielen Parteien will mehr: andere Mitmenschen von ihrem Glauben missionarisch unbedingt überzeugen und das ist dann keine freiheitliche Einstellung mehr. Das passt perfekt zum Richtlinienwahnsinn der Eurokraten in Brüssel und zur schrittweisen Aufgabe der Souveränität der Mitgliedsländer. Die europäische Diktatur wirft ihre Schatten voraus.

Später wird gezeigt werden, **warum** diese und weitere Unwahrheiten zur Klimakatastrophe bewusst und gezielt unterstützt und verbreitet wurden, erst recht von der „Klimakanzlerin". „Cui bono?" Also: wem dient das letztlich, welchen „Sinn" macht das und wer profitiert davon?

Glaube:
Laut einer Umfrage, nach einer Meldung in der „Frankfurter Allgemeinen Zeitung" vom 19.12.2018, glaubt etwa ein Viertel der Deutschen, dass wir zum Schutz des Klimas unseren Lebensstil ändern müssten. Und nur 14 Prozent stimmen der Aussage voll und ganz zu, dass Klimaschutz wichtig sei. - Glauben ist gut, die Fakten zu kennen, ist besser. Geglaubt wird ferner, es gäbe ein „sensibles" Klimasystem, das sich **irreversibel** einem **bedrohlichen Kipp-Punk**t nähere und unser Klima für immer zerstören könne.

Wissen:
Das Klima der Erde wurde vorwiegend durch eine grüne Ideologie ab Mitte der 1980er Jahre zu einem **„hochsensiblen" Ökosystem** erklärt. In den langen Zeiten davor war man in der Klimatologie immer von robusten, aber dy-

namischen Klimaprozessen ausgegangen, die schon immer von mehr oder weniger starken Schwankungen gekennzeichnet waren. Schon seit geraumer Zeit macht sich - vor allem in Deutschland - eine ausgeprägte Form von **Ökologismus** breit und es wird von extremen Denkmodellen ausgegangen. Ein normales Mittelmaß war bei uns schon immer ein Problem. Stattdessen entwickelte sich eine Ideologie des Öko-Nihilismus, ein stark übertriebener Umwelt-Aktivismus. Der lateinische Wortstamm (nihil = nichts) beschreibt die Kernpunkte dieser Ideologie.

Der angeblich gefährliche **„Kipp-Punkt"** für das Klima basiert auf irreführender Meinungsmanipulation, fernab von jeder naturwissenschaftlichen Realität. In Wirklichkeit zeigte die Klimageschichte der Erde, dass es sich immer um **reversible Klimaabläufe** gehandelt hat. Den vom Potsdam-Institut erfundenen Kipp-Punkt hat es bei den geologischen und historischen Klimaschwankungen **nie gegeben.** Die auf Panikmache und Ängste ausgerichtete Ideologie dieses Institutes geht aber noch weiter: Es könne zu einer „Selbstverstärkung" des Temperaturanstiegs kommen, wenn die willkürlich gesetzte Grenz-Marke von 2°C bzw. 1,5°C überschritten werde, **ohne dass der Mensch dann zusätzliches CO_2** emittiere. Wie kann ein Institut, das seriös erscheinen möchte, allen Ernstes einen so unglaublichen Unsinn verbreiten? Befragt das Potsdam-Institut eine Wahrsagerin? Wo bitte soll die dazu erforderliche, gigantische Energie herkommen, die sich zu einem „Selbstläufer" aufschaukeln und die ganze Erde **gefährlich erhitzen** soll? Oder hat man im PIK ein neuartiges „perpetuum mobile" erfunden, dem man keine Energie mehr zuführen muss? Vielleicht wird die Selbsterwärmung mit einem Potsdamer Zaubertrick erreicht. Wollen sich die „Wissenschaftler" in Potsdam jetzt endgültig lächerlich machen? Mit solchen nicht nachvollziehbaren „Weissagungen" hat man sich den Titel Pseudowissenschaft redlich verdient. Wie weit will man den Versuch der Volksverdummung noch treiben? Wer an dieser Stelle solchen Unsinn kritiklos hinnimmt, der kann bedenkenlos eben weiterhin alles **glauben**, ohne überhaupt irgendetwas zu **wissen.**

Sehr eindrucksvoll beweist dies das prähistorische Klima (siehe Kapitel 1) mit dem ständigen Wechsel zwischen Eiszeiten und Warmzeiten und krassen Temperaturänderungen im Pleistozän vor mehreren hunderttausend Jahren. Der dramatische Wechsel der letzten zwei Eis- und Warmzeiten fällt bereits in die frühe Menschheitsgeschichte. Unsere Vorfahren hatten also schon Erfahrungen mit großen Klimaänderungen, die um ein

Vielfaches größer sind als die vergleichsweise sehr geringen Temperaturänderungen seit Beginn unseres Industriezeitalters. Selbst die Temperaturzunahme von etwa 1°C seit 150 Jahren ist eine Phase der natürlichen Re-Erwärmung nach der vorausgegangenen „kleinen Eiszeit" im 18. Jahrhundert. Jeder kann sich davon ein Bild machen, wenn er sich das prähistorische und historische Klima genau anschaut. In der gesamten wechselhaften Klimageschichte der Erde ist weder ein Potsdamer „Kipp-Punkt" noch ein Effekt einer „Selbstverstärkung" bekannt - alles nur unseriöse Panikmache und Schüren von Ängsten, um der Politik den Weg freizumachen für die ideologische „große Transformation".

Glaube:
Umweltschutz und Klimaschutz gehören zusammen und sind gemeinsam existenziell wichtig für uns. Beide schützen die Lebensbedingungen auf unserem Planeten.

Wissen:
Klimaschutz hat mit Umweltschutz nicht das Geringste zu tun. Der Sinn des Umweltschutzes soll hier auf keinen Fall abgestritten werden. Umweltschutz **auf ideologie-freier Ebene** ist richtig und wichtig. Er muss auf technisch-naturwissenschaftlicher Basis angegangen werden ohne emotionale Voreinstellung oder Verblendung.

Aber: Klimaschutz ist nichts anderes als dunkelgrüner, auf Emotionen basierender **Ökologismus,** der bewusst oder unbewusst auf die Verwechslung von Umweltschutz und Klimaschutz ausgerichtet ist. Fanatische Öko-Aktivisten schaukeln sich beim Thema Klimaschutz mental auf - in ein Weltuntergangs-Delirium, einer Art CO_2-Trunkenheit, bei der Vernunft und logisches Denken – wie bei übermäßigem Alkoholgenuss - deutlich herabgesetzt sind.

Noch deutlicher formuliert es Václav Klaus: „Klimaschutz ist **Ökoterrorismus**" in seinem Buch (2007) **„Blauer Planet in grünen Fesseln – Was ist bedroht: Klima oder Freiheit?"** Klaus war tschechischer Wirtschaftswissenschaftler, Ministerpräsident und Staatspräsident und bringt klar zum Ausdruck, dass der Ökoterrorismus die Menschen mit entsprechenden Reglementierungen und Gesetzen unter Druck setzen will – natürlich mit Szenarien von Angst und Einschüchterung. Mit einer drohenden Klimakatastrophe kann man sehr leicht Ängste schüren. Das weiß auch die deutsche

Klimakanzlerin und fördert die, der Physik widersprechende, Klimaschutz-Ideologie mit Unterstützung von Pseudowissenschaftlern.

Merkel hat ihrer Partei, der einst schwarzen CDU - die früher mit Grün ein Problem hatte - einen schwarz-rot-grünen Anstrich verpasst (vgl. Anhang). Das hat sie auch beim Thema Kernenergie geschafft. Im Vordergrund stand natürlich immer, zu beobachten, wie die Stimmungen im Volk sich verändern. Um politisch möglichst lange zu überleben, muss man schon mal Grundsatzpositionen opfern und sich „wenden". Das war nach der DDR-Zeit für einige sowieso wichtig und wurde auch gut eingeübt. Die ganze Sicht auf die Umweltpolitik hat sie schon als Umweltministerin „umgekrempelt". Auch den gravierenden Unterschied zwischen sinnvollem Umweltschutz und unsinnigem Klimaschutz hat sie als Ministerin zunächst nicht wirklich verstanden, wie auch den physikalischen Unsinn des CO_2-Treibhauseffektes.

Dass das Klima sich nicht allein in der Atmosphäre abspielt, wurde schon sehr bald von vielen Klimatologen erkannt und führte zu dem Begriff des „Klimasystems". Hierbei wurde neben der Atmosphäre auch der Einfluss der Hydrosphäre, also der großen Ozeane und Meeresströmungen, in das Klimageschehen einbezogen. Schon lange wurde zum Beispiel zwischen ozeanischem und kontinentalem Klima unterschieden. Im klein-klimatischen Raum kann auch eine Seen- oder Flusslandschaft für das lokale Klima wichtig sein. Einen größeren Einfluss auf das globale Klima haben aber ausgedehnte, warme oder kalte Meeresströmungen.

Klimaeffekte können aber auch von Pflanzen der Biosphäre, von der Pedosphäre (Böden), von der Lithosphäre (Gesteinsschichten) und der Kryosphäre (Eismassen) ausgehen. Alle Ebenen, in wechselseitiger Abhängigkeit betrachtet, findet man dann in einem komplexen Wirkungskreis des Klimasystems wieder. Vielleicht liegt auch hier einer der Gründe für die Verwechslung von Umweltschutz und Klimaschutz - ohne Faktenwissen.

Glaube:
In Al Gores Film: „Eine unbequeme Wahrheit" ist eines seiner wichtigsten „Argumente" für den globalen Klimawandel der Rückgang der Eisbedeckung auf dem Gipfel des afrikanischen Kilimandscharo. Eine Reihe von

Fotos und Satellitenaufnahmen sowie die Aussagen der einheimischen Bevölkerung bestätigen die derzeitige Abnahme der Eiskappe. Al Gore bringt das Abschmelzen mit dem Klimawandel in Verbindung. Daran sollen alle glauben, vielleicht glaubte er auch selber daran.

Wissen:
Der Kilimandscharo ist fast 5.900 m hoch. Im Jahresmittel beträgt die Temperatur oberhalb von 5000 m ca. -25°C. Auf dem 5900 Meter hohen Gipfel herrschen nur für **wenige Stunden im einem Jahr Temperaturen von über 0°C.** Für Tauwetter ist es einfach viel zu kalt, trotz fast senkrechter Sonneneinstrahlung. Warum also schwanken die Eismassen in der Höhe des Kilimandscharos?

Mittels genauer Beobachtungen konnte festgestellt werden, dass hier der Zustand der **Sublimation** vorliegt. Das heißt, durch Sublimieren wird der flüssige Zustand übersprungen und ein Übergang vom festen Eis in gasförmigen Wasserdampf erzielt. Durch die energiereiche Sonneneinstrahlung „verpufft" förmlich das Gletschereis im gefrorenen Zustand. Deshalb läuft auch praktisch kein Schmelzwasser ab.

Außerdem ist zu berücksichtigen, dass Schwankungen der Niederschläge einen sehr großen Einfluss auf die Eismassen-Variationen haben. Diese sind in der Regel weitgehend unabhängig von Temperaturschwankungen.

Da wurde Al Gore wohl sehr schlecht beraten, denn ihm selber fehlte offenbar das Wissen. Für die Verleihung des Friedensnobelpreises ist Wissen auch nicht erforderlich. Es kommt alleine auf emotionale Überzeugungskraft an, auch wenn es dem Faktenwissen widerspricht.

Glaube:
Auch in den Alpen wird ein Rückzug von Gletschern seit einiger Zeit beobachtet. Für viele Menschen ist das ein Alarmsignal der bevorstehenden Klimakatastrophe. Alte Fotos und Bilder zeigen ausgedehnte Gletscher, während jüngere Fotos im Vergleich zurückgewichene Gletscher zeigen.

Wissen:
Nur Bilder anzuschauen hilft nicht wirklich weiter. Der Rückzug der Alpen-Gletscher ist sehr genau untersucht worden. Der Glaziologe Prof. Gernot

Patzelt von der Universität Innsbruck weist an Hand von Baum- und Pflanzenresten in jetzt gletscherfreien Bereichen nach, dass hier in früheren Zeiten **keine Gletscher** waren. Vor allem an jetzt wieder unter dem Eis aufgetauchten Baumresten lässt sich zeigen, wann und wo diese früher (natürlich ohne Eisbedeckung) standen. Aus sehr vielen solcher Nachweise schließt Patzelt, dass während 65 Prozent der **letzten 10.000 Jahre die Alpengletscher kleiner und die Temperaturen höher waren als heute.** Wald ist in Höhen gewachsen, die heute noch vergletschert sind - dies alles ohne menschliches Zutun.

Zusammenfassend sagt Patzelt, dass die Alpengletscher in der Nacheiszeit mal vorgerückt und mal zurückgewichen sind. Langfristig betrachtet fand ein ständiges Kommen und Gehen der Gletscherzungen statt. Wie man sich leicht vorstellen kann, sind **unter dem Eis der Gletscher niemals Bäume gewachsen,** deren Alter heute ohne Eisbedeckung wissenschaftlich bestimmbar ist. So gab es zum Beispiel in jüngster Vergangenheit in den Alpen ausgedehnte Gletscherzungen um 1900, 1920 und 1980. Erheblich zurückgewichene Gletscher in den Zeiten 1910, von 1930 bis 1965 sowie heute. Wer sich die Jahreszahlen von Gletscherfotos anschaut, sieht, dass oft Bilder von früheren ausgedehnten Gletschern mit heutigen gletscherfreien Regionen verglichen werden. Ein trügerischer Eindruck, der die heutige „Erderwärmung" und die Schuld des Menschen vortäuschen soll. Die früheren Warmzeiten (Römerzeit, Hochmittelalter, usw.) waren übrigens immer herausragende Blütezeiten in der Kulturgeschichte vieler Völker.

Glaube:
Die Population der Eisbären ist empfindlich bedroht. Die Eisbären werden durch den menschengemachten Klimawandel aussterben, wenn es nicht gelingt, die Erderwärmung sofort zu stoppen. Die Zahl der Eisbären hätte in den letzten Jahrzehnten bereits erheblich abgenommen.

Wissen:
Der Eisbär ist zum Symbol für eine drohende Klimakatastrophe geworden. Tatsächlich konnte nachgewiesen werden, dass es Eisbären schon vor 600.000 Jahren im Nordpolarmeer gegeben hat. Das heißt, sie haben alle Warmzeiten (zwischen den Eiszeiten) überlebt. Insbesondere war die vorletzte Eem-Warmzeit vor ca. 200.000 Jahren deutlich wärmer als die derzeitige Warmzeit.

Auch in der Nacheiszeit (im Holozän) seit 10.000 Jahren gab es Warmphasen während mindestens fünf Perioden, die jeweils mehrere Jahrhunderte andauerten. Für diese Zeiten konnte mittels Eisbohrkernen nachgewiesen werden, dass es in den entsprechenden Sommermonaten in der Arktis etwa 1,5 Grad wärmer war als heute, zum Beispiel in der Mittel- und Jungsteinzeit, also vor 4500 und 2500 Jahren. Das gilt auch für die Römerzeit vor rund 2000 Jahren und um 1200 n.Chr. im mittelalterlichen Klima-Optimum.

Die Eisbärpopulation hat noch vor einigen Jahrzehnten tatsächlich deutlich abgenommen. Dann wurde das Abschießen von Eisbären von der kanadischen Regierung verboten. Von dem damals gezählten Tiefstand der Tiere von etwa 5.000 Eisbären ist die Population inzwischen wieder auf 25.000 Eisbären angewachsen.

Kaum jemand weiß, dass die Eisbären den polaren Lebensraum gar nicht zum Überleben brauchen, sie haben sich in ihrer langen Entwicklung an die polare Kälte angepasst, um ihre Nahrungsvorlieben hier vorzufinden. **Der Eisbär lebt nämlich nicht vom Eislutschen,** wie es der Münchner Zoologe Prof. Reichholf etwas ironisch formulierte, sondern ernährt sich von Robben, Fischen, Vogeleiern und gestrandeten Walen. In wärmeren Zeiten fressen sie aber auch Gräser, Sträucher und Beeren. Sie gelten daher auch als kluge Jäger.

Die fanatischen Klima-Alarmisten veröffentlichten vor etwas mehr als 10 Jahren im Internet ein Foto eines einsam auf einer kleinen Eisscholle stehenden Eisbären. Das sollte das Aussterben der „armen Eisbären" demonstrieren. Dieses Foto wurde 2010 von James Delingpole als Fälschung entlarvt (*TELEGRAPH* online vom 10. Mai 2010). Es ist fast unglaublich, mit welchen betrügerischen Methoden eine Klimakatastrophe vorgetäuscht werden soll.

Ein Rudel von 52 Eisbären suchte im Winter 2019 das Polardorf Beluschja Guba auf, das zur Inselgruppe Nowaja Semlja gehört. Nur wenige Wochen im Jahr liegt dort kein Schnee, selbst im Sommer wird es kaum wärmer als 6°C. Im Winter wurden auch gelegentlich bis -40 °C erreicht. Die Dorfbewohner waren zu Recht verängstigt und hatten keine Erklärung für den ungebetenen Eisbärenbesuch. Des Rätsels Lösung: Die Eisbären-Population hat in einigen Bereichen im Nordpolarmeer so stark zugenommen, dass sie in Menschennähe nach Nahrung suchten.

Glaube:

Das Eis an den Polen schmilzt unaufhaltsam ab. Seit 2002, so melden die Leitmedien, hat der „Larsen-B-Eisschelf" drei Viertel seiner Eismasse verloren. Es ist nur eine Frage der Zeit bis die Arktis und die Antarktis völlig eisfrei sind.

Wissen:

1. Erst seit einigen Jahrzehnten weiß man sicher, dass die arktischen und antarktischen Temperaturen **gegenläufige Schwankungen** zeigen. Das bedeutet: Während die Temperaturen am Südpol sinken, steigen sie gleichzeit am Nordpol. Dieses Phänomen wird auch „bipolare Schaukel" oder Arktis-Antarktis-Kopplung genannt (s. Abb. 23).

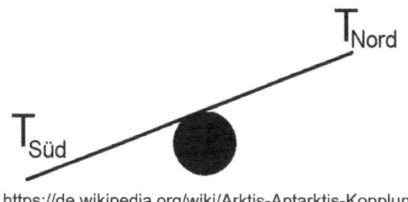

Abb. 23: Einfache Modellvorstellung einer ozeanischen Wärmepumpe als bipolare Schaukel. (Quelle: wikipedia)

https://de.wikipedia.org/wiki/Arktis-Antarktis-Kopplung

Die Eisrückgänge am Nordpol mit wärmer werdenden Temperaturen T_{Nord} und dazu gegenläufig kälter gemessenen Temperaturen $T_{Süd}$ am Südpol „pendeln" nach dem Prinzip einer Klimaschaukel in einem etwa 70jährigen Rhythmus.

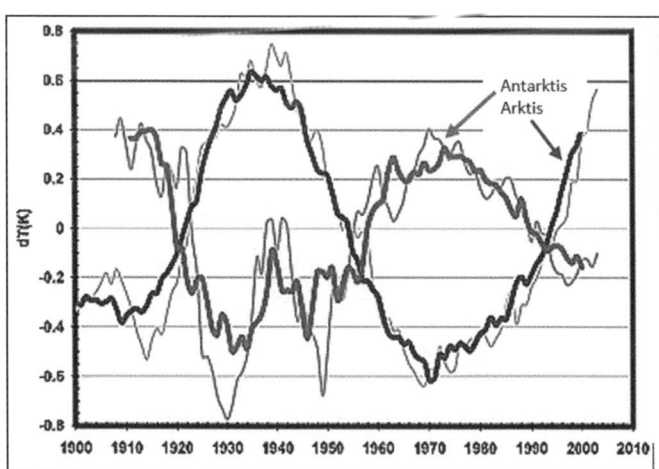

Abb. 24: Die zeitlich gegenläufige Erwärmung und Abkühlung der Arktis-Antarktis-Kopplung am Nord- und Südpol. Die dicke Linie stellt die gemittelten Temperatur-Abweichungen (in Kelvin auf der y-Achse) dar. (Quelle: nach Chylek et al.- 2010)

Das heißt: Nach etwa 35 Jahren kehren sich Eisabnahme und Eiszunahme am jeweiligen Pol um. Dieses Phänomen ist inzwischen wissenschaftlich gut erforscht und auch zeitlich rückwirkend belegt.

Der Antrieb für diese Wärmepumpe geht auf ein Zusammenwirken mehrerer Faktoren zurück. Der wichtigste Faktor ist das ungleichmäßig ablaufende ozeanische Zirkulationsmuster, angetrieben duch Kalt- und Warmwasserunterschiede zwischen dem Äquator und den Polen. Als Beispiel sei hier das Wechselspiel zwischen dem kalten Labradorstrom entlang der Nord-Ost-Küste Nordamerikas und dem warmen Golfstrom aus dem Golf von Mexiko genannt. Die Meeresströmungen sind aber auch eine ganz wesentliche Folge der atmosphärischen Zirkulation der globalen Windsysteme. Dem überlagert sich das Phänomen des El Niño bzw. La Niña, einem Teil der Pazifischen Oszillation (PDO), ausgehend von natürlich wechselnden Austauschprozessen der ozeanischen Wassermassen. Die maritimen und atmosphärischen Ungleichgewichte der Zirkulation werden entscheidend mitgeprägt von der ungleichen Verteilung von Land- und Meeresflächen auf der Nord- und Südhemisphäre der Erde.

2. Der Larsen-B-Eisschelf, von dem angeblich drei Viertel im Jahr 2002 abgebrochen - nicht geschmolzen - sind, hat nur einen winzigen Anteil an der Gesamtfläche der Antarktis. Selbst wenn man den in 2017 abgebrochenen 12%-Anteil beim Larsen-C-Eisschelf hinzurechnen würde, sind das insgesamt weit unter einem Prozent der Gesamtfläche der Antarktis. Das Droh-Gespenst muss nur in den richtigen Proportionen gesehen werden! Für

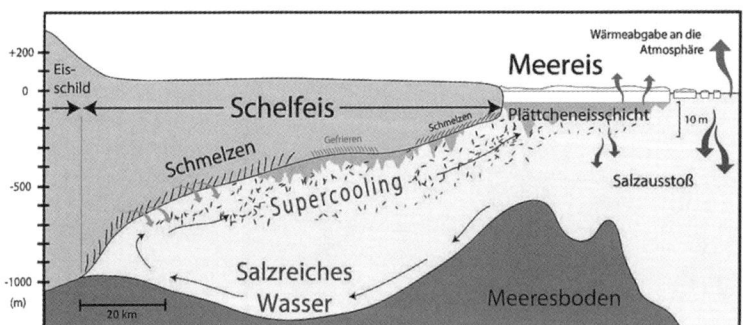

Abb. 25: Plättchen- oder Scherbeneis führen zum Schmelzen an der Unterseite von Schelfeis und Meereis in der West-Antarktis (schematisch). Das Meereis zerbricht dann in kleine Eisschollen (rechts).
Quelle: AWI. https://www.awi.de/im-fokus/meereis/plaettcheneis.html
(Grafik: Mario Hoppmann)

das Abbrechen dieser Schelfeis-Teile in der Westantarktis sind submarine Meeresströmungen verantwortlich, die Teile des westarktischen Eisschelfs unterspülen (Abb. 25) und einen natürlichen Vorgang darstellen - von Klimawandel keine Spur. Im Gegenteil: Langfristig nehmen die antarktischen Eismassen gegenwärtig insgesamt zu.

3. In der Westantarktis verursachen tektonische Bewegungen auf dem Festlandsockel unter dem Eis ein **Auseinanderdriften von einzelnen Teilplatten.** Ähnlich wie in Island oder Ostafrika wird durch die Dynamik der Plattentektonik ein Riftgraben erzeugt, der sich sehr langsam aufweitet. In der Antarktis wird der darüberliegende Eispanzer (durch die Kontinentalplatten unterhalb des Eises) auseinandergezerrt. Solche Risse sind von Satelliten aus aufgenommen worden. Sie gehen nicht auf Eisschmelze durch Wärme zurück, sondern die Kanten dieser tiefen Spalten sind schroff und sehr scharfkantig. Schmelzendes Eis hinterlässt niemals solche scharfen Kanten, sondern würde abgerundete Formen erzeugen.

In der Nähe tektonischer Plattenbewegungen ist praktisch immer Vulkanismus zu finden. Von Vulkanen in der Antarktis wurde aber erst in jüngster Zeit berichtet. Wissenschaftler der Universität Edinburgh haben 138 Strukturen unter dem antarktischen Eispanzer aufgespürt, die sie dem **subglazialen Vulkanismus** zuordnen. In ihrem Bericht: **„A new volcanic province: an inventory of subglacial volcanoes in West Antarctica"** beschreiben Maximilian De Vries und weitere Mitarbeiter die entdeckten Vulkanstrukturen. Ihre Ergebnisse stützen sie vorwiegend auf aeromagnetische Gravitationsmessungen. Wann und wie lange dieser Vulkanismus aktiv war, ist nicht ohne weiteres bestimmbar. Sicher ist aber, dass die Last der dicken, gefrorenen Eispanzer aktive Ausbrüche erheblich behindern können. Dennoch wäre es möglich, dass subglaziale Abschmelzvorgänge sehr langsam stattfinden und das antarktische Eis an einigen, wenigen Stellen dünner werden lassen. Auch hier handelt es sich um Prozesse, die nicht vom Menschen veranlasst sind oder gesteuert werden können und damit ist auch in diesem Zusammenhang eine anthropogene Erwärmung absolut auszuschließen.

Glaube:
Der Glaube an die durch den Weltklimarat veröffentlichten Klimamodelle hat sich in vielen Köpfen, leider auch bei (fachfremden) Wissenschaftlern regelrecht festgesetzt. Es ist viel einfacher und wenig zeitaufwendig, die vor-

gefertigten Meinungen und publizierten Ergebnisse des IPCC zu glauben, als unvoreingenommen selbst zu recherchieren und diese Behauptungen mit anderen Veröffentlichungen zu vergleichen.

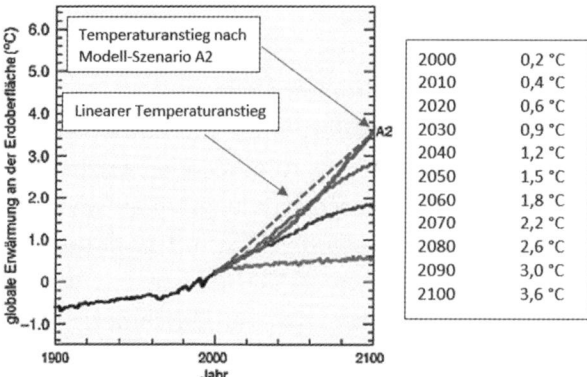

Abb. 26: Das frühere Klimamodell A2 (obere, gekrümmt ansteigende Kurve) wurde bis 1992 als das schlimmste Szenario der Erderwärmung angesehen. Diese wachsende Zunahme der Welttemperatur, wurde als **nicht-linear** gedeutet, sie sollte ein **exponentielles Temperatur-Wachstum** zeigen im Vergleich zu einem **linearen Anstieg (gestrichelte Linie).**
(Quelle: IPCC Sachstandsbericht, Zusammenfassung für Entscheidungsträger, 2007 – überarbeitet und vereinfacht von W. Kirstein)

Wissen:

Ein exponentieller Anstieg wie in Abb. 26 ist das aber nicht. Ein Nachrechnen des A2-Szenarios mit den Temperatur-Modell-Werten in der Tabelle daneben zeigt, dass die Kurve hinreichend genau einer quadratischen Funktion entspricht, die von jedem Schüler ab der 10. Klasse mit Anfangswerten gerechnet und gezeichnet werden kann. Dazu brauchten die Klimawissenschaftler sehr teure Großrechenanlagen. Aufwendige Modell-Rechnungen wären dazu überhaupt nicht erforderlich. Ein Schülerwissen über quadratische Gleichungen und gegebenenfalls der Umgang mit einer Statistik-Software, wie zum Beispiel *EXCEL,* sind bereits ausreichend, um die Klimamodelle (hier das A2-Modell) zu ersetzen. Auch die Software *EXCEL* ist fast jedem Schüler vertraut. Der Klimakanzlerin war das offenbar nicht bekannt, denn sie finanzierte die immensen Summen für immer neue Großrechner mit samt Personal aus Steuermitteln.

Die den früheren IPCC-Berichten zugrundeliegenden IS92-Szenarien (IPCC-Szenarien von 1992) wurden ab 1996 gründlich überarbeitet, weil der Temperaturanstieg zwischen 2000 und 2100 um 3,6 °C dem IPCC nicht weit genug - für eine drohende Klimakatastrophe – ging (s. Abb. oben). Das nahm niemand ernst, dachte der Weltklimarat Anfang der 1990er Jahre. In den geänderten Varianten ging man ab 1992 von 40 neuen sogenannten SRES-Szenarien aus (nach: *„Special Report on Emissions Scenarios"*). Diese sollten die Klimakatastrophe noch bedrohlicher erscheinen lassen. Heute sind die damaligen Modell-Szenarien ohnehin uninteressant geworden. Niemand interessiert sich mehr ernsthaft für diesen hypothetischen, sehr aufwendigen und in den 90ern extrem teuren Unfug. Hier sei an das Buch des früheren Fernseh-Wettermeteorologen Dr. Wolfgang Thüne erinnert: **„Freispruch für CO_2: Wie ein Molekül die Phantasien von Experten gleichschaltet".** Die Graphik auf dem Buchcover zeigt mehrere Affen, die auf dem Bildschirm ihrer Rechner Bananen-Modelle simulieren. Im Grunde, im übertragenen Sinne, eine nicht unberechtigte Karikatur, wenngleich mit bissiger Ironie.

Eine Reihe deutscher Meteorologen, die Mitglieder der „Deutschen Meteorologischen Gesellschaft" (DMG) sind, haben sich Anfang 2014 gegen eine politische Bevormundung in ihrer Wissenschaft gewandt. Im Mitgliederforum der DMG 01/2014 schreiben sie: „Mit ihrem angeblichen CO_2-Konsens führte eine Gruppe aus einer großen Zahl von *Klimafunktionären* eine quasi verbindliche Interpretation des Klimawandels in diese Wissenschaft ein." Mit anderen Worten: Die Interpretation als menschengemachter Klimawandel wird für die Meteorologie festgelegt und Zweifel daran sind nicht erlaubt. Gott sei Dank gab es heftige Proteste unter den Kollegen, die sich die Rückkehr zu einer vorurteilsfreien Wissenschaft in der früher üblichen Art wünschten. Diese Forderung beinhaltet die Freiheit der Mitteilung, auch wenn diese dem Mainstream nicht entspricht. Leider folgen die meisten Meteorologen in staatlicher Anstellung oder Verbeamtung den politischen Weisungen, um keine Karriere-Einbrüche oder dienstrechtlichen Konsequenzen befürchten zu müssen. Der Deutsche Wetterdienst untersteht nämlich dem Bundesverkehrsministerium. Da ist selbstverständlich politische Solidarität und dienstliche Loyalität angesagt.

Der politischen Linie widersprechende Aussagen können leicht zur dienstlichen Beurlaubung führen, wie im Fall des beliebten französischen Fernseh-Meteorologen Philippe Verdier beim Staatsfernsehen „France 2". Er hatte sich 2015 erlaubt, gegen die Darstellung der Mainstream-Wissenschaft zu wettern: *„Der Klimawandel sei ein Komplott, ein weltweiter*

Skandal, eine Höllenmaschine, um uns Angst zu machen". Das sollte man als Meteorologe mit 47 Jahren niemals so deutlich und öffentlich sagen. Es wäre für seine berufliche Existenz besser gewesen, erst nach seinem Ausscheiden aus dem Dienst sich so offen wahrheitsgemäß zu äußern. Die deutschen Meteorologen wissen, wie gefährlich es sein kann, unzensiert einfach die Wahrheit über das Klima zu sagen und wie gut es für die berufliche Existenz ist, nicht gegen den Strom zu schwimmen.

*„Wer zur Quelle will, muss **gegen den Strom schwimmen**."* (Hermann Hesse). Für Meteorologen als Staatsdiener oder bei den öffentlich-rechtlichen Sendern muss man sich von solchen Weisheiten am besten fernhalten.

Eine entsprechende Erfahrung musste auch der Mitherausgeber der FAZ, Holger Steltzner, machen. Auch er schwamm gegen den Strom der FAZ-Linie beim Thema Klimawandel. Steltzner verfasste zwei Artikel in der FAZ zur **Klimaschutzreligion** im Februar 2019 und zur **Klimareligion mit Ablasshandel** im März 2019. Den Widerspruch zur deutschen Klimapolitik wollte das Herausgebergremium nicht hinnehmen und Steltzner wurde aus dem Gremium der Herausgeber entfernt. Die FAZ ist bekannt für einen regierungshörigen Kurs des anthropogenen Klimawandels und unterstützt die Klimareligion in Deutschland. Das zeigt doch: Auch Journalisten müssen sehr vorsichtig sein, wenn es um die Wahrheit in der Berichterstattung geht und wenn die politisch gesetzten Linien angetastet werden. Bei vielen Medien ist die Pressefreiheit ein gefährlich heißes Eisen. Wie war das noch mit der Lügenpresse?

Glaube:
Viele meteorologische Messstationen würden mit den statistischen Aufzeichnungen ihrer Temperaturganglinien beweisen, dass es in den letzten ca. 100 Jahren im Mittel ständig wärmer geworden ist. Die Erwärmung ginge in diesem Zeitraum auf die vermehrten Kohlendioxid-Emissionen der einsetzenden Industrialisierung zurück.

Wissen:
Die besagten Temperaturganglinien sind im Jahr 2012 von der zur NASA gehörenden US-Klimaagentur GISS *(Goddard Institute for Space Sciences)* „überarbeitet", sprich: gefälscht worden.

In einer Untersuchung hat **Prof. F. K. Ewert** (2014) festgestellt: „**NASA-GISS-Temperaturdaten wurden rückwirkend geändert – warum?**" Bei 120 weltweit verteilten Stationen hat er deren Temperatur-Ganglinien über einen Zeitraum von ca. 100 Jahren untersucht. Beim Vergleich der Datensätze von 2010 und 2012 von jeweils gleichen Stationen hatte er **massive Datenmanipulationen** aufgedeckt (wie im Beispiel in Abb. 27). Im linken Bild verläuft die Trendlinie der Station Reykjavik waagerecht, das heißt im dargestellten Zeitraum ist im Mittel kein positiver oder negativer Temperaturtrend ausgewiesen. Im rechten, verfälschten Bild ist ein deutlicher Temperatur-Anstieg im gleichen Zeitraum zu sehen. Die Trendlinie zeigt jetzt eine Temperaturzunahme. Das liegt daran, dass eine Gruppe höherer Temperaturwerte (links im Oval) im rechten Bild abgesenkt und damit verfälscht wurden. Als Folge ist die Trendlinie jetzt insgesamt ansteigend. Eine unglaubliche Fälschung, die eine Erwärmung vortäuscht. Solche und ähnliche Fälschungen hat Ewert bei 120 weltweiten Stationsdaten beschrieben.

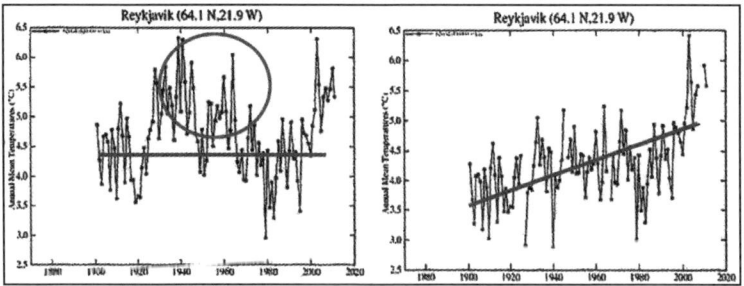

Abb. 27: *Fälschung für Temperaturganglinie der Station Reykjavik. Links der ursprüngliche Temperaturverlauf (2010) und rechts die Fälschung von 2012, (nach Ewert 2014).*

Auch bis 2018 sind noch weitergehende Fälschungen von den US-Klimaorganisationen vorgenommen worden, die hier bei Redaktionsschluss noch nicht vorlagen. Wer behaupten will, dass solche gravierenden Manipulationen des US-GISS-Instituts am damaligen Präsidenten Obama ohne dessen Kenntnis vorbeigegangen seien, muss wohl ein Narr sein.

Glaube:
Es gibt angeblich einen durch atmosphärisches Kohlendioxid verursachten Treibhauseffekt, der die Lufttemperatur an der Erdoberfläche erhöhen soll. Die Kohlendioxid-Konzentration in der Atmosphäre beträgt, wie bereits mehrfach erwähnt, 0,04 %. Es handelt sich also um ein extrem dünn ver-

teiltes Spurengas. Dennoch müsse man, so der Glaube, die CO_2-Emissionen reduzieren, um eine „Klimakatastrophe" zu verhindern.

Wissen:

Der angenommene und befürchtete Treibhauseffekt durch CO_2 wird von vielen Menschen verwechselt mit dem **physikalischen Treibhauseffekt**, bei dem Kohlendioxid keine Rolle spielt. Der Unterschied zwischen dem real existierenden, physikalischen und dem fiktiven, nicht existenten CO_2-Treibhauseffekt wurde bereits ausführlich im Kapitel 5 erläutert und kann bei G. Gerlich (1995) nachgelesen werden.

12 Die Wahrnehmung der Klimadebatte in der Jugend

Besonders Jugendliche meinen, ein für notwendig gehaltener Klimaschutz werde von der Politik nicht konsequent in Angriff genommen. Deshalb werden international Schüler aufgerufen, dem Ruf der 17jährigen Klimaschutzaktivistin Greta Thunberg zu folgen und dabei den Schulunterricht freitags zu schwänzen.

Die schwedische Schülerin und Anführerin von „Fridays For Future", Greta Thunberg, wurde vom Stockholmer Unternehmer und PR-Manager Ingmar Rentzhog zur Klimaaktivistin gemacht und zur Klimaschutz-Ikone hochstilisiert. In Kottowitz, Davos, Hamburg, Brüssel und in vielen anderen Städten wurde sie gefeiert. Dabei ist das 17jährige Mädchen nicht gesund. Es leidet unter dem Asperger-Syndrom, einer tiefgreifenden Entwicklungsstörung. Die Bewegung „Fridays For Future" ist zu einem ansteckenden Schüler-Populismus geworden, von dem streikende Schüler rein emotional leicht mitgerissen werden. Viele Klima-Alarmisten finden die PR-Aktion für den Klimawandel natürlich gut. Auch die Klimakanzlerin nutzt die Popularität der kranken Schülerin für die Zwecke der Klimapropaganda. Dabei richtet sich die Kritik der Kinder an die Adresse der Klimapolitik. Diese Erkenntnis hatte Merkel erst einmal nicht und reagiert selbst kindlich naiv. Eigentlich hätte man von ihr als Physikerin erwartet, dass sie zwar den Kindern eine rein emotionale Betrachtung zugesteht, sich selbst aber davon abheben kann. Sie schreckt auch nicht davor zurück, Schüler, die praktisch nichts von Klimavariabilität wissen, **für die politische Ideologie zu instrumentalisieren.** Viele Publizisten berichten auch über die zunehmende Aggressivität in der Sprache bei Greta Thunberg und im körperlichen Einsatz bei den Demonstrationen ihrer Anhänger. Die Bewegung zeigt Anzeichen, zu einer ernsten Gefahr für die öffentliche Sicherheit auszuarten.

Dass Greta nun auch noch für die Kernenergie-Nutzung ist, dürfte der Kanzlerin überhaupt nicht gefallen. Greta „argumentiert" mit der Null-Emission von Kernkraftwerken, was im Grunde völlig falsch ist. Denn bei den Herstellungsprozessen der erforderlichen Bauteile, wie große Betonmengen, Stahl und anderen Materialien, wird schon im Vorfeld sehr viel CO_2 freigesetzt. Viele Deutsche, sogar einige Politiker wie zum Beispiel Christian Lindner, sind im Gegensatz zu Merkel der Meinung: **Das Thema Klima ist nur was für**

Profis und gehört nicht in die Hände von Kindern. Diese können nur naiv, laienhaft und rein emotional viele komplexe Sachverhalte meist unverstanden betrachten.

Wie übermäßig hysterische und emotional durchgeknallte Folgen bei einigen Klimawandel-Fanatikern entstehen können, zeigt das Beispiel eines Grazer Musikprofessors, der von Klimavariabilität nicht das Geringste versteht. Aber er forderte ernsthaft öffentlich die Todesstrafe für „Klimaleugner". Später soll er sich für seinen emotionalen Anfall entschuldigt haben, wahrscheinlich um für die Universität Graz die peinliche Situation abzuschwächen. Schlimmer noch als Schüler blamierte er sich mit seiner fachlichen Inkompetenz. Dies wird schon offenkundig, dass niemand das Klima wirklich „leugnet", sondern lediglich der *anthropogene Einfluss* auf die Klimaentwicklung zu Recht abgestritten wird.

Auch bei Greta Thunberg sind nur überschwängliche Emotionen für eine „Weltrettung" das Leitmotiv - ohne Kenntnisse von klimaphysikalischen Zusammenhängen. Wie eine Marionette wurde sie der Öffentlichkeit vorgeführt. Die Kanzlerin, die selbst keine Kinder hat, sieht deshalb auch nicht, dass Kinder schon aus moralischen Gründen für politische Propaganda nicht eingesetzt werden sollten. Was für die kranke Greta Thunberg eine „geile Show" ist, wird für die schwedische PR-Agentur ein skrupelloses Geschäft mit ahnungslosen Kindern. Mit der irrealen Idee eines vom Menschen verursachten Klimawandels lässt sich auch hier richtig Geld verdienen. Auch an dieser Stelle entpuppt sich der Klimawandel als Geschäftsmodell (s. Kap. 17). Bis heute ist offenbar noch nicht klar, wer wirklich die Fäden zieht, um die Bewegung minuziös zu vermarkten. Ist das „Fridays for future"-Geschäftsmodell auf Gedeih und Verderb von der *„Plant-for-the-Planet Foundation"* abhängig, wie viele vermuten? Zumindest scheint diese Organisation das Spendenkonto von *„Fridays for Future"* zu verwalten.

Dabei müsste die Klimakanzlerin doch eigentlich wissen, dass in der deutschen Geschichte die Jugend oft **für politische Propaganda indoktriniert** wurde. Man denke an die politisch mobilisierte Hitlerjugend oder an die FDJ in der DDR mit marxistisch-leninistischen Idealen und festgeschriebenen Lernzielen. In der Jugend können, das wissen natürlich auch die Politiker, prägende Fundamente für eine spätere Gesinnung gelegt werden.

Jetzt erleben wir erneut eine von einer schwedischen PR-Organisation ausgehende Massenbeeinflussung von Schülern, die nicht mit Klimawissen, sondern mit jugendhaften Emotionen Aufmerksamkeit auf sich und ihren vermeintlich „guten Zweck" lenken wollen. Erschreckend ist, welche Wege die Klimareligion bereit ist zu beschreiten, ohne Fachinformationen und Sachkenntnisse. Klimaschutz ist, physikalisch betrachtet, völliger Unsinn. Das Klima kann man nicht schützen, es sei denn man schützt Millionen von Wetterdaten (nichts anderes ist das Klima) durch Einschließen in einen Tresor. Die Ironie lässt sich hier nicht verbergen. Dabei kann es sich beim Klima natürlich nur um historisch dokumentierte Wetterdaten handeln (s. Kap. 2). Wie das mit der Wettervorhersage für mehr als drei Tage ist, weiß heute jeder. Diesbezüglich sei hier noch einmal an die einzig richtige Aussage des Weltklimarates (IPCC) von 2001 erinnert (Kap. 5): *„ ... Deshalb sind längerfristige Vorhersagen über die Klimaentwicklung nicht möglich."* Mit anderen Worten: Ein Klimaschutz für die Zukunft ist genau so irrsinnig wie einer für die historischen Wetterdaten.

Es ist kaum zu glauben, aber das Thema „Treibhauseffekt" und „Erderwärmung" kann sogar Naturwissenschaftler überfordern, insbesondere wenn sie von der Physik in die Politik gewechselt haben. Ein ideologisch ausgedachter und von Fördergeldern geschaffener Konsens in der sogenannten Klimawissenschaft kann solide physikalische Gesetze und Fakten offensichtlich einfach verdrängen. Das trifft erst recht für *Politiker ohne naturwissenschaftliche Ausbildung* zu – und das ist in der Regel der Fall. Damit ist die Treibhaus-Überforderung quasi vorprogrammiert. Diese große Gruppe von Politikern ist – wie auch die emotional gesteuerten Jugendlichen – immer allein auf Glauben ohne irgendein solides Wissen angewiesen (s. Kap. 11 „Glaube versus Wissen"). Was das Faktenwissen zum Thema Klima betrifft, sind also die jugendlichen Klima-Aktivisten auf dem gleichen Niveau wie die Politiker: mitreden, aber ohne Fachkenntnisse.

Die Bewegung des **Ökologismus** findet sehr schnell ihre Anhänger bei jungen Leuten. Der vom Menschen gemachte Klimawandel bietet eine Ersatz-Religion insbesondere für eine orientierungslose Jugend. *Der Ökologismus ist die Religion der Kinder einer Wohlstandsgesellschaft.* Die Grundlagen des traditionellen gesellschaftlichen Zusammenhalts werden infrage gestellt und gelten als spießig.

Mit allen zur Verfügung stehenden Mitteln geht man für die Ziele seiner Überzeugung auf die Straße, um Beachtung zu finden oder gar großes Aufsehen zu erregen. Hintergrund ist aber stets ein quasi religionsfundierter Glaube mit den typischen Inhalten der praktischen Religionsausübung. Demgemäß veröffentlichte CICERO Online in bewusster „Anlehnung" an das Christentum im Jahre 2005:

„Die zehn Gebote der Öko-Religion":

Das erste Gebot:
Du sollst dich fürchten! Das furchtbarste Szenario ist das wahrscheinlichste. Auch wenn es einmal gut ging, so kommt es beim nächsten Mal umso schlimmer.

Das zweite Gebot:
Du sollst ein schlechtes Gewissen haben! Wer lebt, schadet der Umwelt – alleine schon durch seine Existenz.

Das dritte Gebot:
Du sollst nicht zweifeln! Die Ökobewegung irrt nie. Wer daran zweifelt, dient den Ungläubigen.

Das vierte Gebot:
Die Natur ist unser gütiger Gott! Sie besteht aus Pandabären, Robbenbabys, Sonnenuntergängen und Blumen. Erdbeben, Wirbelstürme und Killerviren sind Folgen menschlicher Hybris.

Das fünfte Gebot:
Du sollst deine Gattung verachten! Der Mensch ist das Krebsgeschwür des Globus. Vor seinem Auftauchen war der Planet eine friedliche Idylle.

Das sechste Gebot:
Du sollst die Freiheit des Marktes verabscheuen! Der Planet kann nur durch zentrale Planung internationaler Großbürokratien gerettet werden.

Das siebte Gebot:
Du sollst nicht konsumieren! Was immer du auch kaufst, benutzt oder verbrauchst: Es schadet der Umwelt. Die Zuteilung von Gütern sollte den weisen Priestern des Ökologismus übertragen werden.

Das achte Gebot:
Du sollst nicht an ein besseres Morgen glauben! Verhindere Veränderungen und Fortschritte, denn früher war alles besser.

Das neunte Gebot:
Du sollst die Technik geringschätzen!
Abhilfe kann allenfalls durch fundamentale gesellschaftliche Umsteuerungsprozesse kommen. Niemals durch die Erfindung technikgläubiger Ingenieure.

Das zehnte Gebot:
Wisse, die Schuld ist weiß, männlich, christlich und westlich! Die Unschuld ist eine Urwaldindianerin.

Die Ironie bei *CICERO Online* ist natürlich gewollt offensichtlich. Angespielt wird damit darauf, dass vor allem Kinder und Jugendliche Regeln und Leitbilder brauchen. Halt und Sicherheit ist, vielleicht unbewusst, eine lebenswichtige Stütze, die sie bei ihren Eltern und in der Schule offenbar nicht finden. Diese Unsicherheit ist eine Binsenweisheit in der Jugendpsychiatrie. Auch die Praktiken der Politik mit ihren Affären und Skandalen sowie Korruption bieten keine Alternative für einen werte-orientierten Lebensstil. Aber auch bei vielen Erwachsenen ist ein fester Glaube an das Gute sehr wichtig. Nicht umsonst präsentiert sich der Politiker mit seinen Ideologien als „Gutmensch", um Anerkennung zu finden.

Insbesondere die christliche Religion ist für viele Jugendliche zu konservativ und für das praktische Leben nicht hinreichend befriedigend. Geistliche versuchen oft Jugendtreffs zu organisieren, um als Anlaufstelle Gehör für christliche Inhalte anzubieten. Schon in der Bibel wird der *Mensch als Sünder* vor Gott dargestellt. So ist auch der Klimawandel – verursacht durch den bösen Menschen als *Klimasünder* – zu einer **Klima-Religion** geworden. Man sucht nach Glaubenswegen, die in diese reale und schlechte Welt passen, so die Meinung vieler Jugendlicher. Bekannt ist auch, dass bei manchen Menschen diese Gesinnungs-Phase erst viel später oder auch nie endet. Hier hat die Kirche ihr Glaubensangebot weit verfehlt. Das zeigt sich sehr krass in der ständig zunehmenden Zahl der Kirchenaustritte. Stattdessen zelebriert sie weiterhin veraltete Geisteshaltungen wie das Zölibat und ähnliche weltfremde Inhalte.

Noch weiter geht die weltweite Bewegung **Extinction Rebellion.** Mit „zivilem Ungehorsam" wird vehement gegen eine vermeintlich ökologische Katastrophe vorgegangen. Dieses Horrorszenario ist aber absolut unrealistisch und basiert wiederum allein auf Glauben und Emotionen. Gemeinsam glaubt man, stark zu sein und verzichtet auf fundiertes Wissen, das man sich erst mühsam aneignen müsste. Eine naive und irreale Welt ist diese extreme Form des Ökologismus, in der man sich leicht verfangen und verstricken kann. Gegen das Massenaussterben von Tieren und Pflanzen zu demonstrieren wäre sicher eine gute Sache, doch die Realität ist weit von solchen Katastrophen-Visionen entfernt. Dass biologische Spezies im Laufe der Evolution seit Urzeiten vereinzelt ausgestorben sind und andere Gattungen neu auftauchten, ist in unserer Erdgeschichte nichts Neues. Man denke nur z. B. an das Aussterben der Dinosaurier in der Epoche des Jura vor etwa 200 Millionen Jahren. Sogar im Verlauf der jüngeren Erdgeschichte fanden immer wieder mehr oder weniger stark ausgeprägte Faunenwechsel statt. Das und viele andere heftige Variationen in der Paläontologie ignoriert natürlich der strikte Ökologismus.

„Extinction Rebellion" **glaubt** auch daran, dass die Menschheit vom Aussterben bedroht sei und zwar hauptsächlich als Folge der menschengemachten Klimakatastrophe, der Umweltzerstörung und der Vernichtung von Lebensraum. Auch vor Gewaltanwendung gegen Staat und Mitmenschen wird oft in blindem Aktionismus nicht zurückgeschreckt. Die Regierungen weltweit sehen sich gezwungen, ihr Gewaltmonopol gegen die Rebellierenden einzusetzen. Kaum ein Politiker versteht den fatalen Zusammenhang: Das sind die Früchte, die die Politik gesät hat, nämlich Ängste und Panikmache vor einer drohenden Klimakatastrophe.

Auch die Klimakanzlerin hat diese Panik zusammen mit den Medien unters Volk gestreut. Wen wundert es, wenn solche Horror-Szenarien auch extreme Entwicklungen nach sich ziehen. Ganz abgesehen davon ignoriert und vertuscht sie selbst die realen Fakten beim Thema Klimawandel. Zumindest hätte sie als Physikerin der jungen Generation ein besseres Vorbild sein können. Dabei wäre der **Physik-Nobelpreisträger Ivar Giaever** für sie sicher eine große Hilfe gewesen. Giaever sagt unter anderem:

„Die globale Erwärmung ist wirklich eine neue Religion geworden! Von 1889 bis 2015 hat sie um 0,8 Grad zugenommen. Erstaunlich stabil! Die CO_2-

Konzentration stieg im gleichen Zeitraum von 295 auf 367 ppm, also 72 ppm mehr. Ab 1998 bis heute nochmal um die Hälfte des Betrages der vergangenen 100 Jahre, während die Temperatur stabil blieb. Wenn die Theorie nicht mit der Realität übereinstimmt, ist die Theorie falsch. Ich lebe in Albany und da gibt es manchmal einen Temperaturunterschied von 80 Grad zwischen Sommer und Winter."

„Ansteigende Temperaturen werden inklusive Ozeantemperaturen veröffentlicht. Hier kann die NASA Werte angeben, die nicht überprüfbar sind. Bei Messungen auf den Kontinenten geht das nicht."

„Wenn der Klimawandel die Leute nicht erschreckt, dann erschreckt man die Leute mit Extremwetter. Der Meeresspiegel ist in den letzten 100 Jahren um 20 cm angestiegen. Auch in den letzten 300 Jahren betrug der Anstieg 20 cm pro Jahrhundert. Daher gibt es keinen ungewöhnlichen Anstieg des Meeresspiegels. (Der Meeresspiegel steigt noch leicht an, weil wir derzeit in einer Nacheiszeit leben.) Von den Hurrikans wird angenommen, sie seien viel schlimmer geworden, weil es 0,8 Grad wärmer wurde. Die Aufzeichnungen der Hurrikans in den USA von 1851-2005 zeigen das nicht. So ist es auch bei den Tornados in den USA. In den letzten 50 Jahren sind sie eher schwächer geworden."

Wenn gebildete Erwachsene – ganz zu schweigen von Politikern – das nicht wahrnehmen, was will man dann von Jugendlichen erwarten?

13 Verwirrung mit EU-Grenzwerten

Die europäische Union hat im Dezember 2018 beschlossen, dass die Grenzwerte für neu zugelassene PKW bis 2030 beim Kohlendioxid-Ausstoß im Vergleich zu 2021 um 37,5 % gesenkt werden müssen. Auf diesen Kompromiss sollen sich die Unterhändler der EU-Staaten geeinigt haben. Das bedeutet einen CO_2-Ausstoß von 59,4 g/km.

Da tauchen doch sofort die Fragen auf: Warum genau 59,4 g/km? Was soll die Dezimale 4 hinter dem Komma? Wohl ein stures Umrechnungsergebnis, das als realistischer Messwert kaum zu vermitteln ist. Alle Grenzwerte sind hier immer politische Erfindungen, die das eigentliche Problem nicht lösen. Welches Problem eigentlich? Die **Schizophrenie in der Politik** ist doch die mangelnde Einsicht, dass eine Begrenzung von CO_2 tatsächlich überhaupt keinen Einfluss auf das Klima hat.

Die EU-Grenzwerte hat angeblich der Rat der europäischen Umweltminister festgelegt. Es heißt aber auch, dass es eine Entscheidung der EU-Kommissare, vom Parlament und dem Ministerrat gewesen sei. Nachdem die Grenzwerte im Nachhinein angezweifelt und umstritten waren, schieben sich offenbar die EU-Gremien gegenseitig den *Schwarzen Peter* zu.

Der EU- Grenzwert beträgt für Stickstoffdioxid (NO_2): 40 µg/m^3 (Mikrogramm pro Kubikmeter) in der Luft. „Ausreißer" nach oben sind erlaubt bis 200 Mikrogramm. Ein sehr niedrig festgelegter Grenzwert mit einem gleichzeitig relativ hohen Ausreißer ist ohnehin technischer und ökologischer Unsinn. Das wiederum spricht stark für die Handschrift von Eurokraten. Angeblich soll der Grenzwert auf einem Abwägungsprozess beruhen. Dieser Abwägungsprozess dauerte offenbar einige Jahre. Auch die Weltgesundheitsorganisation (WHO) in Genf hat dabei mitgeredet.

Eine der Fragen war: Wieviel Stickoxide können Menschen mit asthmatischen Erkrankungen gerade noch vertragen? Die WHO müsste wissen, dass Menschen niemals alle gleich zu bewerten sind und eine Verträglichkeit immer eine ungenaue Schätzung bleiben muss. Klinische Studien sollten dagegen immer exakte und verlässliche Ergebnisse liefern: Asthmatiker atmeten laut Studie 30 Minuten lang Luft mit mehr als 375 Mikrogramm Stickstoffdioxid ein. Die Folge: „Den Menschen ging es schlechter". Welch „exakte" und brauchbare Aussage! Aber auf solche „Grenzwerte" setzt offenbar die WHO. *„Gift ist immer eine Sache der Dosis",* sagte schon Paracelsus im 16. Jahrhundert. Angebliche Beschwerdefreiheit wurde erst bei weniger als 190 Mikrogramm festgestellt. Die WHO rundete dann auf 200 Mikrogramm auf. Das war auch die Empfehlung für den heutigen Spitzenwert, der nur 18mal im Jahr erreicht werden darf. Wie bitte? 18mal im Jahr? Das heißt, jeder Bürger muss mitzählen, wie oft er im Jahr 200 Mikrogramm erreicht? Gegebenenfalls darf er sich dann nicht mehr auf die Straße oder in der Öffentlichkeit aufhalten? Ist der Grenzwert erreicht, muss man wohl in geschlossenen Räumen bleiben? Er wird allerdings bei zwei brennenden Kerzen in einem 6x6x2,5 m^3 großen Raum bereits überschritten. Hat das irgendetwas mit der Situation im täglichen Straßenverkehr in der Stadt oder auf dem Land zu tun? Dann sollte man sich vielleicht doch besser für 30 Minuten auf öffentlichen Straßen bewegen. Da haben die Eurokraten sich offensichtlich selbst übertroffen.

Aber ein paar Leute bei der WHO sahen sich offenbar in der Pflicht, einen Richtwert zu nennen. Also schätzten sie, mangels besserer Anhaltspunkte, die Emissionen eines Gasherdes in einem „normalen Haushalt" und schlugen diesen Wert als Grenzwert vor. Auch nachdem vermeintliche Untersuchungen mit Kindern ergeben haben, dass in Wohnungen mit Gasöfen bei mehr als 30 Mikrogramm Stickstoffdioxid in der Luft, die Kinder häufiger krank wurden. Jedenfalls soll das statistische Risiko um 20 Prozent höher gelegen haben. Die EU setzte dann den Wert leicht höher fest: von 30 auf 40 Mikrogramm mit der Begründung, dass die „Datenlage doch nicht so gut sei". Das aber hatte rechtliche Konsequenzen für einen **EU-Beschluss vom 16.12.2018 über PKW-Grenzwerte bis 2030.**

Der Autofahrerverband *„Mobil in Deutschland e.V."* ist überzeugt: Die Fahrverbote gehen von viel zu niedrigen Grenzwerten aus. Beispielsweise sind am Arbeitsplatz in Innenräumen 60 µg/m^3 in der Atemluft erlaubt, in Fabrikhallen sogar 950! In den USA gelten 100 µg/m^3 an Straßen und in der Schweiz sind 6000 µg/m^3 erlaubt. Nur in Deutschland sollen bereits 40 Mikrogramm gefährlich sein?

Wenn man alle Fakten zum Klima und zur Klimaentwicklung kennt und verstanden hat, muss man ein sachlich-orientiertes und logisches Denken und

Handeln der EU-Bürokraten ausschließen. Es bleibt dann in der EU nur noch übrig: mangelndes Wissen, Beratungsresistenz, Dummheit oder der Wille, ideologische Ziele zu verfolgen - ohne Bezug zur Realität.

Der europäische Herstellerverband *Acea* und der Verband der deutschen Automobilindustrie *(VDA)* haben schon mehrfach eindringlich vor schärferen Grenzwerten in der Automobiltechnik gewarnt. Nirgendwo sonst in der Welt gibt es ähnlich erzwungene, niedrige NO_2- und CO_2-Vorgaben für den Automobilbau, was den internationalen Wettbewerb stark belastet. Die EU riskiert, Autos unnötig teuer zu machen. Dadurch werden sie für den Durchschnittsverdiener immer unerschwinglicher. Das findet keinen Rückhalt in der Bevölkerung. Soziale Probleme sind damit politisch vorprogrammiert. Nicht umsonst gibt es in fast allen EU-Ländern demokratisch gewählte Parteien mit großen Vorbehalten gegen die EU-Richtlinien und gegen die zunehmende Einschränkung der Souveränität der Mitgliedsländer.

Die Leidtragenden werden vor allem Deutschlands Autobauer sein, sie werden gezwungen – gegen jede Vernunft – grüne, unwirtschaftliche und übertrueurte Autos zu bauen. Der deutsche Automobilbau wird seine Standorte noch stärker ins außereuropäische Ausland verlegen, wo diese übertriebenen Grenzwerte nicht relevant sind.

Es trifft aber bei weitem nicht nur die Kfz-Industrie: **Millionen von Autofahrern werden kalt enteignet und auf der anderen Seite freuen sich unsere Nachbarstaaten, wo deutsche Dieselfahrzeuge mit Kusshand zu Spottpreisen aufgekauft werden.**

Nun beruhen Grenzwerte immer erst auf politischen Entscheidungen, die nicht unbedingt technischen oder gesundheitlichen Kriterien entsprechen. Es ist kaum vorstellbar, dass die Schweizer mit ihrer Gesundheit fahrlässig umgehen. Eher ist es so, dass die Deutschen - und auf Europa ausgedehnt - übergenau und mit mehr als 100facher Sicherheit Normen festlegen wollen. Die modernen und schadstoffreduzierten Diesel sind keineswegs eine Auslauftechnologie.

Man weiß inzwischen, dass viele Messgeräte falsch aufgestellt oder zu leicht der Manipulation zugänglich sind. *„Ist es nicht verrückt, dass in Essen*

Tausende Autofahrer von einem Plastikdöschen gestoppt werden sollen, das mit einem Kabelbinder an einem Laternenmast festgemacht ist?", fragt sich zu Recht Lukas Eberle in *SPIEGEL Politik* vom 30.11.2018.

„Wir haben gelernt, dass der Stickoxid-Grenzwert, den die Gerichte zur Grundlage ihrer Spruchpraxis machen, jeder gängigen wissenschaftlichen Begründung entbehrt". Das sagten viele Printmedien, die publik machten, dass die 40 µg/m³ NO_2 auf einem merkwürdigen Zahlenspiel beruhen.

Jetzt behauptet das Umweltministerium, dass es Angela Merkel war, die uns die so **umstrittenen Diesel-Grenzwerte** eingebrockt habe! Vor 20 Jahren! *„Die deutsche Position in Brüssel wurde auch damals schon ressortabgestimmt, die federführende Bundesumweltministerin war Angela Merkel",* so das Ministerium auf BILD-Anfrage. Mitte Juni 1998 sei es die spätere Kanzlerin gewesen, die im Umweltrat den Grenzwerten zugestimmt habe. *„Damit stand die Grundposition fest",* heißt es weiter.

Das sieht nach einem Bürokratenstreich aus. Am Arbeitsplatz sind 950 µg/m³ Stickoxid erlaubt, sagt das Gesetz. Aber beim Diesel dürfen es nur 40 µg/m³ sein. Das klingt nicht nur nach Unsinn, das ist es auch, sagt der Lungenfacharzt Dieter Köhler und viele andere Fachärzte. Medizinische Gründe gegen den Diesel lägen jedenfalls keine vor.

In der Aachener Volkszeitung vom 20.12.2018 schreibt Prof. Dr. Helmut Alt zum Thema Dieselverbot:

„Man hat immer mehr den Eindruck, dass die deutschen Städte für die Dieselfahrverbote selbst verantwortlich sind, weil die mit der Messung beauftragten Umweltämter die EU-Richtlinie sowohl bezüglich des Abstandes vom Fahrbahnrand als auch von der Art der Mittelwertbildung äußerst restriktiv auslegen.

Die EU-Richtlinie lässt es zu, dass bis zu einem Abstand von zehn Metern von der Fahrbahnkante gemessen werden kann. In Aachen misst man z.B. drei Meter vom Fahrbahnrand. Dadurch bekommt man natürlich hohe Messwerte. Wenn in einem Meter Abstand vom Straßenrand beispielsweise 200 Mikrogramm pro Kubikmeter gemessen werden, dann sind es in vier Meter Abstand nur noch 12,5 Mikrogramm pro Kubikmeter, weil sich der

Stickstoffanteil bei einer natürlichen, durch Wind unbeeinflussten Ausbreitung in ruhiger Luft mindestens mit dem Quadrat des Abstandes verdünnt. Nach EU-Recht ist das Messen an der Fahrbahnkante auch erlaubt, und das hat der TÜV bestätigt, aber warum nutzt man die Möglichkeit auch im weiteren Abstand zu messen, nicht aus, um die Fahrverbote zu verhindern?"

Es sieht also ganz danach aus, dass die Behörden ein Fahrverbot im Einklang mit den Spielräumen in den EU-Richtlinien bewusst und ausdrücklich herbeiführen wollen, obwohl auch andere Auslegungen anwendbar wären. Wenn möglich, wird also mit den gegebenen Auslegungsmöglichkeiten der Richtlinien-Vorgaben eindeutig gegen den Bürger vorgegangen. Soll damit die Verwirrung und die nachgewiesene Unsicherheit bei den Messwerten politische Ziele und Ideologien manifestieren?

Ein weiteres „Meisterstück" der EU-Bürokratie ist auch das geplante Verbot von CO_2-Feuerlöschern. Die CO_2-Dummheit kennt kein Grenzen! Angenommen, Kohlendioxid wäre wirklich klimaschädlich, dann ist ein Verbot von Feuerlöschern mit vergleichsweise verschwindend geringer CO_2-Emission immer noch ein Musterbeispiel für eine unglaubliche bürokratische Eselei, ein Schildbürgerstreich, als ob man mit Kanonen auf Fliegen schießt. Schließlich ist vor dem realistischen Hintergrund, dass CO_2 nicht die geringste Klimawirkung hat, diese Torheit ein Beweis für die „unglaubliche Kompetenz" der EU-Klimapolitik. Wieso wundern sich eigentlich die Altparteien über die massiven Stimmenverluste bei den Wählern? Die Bürger merken eben, dass sie an vielen Stellen von der Politik betrogen werden.

Zum Thema Klimasachverstand gibt es noch viele Beispiele der Brüsseler „Klimaexperten". Für den Klimaschutz will die EU in den nächsten Jahren Billionen ausgeben. Die gigantische Summe soll gemäß Frau von der Leyen den Klimawandel – pardon: eventuelle künftige Wetterschwankungen – verhindern. Diesen „kleinen" Unterschied zwischen Wetter und Klima zu erkennen, ist von Politikern entschieden zu viel verlangt (s. Kap. 4). Die auszugebenden Billionen, so verkündet Frau von der Leyen, seien nichts anderes als ein groß angelegtes Konjunkturprogramm. Ob Klima oder Wetter, spielt da überhaupt keine Rolle – jedenfalls für die Politik. Dafür sollen die europäischen Steuerzahler zur Kasse gebeten werden, ohne Mitspracherecht versteht sich. Dazu braucht die Politik aber die Lüge vom „gefährlichen Klimakiller" Kohlendioxid, also Angst und Panikmache ist erforderlich. Ohne apokalyptische Drohung, meinen die Politiker, wäre das niemals durchsetzbar. Die (perverse) Krönung des Unsinns ist dann, dass man das Klima der Erde aus ganz anderen Gründen überhaupt nicht schützen kann!! (Das wurde ebenfalls im Kapitel 4 ausgeführt).

Wie schön wäre es doch, wenn die Politiker einfach mal bei der Wahrheit blieben und sich dann nicht in eine Kette von Lügen verstricken müssten. Wer die Pseudowissenschaftler mit ihren nichts beweisenden Computer-Simulationen bezahlt, will dafür natürlich auch „Argumente" sehen (oder besser: Scheinargumente), Hauptsache sie unterstützen die politisch ideologische Richtung, Fakten stören dabei nur.

14 Demokratie in Deutschland und in der EU in Gefahr

Der Sozialwissenschaftler an der Otto-Friedrich-Universität Bamberg, Prof. Gerhard Schulze, sieht mit folgenden Worten die Demokratie in Gefahr: *„Ich sehe allmählich die Bereitschaft zum Demokratieverzicht. Es stimmt mich sehr bedenklich, wenn auf Klimakongressen die Äußerung fällt oder die Frage gestellt wird, ob man **autoritären Regimen nicht besser zutrauen könnte,** als einer Demokratie, die angeblich anstehenden Probleme in den Griff zu bekommen."*

Dann Prof. Schulze weiter:
„Was sich da am Horizont abzeichnet ist eine klimapolitische Weltdiktatur"
(14.01.2010).

Das Grundgesetz der Bundesrepublik Deutschland scheibt im Artikel 20 (2) eine Gewaltenteilung fest. Das ist das Fundament unserer Demokratie. Leider ist genau das in der Praxis aber nicht gegeben.

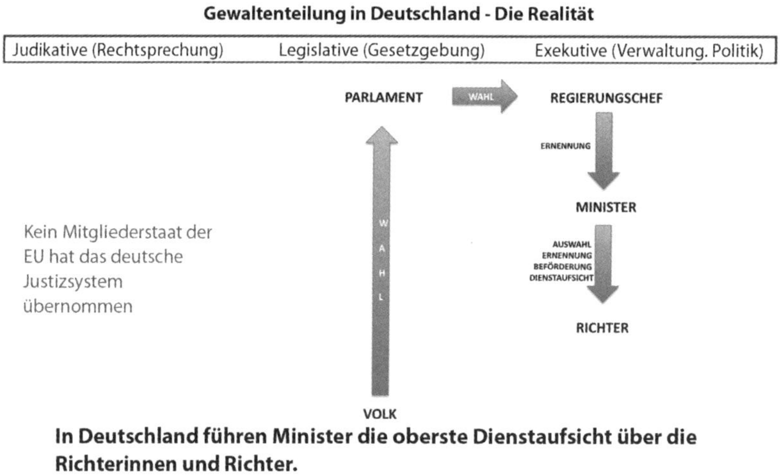

Gewaltenteilung in Deutschland - Die Realität

| Judikative (Rechtsprechung) | Legislative (Gesetzgebung) | Exekutive (Verwaltung. Politik) |

Kein Mitgliederstaat der EU hat das deutsche Justizsystem übernommen

In Deutschland führen Minister die oberste Dienstaufsicht über die Richterinnen und Richter.

Abb. 28: Die Gewaltenteilung laut Grundgesetz in Judikative (Rechtsprechung), Legislative (Gesetzgebung) und Exekutive (Politik) ist in Deutschland nicht getrennt. Die Justiz ist der Politik untergeordnet.   Quelle: www.gewaltenteilung.de

Eigentlich sollte in unserer Demokratie die Gewaltenteilung auf drei voneinander unabhängigen Säulen ruhen. In den meisten Ländern der EU ist das auch der Fall, in Deutschland nicht. In der angegebenen Quelle (www.gewaltenteilung.de) wird das praktizierte Modell in Deutschland skizzenhaft dargestellt (gemäß Abb. 28). Man sieht sofort, dass die Judikative (Justiz) nicht unabhängig ist, sondern der Exekutive (Politik) unterstellt ist. Das ist zwar Insidern bekannt, wird aber offiziell „nicht an die große Glocke gehängt". Das verschafft der Politik die Möglichkeit, sich in bestimmten Fällen über richterliche Entscheidungen hinwegzusetzen.

Um den vom Grundgesetz vorgefundenen tatsächlichen und rechtlichen Zustand der Justiz zu bewahren, interpretierte man den Wortlaut des Art. 92 Grundgesetz um:

Die rechtsprechende Gewalt ist den Richtern anvertraut; sie wird durch das Bundesverfassungsgericht, die in diesem Grundgesetz vorgesehenen Bundesgerichte und durch die Gerichte der Länder ausgeübt.

Kritik kam beispielsweise auf dem 40. Deutschen Juristentag 1953 im Referat des Gutachters Prof. Dr. Helmut K. J. Ridder mit den Worten zum Ausdruck: *„Es gibt keine rechtsprechende Gewalt in der Demokratie des Grundgesetzes".*

Die Tatsache, dass das Grundgesetz die „rechtsprechende Gewalt" wörtlich nennt, sie „den Richtern anvertraut" und ihre Ausübung den Gerichten überantwortet (Art. 92), schob er beiseite: Hierbei handle es sich um eine **„unglückliche Terminologie des Grundgesetzes",** um **„nebelspendenden Wortzauber".**

Dazu ein Zitat aus der oben genannten Quelle (www.gewaltenteilung.de):

„In Spanien findet die Gewaltenteilung tatsächlich statt. Sie ist im spanischen Staatsaufbau verankert. Der Generalrat der rechtsprechenden Gewalt kann von den Bürgern mit Augen und Ohren beobachtet werden. Ob und inwieweit sein Handeln den Zielen des Gewaltenteilungsprinzips gerecht wird, kann von Sozialwissenschaftlern empirisch erforscht und bewertet werden. Schulklassen können den Generalrat besuchen, Schüler können mit seinen Mitgliedern diskutieren. Die spanische Gewaltenteilung ist in der Welt der Ideen (in dem Verfassungstext) und in der Welt der Tatsachen verankert. Die Teilung der Staatsgewalt zwischen Exekutive und Judikative in Deutschland kann man nur nachlesen und theoretisch erörtern. Sie ist Programm, eine Willenserklärung des Grundgesetzes, auf die Welt der Ideen, auf geschriebene Worte (den Verfassungstext) beschränkt. **Real gibt es sie nicht.**

Die deutsche Exekutive hat die Macht, einzelne Richter zu belohnen oder ihnen die Belohnung zu versagen. Spanien hat derartige Möglichkeiten einer persönlichen Einflussnahme auf die Richter von vornherein ausgeschlossen - durch die tatsächliche (organisatorische) Trennung von Exekutive und Judikative".

Man muss sich fragen: **Wo** ist denn eigentlich die Demokratie in Gefahr?

Ein damals sehr bekannt gewordenes Beispiel für die fehlende Gewaltenteilung ist der Fall *Gustl Mollath,* der einem Justizirrtum zum Opfer gefallen war. Er wurde von der bayerischen Justiz 2006 zu Unrecht in die Psychiatrie eingewiesen. Gutachten waren zum Beispiel gefälscht und widerrufen worden. Als übergeordnete Instanz musste die Politik letztlich eingreifen. Das Verfahren musste dann wiederaufgenommen werden und Mollath wurde 2014 schließlich freigesprochen. Er wurde mit 600.000 Euro entschädigt - für mehr als sieben Jahre Psychiatrie. Daran wird deutlich, dass die Politik letztendlich im Zweifelsfall das Sagen hat und die Justiz nachgeben musste. Ein Beweis, dass die Justiz **nicht unabhängig** ist und eine echte Gewaltenteilung - wie in diesem Fall - nicht greift. Diesen tragischen Fall kann man heute immer noch im Internet nachlesen.

Dass die Politik über die Justiz bestimmt, beweist auch die Zusammensetzung der Bundesgerichte. In bestimmten Zeitabschnitten werden die Richter gewählt. Welche Kandidaten gewinnen, so wird gemutmaßt, weiß die Politik bereits im Vorfeld. Die Auswahlkriterien dafür bleiben undurchsichtig. Gewählt werden die Richter vom Richterwahlausschuss **in geheimer Mehrheitsabstimmung.** In diesem Gremium sitzen die **16 Justizminister der Länder** sowie 16 weitere vom Bundestag gewählte Mitglieder. Sie entscheiden, wer als Richter an die obersten deutschen Gerichtshöfe kommt - mit Ausnahmeregelung für die Wahl zum Bundesverfassungsrichter.

Angela Merkel wird nicht selten vorgeworfen, die Demokratie nicht verstanden zu haben. Beispielsweise forderte sie allen Ernstes, dass die Wahl am 5. Februar 2020 von Thomas Kemmerich (FDP) zum Ministerpräsidenten in Thüringen rückgängig gemacht werden müsse, da er mit Stimmen der AfD gewählt wurde. Von welchem Bild einer demokratischen Wahl in einem Parlament ist Frau Merkel hier ausgegangen? Einige ihrer Kritiker meinten, sie habe das Wort *Demokratie* aus dem Kürzel *DDR* entnommen. Wenn das Ergebnis einer demokratischen Wahl der Regierungschefin nicht passt, glaubte sie wohl, sich Kraft ihres Amtes über Wahlen hinwegsetzen zu können. Wenn das Schule macht, ist die Demokratie in ernster Gefahr.

Bei Merkel ging es immer nur um politische Taktik, nur um vor dem Volk und den Parteien stets positiv dazustehen – selbst bei ihrem Abgang vom Parteivorsitz. Damit sie die schreckliche Blamage des Volker Kauder nicht auch bei sich selbst erleben muss, hat sie es aus taktischer Überlegung (gezwungenermaßen) abgelehnt, sich überhaupt zur Wahl am 7.12.2018 als Parteivorsitzende zu stellen. Sie ahnte, dass sie - wie kurz zuvor Volker Kauder - von der eigenen Parteibasis nicht wiedergewählt würde. Selbst nach der Wahl von Annegret Kramp-Karrenbauer (AKK) zur Parteivorsitzenden blieb sie eisern am Amt der Bundeskanzlerin kleben und entschied selbst, wann sie die Kanzlerschaft niederlegen wollte. Ihre Partei konnte da nicht eingreifen, wie das zum Beispiel bei Helmut Schmidt und Gerhard Schröder der Fall war. Daher traf sie selbst die Entscheidung für einen langsamen „Abschied in Ra(u)ten".

Viele Satire-Sendungen haben Merkels Stilblüten für lustige Lacheffekte festgehalten und nicht selten war bei freiem Sprechen der Unterhaltungswert größer als die inhaltliche Aussage.

Wie bei den meisten Politikern sind Arroganz, Eitelkeit und Macht die Leitschnur politischen Handelns. Doch zurück zur Diktatur:

Das ist das Stichwort für das Funktionieren eines Regierungsapparates. Im Bundeskanzleramt regiert ein Regierungschef immer wie ein Diktator. Wer im Haus nicht bedingungslos Loyalität zeigt, wird sofort aus seinem Amt entfernt. Das gilt auch für alle Minister in der Regierung. Stimmt die politische Richtung mit der des Regierungschefs nicht mehr hinreichend überein, wird sein inszenierter Abgang mit einer „notwendig gewordenen Kabinettsumbildung" getarnt. Sogar Bundespräsidenten, die im allgemeinen Politikgeschäft mitreden wollten, sind von der Kanzlerin schließlich erfolgreich „abserviert" worden.

Da funktioniert eine perfekte interne Diktatur im Staatsapparat. Die Vorübung für eine Diktatur in einer politischen Europäischen Union ist schon mal angelaufen, sagen viele. Kritische Beobachter der EU-Politik halten die

Zukunft eines politisch vereinten Europas nur in der Staatform einer Diktatur für möglich.

Unter anderem war bei den Briten ein Grund für den Brexit, dass der Weg der EU zu einer Diktatur und zur Aufgabe der bisherigen Souveränität führt. Diese Befürchtung wird auch in anderen Ländern kommen, wenn die EU-Richtlinien, die Regeln und Gesetze, sich gegen die eigenstaatliche Souveränität richten. Es ist kaum vorstellbar, dass die Menschen in der gesamten Europäischen Union den Weg in eine Diktatur ohne weiteres mitgehen werden.

Sogar in der sprichwörtlichen Demokratie der Schweiz werden mittlerweile Tendenzen bekannt, die **Demokratie auszuhebeln. Der Weg dahin ist** unter anderem die zentrale Forderung nach einem „**Klimanotstand**".

Die EU hat bereits seit längerer Zeit den Klimanotstand ausgerufen und viele deutsche Städte haben diese undemokratische Ebene bereits betreten. Mit Notrechten sollen politische Gegner ausgeschaltet werden. Nicht mehr die besseren Argumente sollen sich durchsetzen, sondern die ideologische Zielrichtung. Aber die extremen Forderungen bergen gewaltiges soziales und ökonomisches Konfliktpotenzial.

Bedenken gegen den Begriff *Notstand* sind mehr als berechtigt, da so Tor und Tür geöffnet werden kann, den Rechtsstaat infrage zu stellen. Wir Deutsche müssten die Konsequenzen einer Notstandsgesetzgebung eigentlich noch in Erinnerung haben. Dieser Begriff *Notverordnung* erinnert stark an das „Ermächtigungsgesetz".

Mit einem **Ermächtigungsgesetz** erteilt nämlich das Parlament der Regierung außergewöhnliche Vollmachten. In der deutschen Geschichte gab es seit 1914 mehrfach Ermächtigungsgesetze. Sie widersprachen der Weimarer Verfassung, aber in sogenannten **„Krisenzeiten"** wurde die Demokratie praktisch ausgehebelt. Auch Adolf Hitler konnte seine nationalsozialistische Diktatur 1933 durch ein Ermächtigungsgesetz festigen und die Gewaltenteilung aufheben.

Wer einen Klimanotstand mit außergewöhnlichen Vollmachten in einer scheinbaren Krisenzeit ausruft, muss sich den Trend zur Absicht eines Ermächtigungsgesetzes schon vorhalten lassen. Die Grundlage dazu schafft man durch das Schüren von Ängsten und Verunsicherung der Bevölkerung.

Die Ansage einer globalen Klimakatastrophe (ohne Beweise!) mit apokalyptischer Drohung und unnötiger Verängstigung der Menschen kommt einer massiven, negativen Gehirnwäsche gleich.

Beispielsweise auch mit einer **furchterregenden Pandemie** schafft man eine *künstliche Krisenzeit,* hinter der meist nichts andres steckt als eine jährlich immer wieder auftretende Virus-Grippewelle. Es gibt glücklicherweise auch Mediziner, die die erlogenen Fake-Aktionen durchschauen und den Mut haben, dies auch öffentlich zu äußern. An solchen Beispielen sieht man wieder, wie wichtig es ist, sich nicht auf die öffentlich-rechtlichen Nachrichten zu verlassen, die Katastrophenmeldungen immer gerne forcieren. Nach den Profiteuren solcher Panik-Ansagen fragt interessanterweise kaum jemand. Man weiß nicht genau, welche Akteure das Horror-Szenario auslösen und vorantreiben. Wie immer geht es um Millionen-Geschäfte auf Kosten der verängstigten Menschen. Auch da kann der Weg von unwissenden Politikern zu Grundgesetzänderungen, sprich Notstandsgesetzen, den Leuten eingeredet werden. Viele gut informierte Intellektuelle sehen in der Panikmache, wie beim **Klimawahn und Viruswahn**, den Versuch, eine neue Weltordnung politisch zu „installieren". Zu diesen Intellektuellen zählen sicher nicht die politischen Entscheidungsträger, in deren Köpfen lediglich das Hirngespinst einer *„großen Transformation"* geistert. Ziel und Absicht ist immer, Menschen durch Ängste Zugeständnisse abzuverlangen und bisherige Freiheiten einzuschränken - zu politischen Machtzwecken. Mit Sicherheit kann man schon jetzt darauf warten, dass uns bald die nächste Welle einer neuen Wahnsinnspanik Ängste einjagen soll. Die Methode hat System.

Im Falle des Klimawahns werden einschneidende Maßnahmen verhängt, die die Politik dann durchsetzt mit Klimasteuern, CO_2-Bepreisung, Fahrverboten, Sperrzonen, Konsumeinschränkungen und einigem mehr. Praktiziert wird auch schon länger, die Freiheit der Wissenschaft zu begrenzen und technische Entwicklungen vorzubestimmen, alles natürlich im Sinne politisch-ideologischer Ideen und Zielsetzungen. *„Was ist bedroht: Klima oder Freiheit?"* das fragt auch Václav Klaus in seinem Buch: *„Blauer Planet in grünen Fesseln"* (2007). Klaus weiß, wovon er spricht, er ist Wirtschaftswissenschaftler und war von 1998 bis 2002 Vorsitzender des Abgeordnetenhauses und von 2003 bis 2013 tschechischer Staatspräsident. Ein Wissenschaftler und Spitzenpolitiker, der in seinen Ämtern als kritischer Geist bekannt wurde. Daran mangelt es leider in den meisten anderen Ländern.

In der politisierten „Klimaforschung" verdrängt das Prinzip der Herrschaft von Eliten immer mehr die demokratischen Freiheiten. Das geht schon auf die Feudalherrschaft in Europa im Frühmittelalter zurück. Eine kleine Oberschicht von Großgrundbesitzern und Feudalherren beherrschte die Masse der armen oder besitzlosen Arbeitskräfte und erlegte Bauern und Handwerkern hohe Steuerabgaben auf. In dieser Zeit waren Begriffe wie Freiheit und demokratische Prinzipien Fremdworte. Die herrschende Oberschicht hatte gleichzeitig die politische Macht inne. Das bedeutet für die Bevölkerung die rechtliche, wirtschaftliche und persönliche Abhängigkeit von der privilegierten Adelsschicht. Immerhin wurde der Feudalismus als Fortschritt der abgelösten Sklaverei der Antike gesehen – dennoch meilenweit entfernt vom Prinzip einer Demokratie.

Der Elitenforscher und Soziologe Michael Hartmann beschreibt in seinem Buch *„Die Abgehobenen. Wie die Eliten die Demokratie gefährden"* (2018) die Methoden der Mächtigen und wie das untergeordnete, einfache Volk ausgebeutet wurde/wird. Er stützt sich u.a. auf fundierte sozialwissenschaftliche Studien mit beachtenswerten politischen Warnungen. Auch wenn der gewählte Titel eine oberflächliche Wutschrift erwarten lässt, handelt es sich doch um eine Sammlung belastbarer Fakten. Bereits in der Einleitung präzisiert Hartmann eine seiner zentralen Aussagen: *„Die Eliten sind in ihrer großen Mehrheit inzwischen so weit von der breiten Bevölkerung entfernt, dass sie zunehmend Schwierigkeiten haben, deren Probleme zu erkennen und die Folgen ihrer Entscheidungen für die Bevölkerung zu verstehen"* (Seite 9). *„Die Eliten kennen nicht mehr die Lebenswelt des Volkes".* Mit derartigen Denkmodellen werden wir mehr und mehr untergeordnet.

Zur Elite zählt Hartmann nicht die Prominenten und Reichen, sondern vorwiegend die Personen, die in der Politik und der Wirtschaft Macht über andere Menschen ausüben können. Hartmann führt vieles auf die soziale Herkunft der Eliten zurück. Zitat: *„Die Eliten in den großen westlichen Industriestaaten sind überwiegend sozial exklusiv und homogen."* Deren Haltung *„zu sozialer Ungleichheit und neoliberaler Politik wird entscheidend durch ihre soziale Herkunft geprägt"* (Seite 29). Hartmann geht davon aus, es handele es sich um ein internationales Phänomen, das auch für Deutschland zutreffe. Bedenklich ist dann, dass kriminelle Finanztricks als legitim und Steuerhinterziehung als Kavaliersdelikt betrachtet werden. Damit leben die Eliten geistig und sozial in ihrer eigenen, abgeschotteten Welt. Gerade deren Abgeschlossenheit wird als Problemfeld erkannt. Auch Deutschland sei mehr eine Eliten- und weniger eine Leistungsgesellschaft.

Viele genaue Beobachter im In- und Ausland sind sich einig: **Die Merkel-Demokratie war keine Vorzeige-Demokratie,** auch in Europa war Merkel immer für weniger Souveränität der Mitgliedsländer. In Deutschland hat der Unterschied zwischen Armen und Reichen in den 13 Jahren der Merkel-Regierung nicht abgenommen. Ganz im Gegenteil: Merkels Politik hat zu einer weiteren **Spaltung** und einer verstärkten **Vermögensungleichheit** geführt. Fast ein Drittel der Deutschen hat heute so gut wie kein Vermögen oder ist sogar verschuldet. Privatinsolvenzen sind im Vormarsch. Dagegen besitzen die Reichen einen weit überproportionalen Anteil am Gesamtvermögen in Deutschland.

Die Verschärfung dieser Ungleichheit in Merkels Regierungszeit widerspricht dem Parteiprofil einer christlich-sozialen Ethik. Auch von demokratischer Gesinnung kann bei ihr keine Rede sein. Ihre Politik war daher weniger christlich-demokratisch oder sozial ausgerichtet. Stattdessen hat sie uns eher - über Lobbyismus und seine Fehlentwicklungen - ein weiteres Stück nähergebracht an gesellschaftliche Machtstrukturen von wohlhabenden Eliten, dem „Geldadel" oder der Plutokratie, der Herrschaft der Reichen.

Oft werden die *Bilderberger* als Wegbereiter dieser Richtung angesehen. Sie sollen in regelmäßigen, inhaltlich geheimen Treffen einen mehr oder weniger großen Einfluss auf die Weltpolitik haben oder planen. Nichts von den Inhalten der Gespräche darf nach außen dringen - warum eigentlich, fragt sich die Öffentlichkeit. Einflussreiche Personen aus Politik, Wirtschaft, Militär, Medien, Hochadel und Geheimdiensten werden jährlich in abwechselnder Zusammensetzung an unterschiedlichen Orten eingeladen. Das erste Treffen der Bilderberger leitete 1954 interessanterweise Prinz Bernhard der Niederlande im Hotel „de Bilderberg" in Oosterbeek/NL. In den folgenden ca. 20 Jahren hatte Prinz Bernhard ebenfalls die Leitung inne. Versuchen die alten Eliten der Aristokratie ihre vergangene Herrschaft wieder aufzunehmen? Dabei bleibt natürlich jede demokratische Idee außer Betracht. Dann versteht man auch, warum die anvisierten „Vereinigten Staaten von Europa" von einer Autokratie, also einer „Selbstherrschaft" von Eliten - durch sich selbst legitimiert - gelenkt werden soll.

In Deutschland scheut man sich vor mehr direkter Demokratie. Beispielsweise stehen die Politiker In Dänemark und der Schweiz dem Volke näher. Das Mitspracherecht an vielen politischen Entscheidungen ist sehr viel höher als in Deutschland. Durch ein Referendum vom 28. September 2000 stoppte die dänische Bevölkerung mit einer Mehrheit von 53,2 % das Vorhaben der Regierung für den Beitritt in die Eurozone. In Deutschland wurde die Bevölkerung nie zu einer Euroeinführung befragt, trotz vieler Warnungen von Wirtschaftswissenschaftlern. Die deutschen Politiker haben befürchtet, bei uns könne ebenfalls eine Mehrheit den Euro ablehnen, deshalb war eine Mitsprache der Bevölkerung erst gar nicht vorgesehen. Demokratie ist eben nicht gleich Demokratie. Auch Polen und andere EU-Länder gehören nicht der Eurozone an. Der Euro, so die Meinung der Polen, würde alles im Lande viel teurer machen. Dass Euro = Teuro bedeutet, haben wir in Deutschland unmittelbar bei der Umstellung erfahren müssen. Das haben unsere Politiker ohne weiteres in Kauf genommen. Auch damals galt: Die Ideologie einer Eurozone steht über den persönlichen Interessen der Bürger.

Was mit Demokratie gemeint ist, bringt das lateinische Sprichwort auf den Punkt: *„Vox populi, vox Dei"* - Die Stimme des Volkes ist die Stimme Gottes. Frei übersetzt bedeutet es: „Die öffentliche Meinung hat großes Gewicht". Nicht so in der deutschen Demokratie! Hier wird eine solche Haltung als „Populismus" entwertet. Wie bestimmte deutsche Politiker das Wort Demokratie interpretieren, hat sich in der damaligen DDR bereits gezeigt: „Deutsche Demokratische Republik". Mit Demokratie hatte das eher nichts zu tun. Höchst interessant ist, dass heute vor allem die Ostdeutschen sagen, im Prinzip werde das Wort Demokratie auch in der jetzigen Bundesrepublik immer noch missbraucht. Unglaublich dieser demokratische Fortschritt durch die Bundeskanzlerin aus der Uckermark der ehemaligen DDR!

Einige unserer Nachbarn haben es da besser. Dort ist die Demokratie nicht so schwerfällig wie bei uns, sondern lebendig und aktiv, weil auf die Bedürfnisse der Bevölkerung schneller reagiert wird. Dort hat mehr oder weniger eine Zivilgesellschaft das Ruder in der Hand. Positive Beispiele sind die

Schweiz und Dänemark, vielleicht auch Österreich oder Ungarn. In diesen Ländern haben größtenteils Volksbefragungen einen höheren Stellenwert, besonders in der Schweiz und in Dänemark. Man scheut sich weniger, in Opposition zum sogenannten EU-Konsens zu treten.

Die Dänen haben beispielsweise schnell auf die übermäßige Migration reagiert, weil man in Kopenhagen der Meinung ist, dass erst die bereits anwesenden Migranten zu integrieren sind, bevor man neue ins Land aufnimmt. Deshalb wurden Einwanderung und Aufnahme von Asylbewerbern drastisch reduziert. Und nun reagiert auch Kopenhagen mit Ablehnung auf den Globalen Pakt der UNO zur Migration und Aufnahme von Flüchtlingen. Ebenso zügig verfährt man übrigens in Dänemark auch mit den Rundfunkgebühren der „Öffentlich-Rechtlichen". Der Beitrag wurde nach dem Willen des Volkes erst mal zusammengestutzt, die Zwangsabgaben sollen dann 2022 ganz abgeschafft werden.

Dagegen ist die Politik in Deutschland schwerfällig und träge, weil sich u.a. Bund und Länder oftmals gegenseitig kontraproduktiv behindern. Doch der Hauptfaktor liegt in der Haltung, in der Einstellung der Bundesregierung von Angela Merkel und der Altparteien. Man versteckt sich hinter dem Prinzip der „repräsentativen Demokratie". Alle Methoden einer direkten Demokratie werden so oft wie möglich umgangen. In Deutschland scheinen die Politiker mehr auf die Interessen von Lobbygruppen zu reagieren als auf die Bedürfnisse der Bürger. Es sieht danach aus, dass insbesondere bei uns die Politiker die Meinungen des Volkes vielfach ignorieren, stattdessen eigennützig den Vorgaben von Lobbyisten folgen, trotzdem aber ständig von Demokratie reden.

Die Dummheiten der Eurokraten mit über 30.000 Bediensteten in Brüssel sind nicht das Hauptproblem - trotz immer mehr Verboten und erfundenen, nicht nachvollziehbaren Grenzwerten (Kap. 13) für Europa. Viel schlimmer ist die große Richtung der EU-Politik für ein politisch vereintes Europa. Das Ziel der *„Vereinigten Staaten von Europa"* soll letztlich mit den Methoden einer Diktatur durchgesetzt werden. In vielen Bereichen wird das bereits durch immer mehr EU-Richtlinien praktiziert, die die Souveränität der Mitgliedsländer längst ausgehebelt haben. Das scheint auch politischer Wille nicht nur in Deutschland zu sein. Schritt für Schritt werden die Weichen in Brüssel dazu schon seit geraumer Zeit gestellt, zum Beispiel:

Der Präsident der Europäischen Kommission (bis 2019) **Jean-Claude Juncker** sagte im SPIEGEL 52/1999 vom 27. Dezember 1999, Seite136:

„Wir beschließen etwas, stellen das dann in den Raum und warten einige Zeit ab, ob was passiert. Wenn es dann kein großes Geschrei gibt und keine Aufstände, <u>weil die meisten gar nicht begreifen, was da beschlossen wurde</u>, dann machen wir weiter – Schritt für Schritt, bis es kein Zurück mehr gibt."

Das ist eine Kampfansage gegen die Demokratie und eine öffentlich gemachte Ankündigung zur Einführung einer EU-Diktatur durch die Hintertür - und niemand reagiert vehement und ernsthaft darauf. Der Gipfel der Arroganz ist aber: *„weil die meisten gar nicht begreifen, was da beschlossen wurde…"* Das ist geradezu pervers, dass ausgerechnet die in der Politik weit verbreitete Dummheit (Zitat: *Wall Street Journal, 2019* - siehe Kapitel 15) auf das Volk projiziert wird. Diktatur hat eben nicht nur mit Machtbesessenheit, sondern auch mit Arroganz und Dummheit zu tun.

15 Die überstürzte und gescheiterte Energie- und Verkehrswende

Zum Thema Energiewende und Dummheit meint das Wall Street Journal (WSJ): „**Deutschlands weltweit dümmste Energiepolitik ...**" (World's Dumbest Energy Policy, Januar 2019).

> **Zwei Dinge sind unendlich, das Universum und die menschliche Dummheit, aber beim Universum bin ich mir noch nicht ganz sicher.**
> Albert Einstein

„*After giving up nuclear power, Germany now wants to abandon coal*" - *by The Editorial Board Jan. 29, 2019 7:17 p.m. ET).* So bewertete das *Wall Street Journal (WSJ)* am 29.01.2019 die Energiewende in Deutschland samt Ausstiegsplan. **Dumme Umweltpolitik** sei zwar oft Routine, so das Blatt weiter, **aber Deutschland sticht doch aus diesem Unsinn hervor.** Das *WSJ* ist nicht etwa ein No-Name-Blatt in der Presselandschaft, sondern die auflagenstärkste, internationale Tageszeitung der USA. *Das Wall Street Journal* ist Pflichtblatt der US-Börsen. Die Leser des Blattes gehören zu 60 % dem höheren Management an, haben ein durchschnittliches Jahreseinkommen von 191.000 US-Dollar, ein durchschnittliches Reinvermögen im Haushalt von 2,1 Millionen US-Dollar. Es gibt also weltweit eine renommierte Leserschaft. Es macht der deutschen Politik offenbar nichts aus, diese international vernichtende Beurteilung wegzustecken oder zu ignorieren. Selbst Herr Oettinger, der von der deutschen Politik aufs europäische Abstellgleis abgeschoben wurde, musste sehr bald in Brüssel erkennen, dass Deutschlands Energiepolitik dort mitleidig belächelt und teilweise sogar verhöhnt wird.

Nicht nur bei der Energie- und Umweltpolitik steht Deutschland im internationalen Vergleich an der Spitze der dümmsten Politikstrategien. Nein, auch die deutsche Klimapolitik lässt sich an Volksverdummung, Fehleinschätzungen und Meinungsmanipulationen kaum noch überbieten. Das hat sicher verschiedene Ursachen. Entscheidende Bedeutung kommt dabei der Potsdamer Klimafolgenforschung zu. Von diesem Institut wurde - mit Beharrlichkeit und einem großen Finanz- und Personalbudget zu Lasten der Steuerzahler - die Klimakatastrophe wie in keinem anderen Land aufgebauscht. Die

Maxime dieser Einrichtung war es immer schon, den Menschen Angst und Schrecken einzujagen. Wer eine Klimaapokalypse mit Drohungen für Leib und Leben mit „Selbstverbrennung" gleichsetzt, kann niemals wissenschaftlich ernstgenommen werden.

Bei den Treibern der deutschen Energiewende, allen voran Angela Merkel, weiß man nicht, ob Dummheit, Überheblichkeit, emotionaler Ökologismus oder mangelnde Einsicht in die wirtschaftlichen Zusammenhänge die Leitmotive ihrer geschmähten Politik sind. Tatsächlich haben wir in Deutschland im Vergleich zu unseren Nachbarländern die höchsten Energiepreise. Die Versorgungssicherheit ist keineswegs wie früher garantiert. In der Energieversorgung werden wir künftig immer mehr vom Ausland abhängig sein. Das **Wall Street Journal** resümiert: *„Die Amtszeit von Merkel als Bundeskanzlerin wird lange vor dem Kohleausstieg enden. Ihr Nachfolger wird Gelegenheit haben,* **Frau Merkels grüne Torheiten** *zu benennen und Deutschlands geplagte Stromkunden sollten hoffen, dass dies der Fall ist."* Sicher ist jedenfalls: Deutschlands dumme Energiepolitik wird uns erst einmal unnötig ärmer machen.

Viele Energie- und Wirtschaftsexperten haben schon vor einigen Jahren vor einem **Black Out** in der deutschen Stromversorgung gewarnt. Inoffiziell soll die Bundesregierung bereits an Notfall-Plänen arbeiten - für Maßnahmen gegen einen teilweisen Stromausfall in deutschen Regionen. Das wäre eine reale Katastrophe im Gegensatz zur Scheinkatastrophe der Erderwärmung. Eigentlich müssten logisch denkende Politiker doch an ihren eigenen Ideologien zweifeln, wenn die Verhinderung einer Scheinkatastrophe zu einer realen Katastrophe führt. Auch die Feststellung des „Wall Street Journals" zu Deutschlands weltweit dümmster Energiepolitik verhallt einfach in der Politik. Wind- und Sonnenenergie können eben keinen Beitrag im Grundlastbereich der Stromversorgung leisten.

Leider wurden fast alle Parteien in Deutschland von einem linken und grün-roten Politikerklüngel angesteckt. Auch die Konservativen knicken vor der grünen Ideologie ein. Man muss nicht einmal ein scharfer Kritiker dieser dummen Energiepolitik sein, um zu erkennen, dass wir ganz offensichtlich auf dem Weg in eine Ökodiktatur sind.

Zur Dummheit und Torheit der Berliner Politik gesellt sich in meinen Augen eine skrupellose Erpressung der Kommunen bei der Neu-Installation von

Windrädern. Für jedes neue Windrad bekommen die Anliegerkommunen künftig 10.000 Euro pro Jahr. So will es Rot-Rot und nun auch Brandenburgs CDU. Gemessen an der - zuletzt recht geringen - Gesamtzahl neu gebauter Windräder wären das jährlich rund eine Million Euro. Kaum eine Kommune mit leeren Kassen kann dieser Erpressung widerstehen. Also wird die Energiewende auch mit Korruption und Erpressung erkauft. Die Politik hat zur Durchsetzung ihrer blindwütigen Ideologien keine Skrupel und schreckt auch vor unlauteren Methoden nicht zurück.

Im Jahr 2018 betrug die installierte Nennleistung aller rund 30.000 Windenergieanlagen an Land in Deutschland über 53.000 Megawatt. Die Nennleistung kennzeichnet hier die maximale elektrische Leistung aller Windkraftwerke in Deutschland. Kein anderes Land weltweit setzt in diesem Ausmaß auf Windenergie. In der Realität wird diese (theoretische) Maximalleistung niemals erreicht, denn regional auftretende Winde stehen bei weitem nicht immer und überall unbegrenzt zur Verfügung.

Das passt perfekt zur Feststellung des Wall Street Journals: **„Die weltweit dümmste Energiepolitik" ist eben nur in Deutschland** zu finden.

> Die logische Konsequenz muss daher sein:
> **Politiker müssen für nachweisbar falsche Entscheidungen persönlich haftbar gemacht werden.**

Es kann nicht sein, dass immer der Steuerzahler das Risiko bei vermeidbaren Fehlentscheidungen der Politik trägt. Schließlich kann es mitunter um mehrstellige Millionenbeträge gehen. Wahrscheinlich ist der Beruf des Politikers deshalb so beliebt, weil man ohne Fachkompetenz und ohne einschlägiges Wissen wichtige Entscheidungen treffen kann und das auch noch, ohne irgendwelche Konsequenzen bei Fehlentscheidungen befürchten zu müssen. Das gibt es in keinem anderen Beruf, seine Entscheidungen quasi auf einer Spielwiese zu treffen, ohne Verantwortung übernehmen zu müssen. Der Politiker sagt zwar gegebenenfalls, er übernehme nun die Verantwortung, aber das war's dann auch – ohne weitere Konsequenzen. In jedem anderen Beruf trägt einer oder eine Gruppe von Verursachern erst einmal das Risiko und gegebenenfalls auch den entstandenen Schaden. Erst wenn der „Entscheidungsträger" weiß, dass er bei groben Fehlern in die Haftung genommen werden kann, wird er (hoffentlich) umsichtiger entscheiden und sich dann auch an logischen und belastbaren Sachkriterien orientieren. Damit würde auch dem rein emotionalen und ideologischen Glauben in der Politik endlich der Boden entzogen. Beispielhaft für Merkel war ihr Satz: *„Mag sein, dass ich in der Einwanderungs- und Flüchtlingspolitik Fehler gemacht habe. - Nun sind sie halt mal da."* Die nachfolgende Parteivorsitzende AKK hat Merkels Fehler natürlich stark entschärft: *„Das darf sich nicht wiederholen."* Eine sehr schwache Kritik, die nicht nach Konsequenzen für Merkel klingt. Welch ein Trost für diese milliardenschwere - und in der eigenen Partei zugegebene - Fehlerkette! Und wer darf das alles bezahlen?

Auch in **Deutschlands dümmster Energiepolitik** wurden und werden immer noch teure politische Fehler gemacht. Weltweit sind rund 1.400 neue Kohlekraftwerke in Planung bzw. bereits im Bau. Insbesondere China und Indonesien wollen bis 2030 uneingeschränkt Kraftwerke und Industriebetriebe bauen, die große Mengen CO_2 emittieren. Man müsste eigentlich daraus schließen, dass **nur die deutsche Braunkohle klimaschädlich** ist. Das wäre jedenfalls die logische Konsequenz in den Köpfen der deutschen Politiker. Aber mit logischem Denken und Handeln ist das in der deutschen Politik ja äußerst schwierig. Sind die verantwortlichen Entscheidungsträger in anderen Ländern noch dümmer als die in Deutschland? Wohl eher nicht, denn sagen da die Meinungen der internationalen Presse (wie das Wall Street Journal) nicht im Klartext, wer wirklich der Dumme ist?

Dass die Energiewende eine Utopie ist, kann jeder nüchterne Rechner bestätigen, und dass wir heute bereits Hunderte von Milliarden Euro für die Energiewende bezahlt haben, ist eine Tatsache. Dabei sind wir in der Sache nicht einen Schritt vorangekommen. Der Verbrauch von fossilen Rohstoffen ist nicht zurückgegangen, die CO_2-Emissionen werden weltweit nicht geringer und trotzdem steigen unsere Strompreise weiter an. Der oft angedachte Übergang zu Erdgas ist offenbar eine gute Zwischenlösung. Zur Energiewende trägt es aber nicht bei. Gaskraftwerke setzen, wie auch Kohlekraftwerke Kohlendioxid frei, allerdings nur halb so viel. Ein Kohlekraftwerk emittiert pro Kilowattstunde etwa 900 Gramm CO_2, Gaskraftwerke 450 Gramm. Die Atomtechnologie wird in allen Industrienationen der Welt, einschließlich Japan, weiter vorangetrieben. Nur in Deutschland verbreitet unsere Klimakanzlerin zur Belustigung der Nachbarländer „German Angst". Aber das ist eben nur die politische Sicht.

Aus welchen Gründen auch immer, niemand in Brüssel zeigt unserer Klimakanzlerin ganz offen den Vogel zum Thema deutsche Energiewende. Ist es (falsche) Höflichkeit? Oder sagen sich unsere Nachbarländer: „Egal, die Zeche zahlt sowieso nur der deutsche Steuerzahler und der Strom wird dann bei uns eingekauft." Jedenfalls ist das Erneuerbare-Energien-Gesetz (EEG) nichts anders als ein planwirtschaftliches Steuerungsinstrument, das die rigoros verfolgte politische Ideologie umsetzt. Nur die „Ökostromanbieter" profitieren davon, legen aber die zusätzlich erforderlichen Investitionen auf den Verbraucher um. Wie immer in der Planwirtschaft ist nicht Angebot und Nachfrage entscheidend, sondern die politische Vorgabe. Die Methoden und Instrumente der Planwirtschaft sind der Klimakanzlerin ja bestens aus ihrer DDR-Zeit bekannt. Sie muss nicht mal was Neues dazulernen.

Soviel zum Thema Dummheit: Die Regenerativen, wie Wind- und Solarenergie, benötigen zu Erzeugung von 1 kWh Elektrizität dreimal mehr Energie als ein Kohlekraftwerk und verursachen deshalb auch dreimal mehr CO_2, wie später noch gezeigt wird. Ist das die Logik deutscher Politiker? Nur wenn man erkannt hat, dass mehr oder weniger Kohlendioxid sowieso nichts am Klima ändert, ist es einfach allein politisch dumme Ideologie, mangelndes logisches Denken oder Besserwisserei ohne Argumente.

Wir haben unglaublich „kluge" Politiker! Sie wissen nämlich heute schon, dass wir die Braunkohle genau ab 2038 nicht mehr brauchen. Wie perfekt muss die politische Wahrsagung mittels Kristallkugel denn sein, um so langfristige, aber genaue Vorhersagen treffen zu können? Trotzdem ist das Kohlekraftwerk „Datteln 4" nunmehr genehmigt worden und geht ans Netz. Widersprüche sind offenbar das Kennzeichen deutscher Politik. Wind- und Solarstrom sind unzuverlässige Energien und das mindert ihren Wert erheblich. Die für die Stromversorgung notwendige Grundlast kann nur durch konventionelle Kraftwerke aufgebracht werden, Wind- und Sonnenenergie können - wie gesagt - wegen der nicht gleichmäßigen Verfügbarkeit hier nicht in Frage kommen. Wer das nicht glaubt, muss wohl ein „Kohleleugner" sein. In windreichen Zeiten wird die Überproduktion an Nachbarländer abgegeben, die den Strom gar nicht wollen und für dieses „Dumping" viel Geld verlangen. Die Windstromerzeuger aber bekommen trotzdem 90 Prozent der zu viel gelieferten Energie voll bezahlt. Die Kosten tragen die Stromkunden in Deutschland. *„Der Kohleausstieg wird den* *deutschen Steuerzahlern aus heutiger Sicht mindestens 90 Mrd. Euro kosten"* meint **Dirk Ippen** im *Münchner Merkur Nr. 34 (2/2019)*. Dabei sind die notwendigen Aufwendungen für die Hilfe der Beschäftigten, Gelder zur Abfederung höherer Strompreise, Kompensation für die energieintensiven Industrien, sowie für die Entschädigung der Kraftwerksbetreiber noch sehr konservativ von verschiedenen Wirtschaftswissenschaftlern geschätzt worden.

Der RWE-Vorstandsvorsitzende Rolf Martin Schmitz sagte 2019 zum Ausstieg aus der Braunkohle: *„Wir sind bereit, für den ersten großen Schritt bis 2023 weitere Braunkohlekraftwerke vom Netz zu nehmen"*. Aber dafür verlangt er Entschädigungszahlungen von 1,2 bis 1,5 Milliarden Euro je Gigawatt. Wer letztlich solche Entschädigungszahlungen tragen muss, ist klar. Es sind natürlich nicht die Politiker, die diesen Braunkohleausstieg beschlossen haben, sondern immer die Stromkunden und Steuerzahler, die kein Veto-Recht gegen diese Fehlentscheidung hatten.

Bundeswirtschaftsminister Peter Altmaier zufolge soll es möglichst (?) keine neuen Schulden oder Steuererhöhungen geben, um den deutschen „Kohlekompromiss" zu finanzieren. Außerdem solle niemand beim Strompreis **über Gebühr belastet** werden, was immer das heißen soll. Dies sei eine „schwierige Aufgabe", die die Politik nun zu leisten habe, sagte der CDU-Politiker.

Anmerkung: Schwierige Aufgaben zu leisten, war in der Politik noch nie von Erfolg gekrönt. Im Klartext heißt das: die nächste oder übernächste Regierung wird sich damit erneut befassen müssen. Bis 2038 kann noch sehr viel Unvorhergesehenes passieren. Ob der Kohleausstieg dann Wirklichkeit wird, dazu muss die politisch-grüne Kristallkugel später nochmals befragt werden - und was kommt nach 2038?

Altmaiers Absicht wird wohl wieder ein **typisch politisches Versprechen** werden, dass niemand „über Gebühr" belastet werden solle. Auf die dehnbare und schwammige Formulierung **„über Gebühr"** wird er sich immer herausreden können. Denn vielleicht meint er mit diesen Worten auch das Gegenteil, dass die Stromkunden wörtlich **über höhere Gebühren** die Entschädigungen bezahlen werden. Eine doppelte Moral gehörte ja schon immer zum politischen Kalkül.

In diesem Zusammenhang soll hier schon mal im Vorgriff auf das Schlusswort festgehalten werden:

„Man kann einen Teil des Volkes die ganze Zeit täuschen und das ganze Volk einen Teil der Zeit. Aber man kann nicht das gesamte Volk die ganze Zeit täuschen." (Abraham Lincoln, 1809-1865)

Sicherlich könnten Gaskraftwerke in eine Versorgungslücke „einspringen". Denn Erdgas steht uns als abiotischer Energielieferant noch **unglaublich lange** zur Verfügung. Das musste auch die Politik bereits ungern zur Kenntnis nehmen. Eine Hintertür zur Erdgas-Nutzung will sich die deutsche Energiepolitik scheinbar offenhalten, auch wenn es überhaupt nicht in die politische CO_2-Einspar-Hysterie passt. Wird bei der Verbrennung von Erdgas nicht auch Kohlendioxid emittiert, Frau Klimakanzlerin? Hat sie da nicht irgendwas vergessen? Da bleibt doch die Logik wieder mal auf der Strecke! Ach richtig: Politik und Logik widerspicht sich ohnehin.

Die Mehrheit der Deutschen hält jedenfalls heute den Bau bzw. den Weiterbau der neuen Pipeline für richtig – trotz Drohgespenst „Klimawandel". Den scheinen viele intellektuelle Deutsche überhaupt nicht mehr ernst zu nehmen. Das passiert eben, wenn die Medien es übertreiben mit ihren Horrormeldungen und mit übereifrigen Extremwetter-Meldungen. Wetter ist eben nicht gleich Klima und außerdem kehren sich übertriebene Warnungen mit ständigen Wiederholungen leicht ins Gegenteil um, weil eine Klimakatastrophe weit und breit nicht in Sicht ist und sich die Wahrheit über die Klimalüge immer weiter herumspricht.

Eine zweite Erdgaspipeline - genau parallel zur ersten - durch die Ostsee **„North Stream 2"** wurde von der deutschen Politik mehrheitlich befürwortet. Das zeigt doch, dass man selbst nicht an den „Klimakiller CO_2" glaubt. Oder unsere Politiker gehen einfach davon aus, dass die Bürger den Widersinn gar nicht bemerken. Die Politik scheint den Bürger ja für sehr dumm zu halten, das Gegenteil ist aber der Fall: die Bürger halten die Politiker für unglaublich dumm, diesen Widerspruch ohne Bedenken hinnehmen zu wollen.

Wir wollen und können auf Erdgas auch in Zukunft offenbar nicht verzichten und ignorieren die damit verbundenen CO_2-Emissionen. Dafür sollen die CO_2-Emissionen bei den Braunkohlekraftwerken entfallen. Welch ein irrsinniger Deal und völlig unnötig, da Kohlendioxid ohnehin ein klimaneutrales Spurengas ist. Außerdem haben wohl auch (einige) Politiker erkannt: Erdgas ist in unglaublich großen Mengen noch für sehr lange Zeit verfügbar. Denn sonst gäbe es keine Genehmigungen und Investoren für noch mehr Erdgaslieferungen mit neuen Pipelines. Nach neueren Erkenntnissen sieht es danach aus, dass Erdöl und Erdgas (= Methangas, CH_4) fälschlicherweise bislang zu den fossilen Energieträgern gerechnet wurden. Immer mehr Anzeichen deuten darauf hin, dass Erdöl und Erdgas zwar aus unterirdischen Lagerstätten gewonnen werden, diese aber „merkwürdigerweise" zum allergrößten Teil nicht versiegen wollen. Sie werden, wie es aussieht, aus tieferen Schichten des Erdkerns wieder aufgefüllt.

Auch auf den Planeten Jupiter und Saturn sowie auf dem Saturnmond Titan ist sehr viel Methan spektroskopisch nachgewiesen worden. Diese Methanmengen in unserem Planetensystem sind ganz sicher nicht aus Pflanzenresten dort entstanden. Es gibt nicht die geringsten Hinweise darauf, dass es auf diesen außerirdischen Himmelskörpern jemals eine üppige Pflanzendecke wie auf der Erde gegeben hat. Es sieht ganz danach aus, als müsste die Genese vom fossilen Erdgas völlig neu bewertet und die Entstehung aus Plankton und Faulschlamm in die Märchenbücher verwiesen werden. Erdöl und Erdgas sind keine fossilen, sondern abiotische Energieträger. Nimmt man für die Förderung von Erdgas auch die Möglichkeit einer künftigen Gewinnung aus küstennahem Methanhydrat hinzu, dann brauchen wir uns über die Erdgasvorräte nie mehr Gedanken zu machen.

Zur politischen Energiewende gehört auch weiterhin der **Verzicht auf die Nutzung der Kernenergie** in Deutschland dazu. Auch da hatte sich die Klimakanzlerin sehr weit aus dem Fenster gelehnt. Zunächst hat sich aber in den 1950er Jahren vor allem die CDU und CSU für die Kerntechnik in Deutschland sehr stark gemacht hat. Reaktorforschung und Kernverfahrenstechnik wurden außerordentlich intensiv staatlich gefördert. So entstanden mehrere „Großforschungseinrichtungen", wie sie damals genannt wurden. In der Kernforschungsanlage Jülich (KFA) wurden seinerzeit sogenannte Reaktorinstitute gegründet und betrieben, z.B. die Institute für Reaktorentwicklung, Reaktorwerkstoffe, Reaktorbauelemente, Reaktorsicherheit usw. und nicht zu vergessen die Entwicklung des Hochtemperatur-Reaktors in Jülich, geplant als Kernkraftwerk THTR-300 (Thorium-Hoch-Temperatur-Reaktor mit 300 Megawatt Leistung).

Es war ein heliumgekühlter Hochtemperaturreaktor des Typs Kugelhaufenreaktor im nordrhein-westfälischen Hamm-Uentrop, der aber nur sehr kurzfristig als Kernkraftwerk ans Netz ging. Vorläufer war - neben dem Gelände der KFA - die Versuchsanlage des AVR-Reaktors, die Kleinversion des späteren THTR in Hamm-Uentrop. Wegen seiner hohen Kosten, seiner ungewöhnlich langen Bauzeit, seiner Störanfälligkeit und seines unbefriedigenden, kurzen Betriebs wurde der THTR nach seiner Stilllegung oft als „Milliardengrab" bezeichnet. Allein die Abklingzeit der Kugelbrennelemente wurde auf 50 Jahre berechnet. Gemäß einer Anfrage an die damalige Bundesregierung soll der Steuerzahler angeblich noch viele Jahrzehnte zahlen müssen, wobei jährliche Unterhaltskosten in Millionenhöhe entstehen. Hinzu kam noch, dass die abgebrannten Brennelement-Kugeln fest eingebunden waren in einer harten Graphit-Matrix. Die Graphitkugeln waren aber für die damals angestrebte und wichtige Wiederaufarbeitung nicht nutzbar.

Der vor allem von der CDU hoch geschätzte und vielfach ausgezeichnete Vater des Kugelhaufenreaktors, Prof. Schulten, geriet wieder in den Hintergrund der Jülicher Reaktorgeschichte. Die Kernforschungsanlage Jülich und der THTR in Hamm-Uentrop waren mehr als nur ein ungeheuer teurer, kerntechnischer Flop, für den natürlich der Steuerzahler aufkommen musste, weil man den **Zukunftsvisionen der CDU/CSU** geglaubt hatte. „Verdient gemacht" hat sich für den Bau der KFA am Standort Jülich damals auch der CDU-Politiker und Landtagspräsident Wilhelm Johnen. Taufpate war also in erster Linie die CDU mit ihrer damals zukunftsgläubigen Kerntechnologie.

Niemand hätte damals geglaubt, dass ausgerechnet eine CDU-Kanzlerin einige Jahrzehnte später das endgültige Aus für die Kernenergie-Reaktoren in Deutschland einleiten würde. Das zeigt doch, wie weit sich Frau Merkel aus der ehemaligen DDR von der immer schon konservativen CDU entfernt hat (s. Anhang). Auch ihre Kenntnisse in Geographie sind wohl eher mit „nicht ausreichend" zu bewerten, weil sie entweder geglaubt hatte, Japan grenze mit dem Reaktor Fukushima unmittelbar an Deutschland oder ein Tsunami wäre durchaus auch bei uns ohne Pazifik-Küste möglich. Man sieht, wie wichtig eine gute Allgemeinbildung auch für Politiker sein kann.

Die ehemalige KFA wurde später **umbenannt in Forschungszentrum Jülich.** Sie stützt sich heute auf die Schlüsselkompetenzen Umwelt, Medizin, Physik und „Supercomputing". Vor allem wurden die Schwerpunkte umgestellt auf interdisziplinäre Forschung in den Bereichen Gesundheit, Energie und Umwelt sowie Information. Mit rund 5800 Mitarbeitern gehört das Forschungszentrum zu den größten Forschungseinrichtungen Europas. Der Politik blieb so die Blamage erspart, das riesige Zentrum völlig umsonst gebaut zu haben.

Eine ähnlich teure, kerntechnische Forschungseinrichtung wurde ebenfalls Mitte der 1950er Jahre im Norden der Stadt Karlsruhe gegründet, das Kernforschungszentrum (KfK) mit der Wiederaufarbeitungsanlage Karlsruhe (WAK) und einer Atommüll-Verglasungsanlage. In erster Linie wurde aber die Technik der „Brutreaktoren" hier entwickelt, eine Reaktorlinie, die zum Bau eines stromerzeugenden Kernreaktors (SNR 300) in Kalkar führen sollte, in einer bewusst ausgesuchten, dünn besiedelten Region am Niederrhein. Das Projekt kostete mehr als 7 Milliarden DM.

Der „Schnelle Brüter" in Kalkar ging aber nie ans Netz, sondern wurde nach seinem endgültigen „Aus" später zum „Wunderland Kalkar" umgebaut. Eine unglaubliche Ironie für einen vorzeitig beendeten Kernreaktor der „Superlative". Anfang 1995 wurde das Kernforschungszentrum Karlsruhe **umbenannt in Forschungszentrum Karlsruhe - Technik und Umwelt.** Wie in Jülich weist auch heute in Karlsruhe fast nichts mehr auf die ehemalige Kernreaktorforschung hin. Das frühere WAK-Gebäude wurde zu einem Komplex für eine hochradioaktive Abfalllösung aus dem damaligen Aufarbeitungsprozess umgebaut. Damit wurde auch das Projekt einer eigenen deutschen kommerziellen Wiederaufarbeitungsanlage in Wackersdorf 1989 beendet. Zwei Jahre später wurde dann der Wiederaufarbeitungsbetrieb in Karlsruhe endgültig stillgelegt.

Aber damit nicht genug: Das GKSS-Forschungszentrum bei Hamburg hatte die Entwicklung und den Bau des atomgetriebenen Forschungsschiffes „Otto Hahn" vorangetrieben. Der Name GKSS ist heute noch in Gebrauch und stand für **„Gesellschaft für Kernenergieverwertung in Schiffbau und Schifffahrt".**

Das „Atomschiff" Otto Hahn, wie es oft genannt wurde, konnte vorrangig nur Häfen in Südamerika und Afrika anlaufen, viele davon nur einmal durch eine Ausnahmegenehmigung. Eine Passage durch den Suez- oder den Panamakanal wurde ihm stets verwehrt.

Auch hier ein milliarden-schwerer Flop der deutschen Bundesregierung. Schließlich führte die politisch forcierte Kernenergieforschung in Deutschland auch zur Gründung des Hahn-Meitner-Instituts „für Kernforschung" (HMI), **das später in „Hahn-Meitner-Institut Berlin" umbenannt wurde.** Nichts sollte mehr auf die ursprüngliche Kernforschung hinweisen.

Die Kernenergieforschung war in Deutschland nicht länger politisch vertretbar, das behaupteten jedenfalls viele deutsche Politiker. Die Euphorie der von der CDU/CSU ausgegangenen Kernforschung und Kerntechnik sollte stillschweigend vom Tisch, vor allem wegen der immensen in den Sand gesetzten Kosten.

Spektakulär ist auch das schnelle Ende des Reaktorbetriebs in Mühlheim-Kärlich, nahe Koblenz. Nach langer Bauzeit von 11 Jahren musste der Betrieb bereits nach kurzer Laufzeit von 30 Monaten eingestellt werden. Die rheinland-pfälzische Landesregierung, damals unter Ministerpräsident Helmut Kohl, hatte der RWE als Betreiber durch zu geringe Auflagen bzw. Verstöße gegen das Atomgesetz den Bau des Kraftwerks ermöglicht. Das Bundesverwaltungsgericht bestätigte 1998, dass u.a. Erkenntnisse über die Erdbebengefährdung in dieser Region, ein vollständig neues Genehmigungsverfahren erfordert hätte. Das Kraftwerk war auf einem erloschenen Vulkankrater gebaut worden, noch dazu auf zwei unterschiedlichen geologischen Platten. Wegen der Erbebengefahr war das KKW rechtswidrig gebaut worden. Da waren wohl Politik und Betreiber zu schnell und zu oberflächlich vorgeprescht. Und wer durfte im Endeffekt die gewaltigen Kosten tragen?

Es würde hier zu weit führen, die enormen Gesamtkosten der Kernenergie in Deutschland nachzurechnen. Alleine für das ehemalige Kernkraftwerk Mühlheim-Kärlich wurden jedenfalls damals schon mehr als eine Milliarde Euro veranschlagt. Wen wundert es, wenn wir in Deutschland die höchsten Stromkosten haben, trotz der doch angeblich kostengünstigen Kernenergienutzung.

Die jetzt noch in Betrieb befindlichen 7 Kernkraftwerke in Deutschland, von früher über 30 KKWs, sollen bis spätestens 2022 vom Netz gehen.

Ein wichtiges Element des sogenannten Brennstoffkreislaufs war immer die Wiederaufarbeitung hochradioaktiver abgebrannter Brennelemente. Bis 2005 konnten diese in die Wiederaufarbeitungsanlagen La Hague (Frankreich) und Sellafield (Großbritannien) abgeschoben werden, natürlich nicht kostenlos. Von den bekannt gewordenen technischen Pannen und Umweltproblemen dieser Anlagen ganz zu schweigen.

Aus heutiger Sicht war die Energiewende „Weg von den Kernreaktoren" durchaus verständlich. Für die eingetretenen und eingeklagten riesigen Betreiberkosten in Deutschland muss nun der Bund, d.h. der Steuerzahler aufkommen. Für die verantwortlichen Politiker bleiben Milliardenverluste immer ohne persönliche Folgen. Eine Haftpflichtversicherung - wie sonst im Berufsleben üblich - würde niemals mit Politikern abschließen, weil immer ein sehr hohes Risiko für Fehlentscheidungen da ist und ein Schadensfall jede Versicherung in die Insolvenz treiben würde.

Politisch falsch war auf jeden Fall der überschnelle Ausstieg mit der irrsinnigen Begründung des Fukushima-**Tsunami**-Unfalls, der in Deutschland aus geologischen Gründen so überhaupt nicht eintreten kann. Eine belastbare Begründung für den Ausstieg aus der Kerntechnik ist wohl eher: Wohin mit den hochradioaktiven Spaltprodukten, nachdem Gorleben als Endlager wiederum ausgeschieden ist. Genauso schlimm ist das schier **unlösbare Problem der Proliferation** (internationale Verbreitung von spaltbarem Material für militärische Zwecke). Die IAEA-Kernmaterial-Überwachung in Wien ist dabei ihrem Auftrag nicht gerecht geworden. Hinzu kommt die Gefahr von menschlichem Versagen des Betriebspersonals bei den technisch komplexen Reaktor-Steuerungen, was tatsächlich schon mehrmals eingetreten ist. Das alles sind wichtigere Gründe gegen die Kernenergienutzung, als der nicht vergleichbare Fukushima-Tsunami-Unfall in Japan.

Aber es gibt auch in Deutschland Organisationen und Vereine, die von einer Kernenergie-Lobby unterstützt werden. Es ist ganz einfach: Man äußert sich öffentlich-wirksam PRO-Kernenergie und kann Zuwendungen zum Beispiel für Konferenzen und Tagungskosten in beträchtlichem Umfang erhalten, die ein kleiner Verein aus privaten Spenden niemals aufbringen könnte. Wenn man dann zusätzlich auch die erneuerbaren Energien verteufelt, kann mit Hilfen der Atomlobby gerechnet werden. Dann muss man nur noch behaupten, die Nutzung der Kernenergie sei CO_2-frei. Aber genau das ist die bekannte **Kernenergie-Lüge,** denn jeder Kernreaktor gibt schon vor seiner Inbetriebnahme **sehr viel CO_2** an die Atmosphäre ab. Das wurde im Kapitel 6 (CO_2-Emissionen überall) bereits dargelegt.

Wenn die Politik schon meint, auf die Kernrektoren müsse man in Deutschland verzichten, wie wäre es denn, nicht nur an die Regenerativen, sondern speziell auch an Erdgas zu denken? Wie schon erwähnt, wird uns abiotisches Erdgas für nahezu unbegrenzte Zeit zur Verfügung stehen und zwar **ohne gefährliche Abfälle** und ohne soziale und politische Umwelt-Konflikte. Die CO_2-Emissionen sind bei **Erdgas im Vergleich zu den Regenerativen** mit ihren erheblichen Metall- und Betonteil-Fertigungen bedeutend geringer.

Ein weiteres Faktum zeigt den Irrsinn der frei erfundenen Klimawende: Heute wird die Bevölkerung immer noch vor weltweiten CO_2-Emissionen gewarnt, obwohl niemand sagen kann, wieviel Tonnen CO_2 denn einem oder mehreren Grad Celsius entsprechen. Will man das auf die einzelnen Industrieländer herunterrechnen, ist das Chaos perfekt. Selbst Deutschland mit seiner Klimakanzlerin konnte und kann seiner „Vorreiterrolle" nicht gerecht werden. Viele andere Staaten bekunden zwar aus solidarischen Gründen ihren guten Willen nur formal, sind aber nicht wirklich ernsthaft an CO_2-Einsparungen interessiert, da es in erster Linie immer um die wirtschaftliche Situation im eigenen Lande geht.

Wie bereits angesprochen wurde, ist im Zusammenhang mit der Energiewende die **„Verkehrswende"** ein zentraler Punkt der Politik, der sowohl die Autoindustrie als auch jeden Autofahrer vor neue Kosten und Probleme stellt. Die Politiker glauben tatsächlich, dass **Elektroautos** die Umwelt nicht belasten: Es gibt keine Kohlendioxid-Abgase und keine Lärmbelastungen. Es handelt sich also um eine saubere Verkehrstechnik – so der Glaube der Politik und der Klimakanzlerin und das muss nur noch den Autofahrern glaubhaft gemacht werden.

Man gaukelt den Menschen vor, dass durch die E-Autos ein „Null-Emissionsauto" die Lösung der Probleme sein kann. Verschwiegen werden aber die Kohlendioxid-Emissionen bei der Lithium- und Kobalt-Produktion für die Akkus. Weniger als **14% allein des anthropogenen** CO_2-Ausstoßes werden durch Straßenverkehr erzeugt und rund 6% durch PKWs (s. Abb. 13 in Kap. 6). Von den 14% des Gesamtausstoßes im Straßenverkehr könnten hier maximal **0,3%** der CO_2-Emissionen in Deutschland (!) mit „Vorreiterrolle" eingespart werden, ohne Berücksichtigung des global zusätzlichen Lithium- und Kobalt-Problems. Dem gegenüber steht ein enormer finanzieller und technischer Aufwand bei der Umstellung auf die E-Mobilität. Ganz zu schweigen von den über **90% der natürlichen** Kohlendioxid-Emissionen.

Die Energieversorgung ist dabei ein Problem: Um in Deutschland fast alle Fahrzeuge zu elektrifizieren, bräuchte man nach Berechnungen der *FAZ* ca. 27 Millionen Solaranlagen auf Häusern oder 20 neue Gaskraftwerke oder 35.000 Windkraftanlagen. Der CO_2-Ausstoß wird, wie gesagt, **am wenigsten durch den Straßenverkehr** beeinflusst. Wesentlich größere Anteile liefern: Energiewirtschaft, Hausbrand und Industrie-Produktion. Prof. Jörg Wellnitz lehrt Maschinenbau in Ingolstadt und Melbourne und sagt: E-Autos sind ökonomischer und ökologischer Unsinn. (siehe YouTube-Video: „Auto-Insider: Warum das saubere **E-Auto eine LÜGE** ist – und unsere Politiker das wissen!")

Die „große" Politik hat erklärt, dass es bei der Klimapolitik zur Sache geht und laut Merkel mit „Pillepalle" Schluss ist. Elektromobilität gilt für Politiker (Ahnungslose und auch Wissende) als umweltfreundlich, sauber und nachhaltig. Das Gegenteil ist der Fall: **Elektro-Autos vergrößern das Umweltproblem.** Denn die notwendigen Rohstoffe für die Akkus wie Lithium und Kobalt sind weltweit knapp und ihre Gewinnung ist mit ökologischen und sozialen Problemen verbunden und bei der Herstellung von Autobatterien werden Lithium und Kobalt in großen Mengen verwendet. Bei den Punkten Recycling, Lebensdauer und Brandgefahr müssen erhebliche Abstriche gemacht werden.

Lithium wird aus Salzseen In Chile, den sogenannten Salares, gewonnen. Die Lagunen sind Heimat für die Andenflamingos, die es nur dort gibt. Mit dem großflächigen Abbau des Lithiums gehen deren Lebensräume verloren – die Flamingos sind mittlerweile vom Aussterben bedroht. Zudem verbraucht der Abbau des Leichtmetalls extrem viel Wasser. Sinkende Grundwasserspiegel machen die Landwirtschaft der indigenen Gemeinschaften an den Ufern der Salzseen unmöglich. Nicht zu vergessen: die Umweltprobleme. Für die Darstellung einer Tonne Lithiumsalz werden zwei Millionen Liter Wasser benötigt.

Kobalt wird im politisch instabilen Kongo gewonnen - zu etwa zwei Dritteln der Weltproduktion. Große internationale Rohstoffkonzerne fördern das seltene und giftige Schwermetall. Aber auch privat wird im Kleinbergbau illegal das giftige Kobalt aus Gruben ohne Sicherheitsmaßnahmen abgebaut. Und gerade dort sind die Bedingungen oft mehr als kritisch – Kinderarbeit ist in vielen Minen alltäglich.

Man glaubt es ja nicht: Die Elektroautos, die dafür sorgen sollen, dass weniger Kohlendioxid in die Atmosphäre emittiert wird, sind nicht nur wegen der großen Akkus schwer und verringern damit die Nutzlast, nein: das notwendige Kobalt gibt bei seiner Gewinnung viel CO_2 ab. Wie die chemische Reaktionsgleichung zeigt, **entsteht beim Prozess der Kobalt-Herstellung** aus Kobalthydroxid nicht nur das gewünschte Kobalt, sondern auch **Kohlendioxid.** Wie dumm muss man denn sein, wenn CO_2 eingespart werden soll, dabei aber die Alternative der Elektromobilität wieder CO_2 emittiert? Wenn Autobatterien in großen Mengen in Produktion gehen sollten, wird CO_2 auch in großen Mengen zusätzlich wieder frei! Man kann wohl davon ausgehen, dass politisch grüne Lösungen, die blind nur von Ideologien getrieben sind, immer wieder in Fettnäpfchen der Dummheit enden.

Aus Kobalthydroxid entsteht Kobalt und **Kohlendioxid!!**
$Co_3O_4 + 2C \rightarrow 3Co + 2 CO_2$

Einen echten „Bock geschossen" hatte in diesem Zusammenhang die GRÜNEN-Chefin Annalena Baerbock im Sommerinterview der ARD am 31.07.2019 als sie **statt von Kobalt von „Kobold"** sprach. Um einen Versprecher kann es sich kaum gehandelt haben, denn sie wiederholte mehrmals diesen peinlichen Fehler. Das ist einfach ein Zeugnis eines schwachen Bildungsstandes der Grünen-Chefin, die sich damit vor allen Deutschen in Grund und Boden blamiert hatte, aber für einen hohen Unterhaltungswert sorgte - fernab von jeder Fachkompetenz. Jedem Mittelschüler sind in der Schule zumindest die Namen der wichtigen Schwermetalle schon im Unterricht begegnet. Über welche Schulbildung verfügt eigentlich eine Vorsitzende der GRÜNEN und wie kann man mit weniger als Halbbildung in den Parteivorstand gewählt werden?

Die Hauptprobleme der Elektromobilität kann man wie folgt zusammenfassen:

1. Hohe Kaufpreise

Zwar sind einzelne Modelle wie der Renault Twizy schon für unter 10.000 Euro zu ergattern, den Regelfall stellt das aber nicht dar. Meist müssen für kleinere Modelle bereits 20.000 bis 30.000 Euro gezahlt werden. Nach oben hin sind die Grenzen großzügig bemessen. Mehr als 100.000 Euro kann man beispielsweise bei Mercedes, Audi oder Tesla für einen Stromer ausgeben.

Elektroautos werden massiv subventioniert, auch in Vorzeigeländern wie Norwegen, wo bis zu 10.000 Euro Steuergelder für eine Tonne Reduktion von CO_2 ausgegeben werden. Absurderweise gibt es im Bereich Feinstaub die aberwitzigsten Kennwerte, seinerzeit propagiert durch unsere frühere Umweltministerin Angela Merkel 1999. Die 40 Mikrogramm pro Kubikmeter sind an den Haaren herbeigezogen und führen zu keiner Verbesserung der Luftqualität. Der große politische Öko-Irrtum ist auch außerhalb Deutschlands weit verbreitet: 750 Mio. PKW stoßen genauso viel Schadstoffe aus wie ca. 15 Großcontainerschiffe.

Um in Deutschland fast alle Fahrzeuge zu elektrifizieren, bräuchte man nach Berechnungen der FAZ ca. 27 Millionen Solaranlagen auf Häusern oder 20 neue Gaskraftwerke oder 35.000 Windkraftanlagen. Der CO_2-Ausstoß wird eben am wenigsten durch den Straßenverkehr beeinflusst.

2. Batterie-Technologie begrenzt die Reichweite

Lithium-Ionen-Batterien gelten als das Gebot der Stunde. Sie sind in der Lage, große Mengen elektrischer Energie zu speichern – jedoch noch nicht genug, wie viele finden. So können E-Mobile in Sachen Reichweite bisher nicht mit Verbrennern mithalten – einer der wesentlichsten Nachteile von Elektroautos. Kleinere Modelle müssen bereits nach 150 Kilometern an die Ladesäule, der Durchschnitt kann bis ca. 200 Kilometer zurücklegen.

Besserung ist allerdings in Sicht: Die Batterie-Technologie soll in den nächsten Jahren weiter verfeinert werden, anschließend wird die nächste Generation, die Lithium-Luft-Batterien, erwartet. Die Kapazität soll sich nicht nur um ein Vielfaches verbessern, auch soll die Batterie durch Umgebungsluft zusätzliche Energie erzeugen können. Forscher müssen dabei viele Anforderungen unter einen Hut bringen: Die Kapazität muss steigen, das Gewicht darf sich aber nicht noch mehr erhöhen. Gleichzeitig soll der Preis möglichst erschwinglich bleiben – noch sind das Wunschvorstellungen!

3. Dünnes Stationsnetz, lange Ladedauer

Neben Preis und Reichweite ist wohl die lange Ladedauer ein großes Manko der elektrobetriebenen Gefährte. An der haushaltsüblichen Steckdose kann das mitunter bis zu mehrere Tage dauern. Abhilfe sollen öffentliche Ladestationen und Schnell-Ladestationen schaffen. Letztere, die vereinzelt in Duisburg in Betrieb genommen wurden, stellen ihren Strom bei hinreichender Einstrahlung aus Sonnenenergie bereit. In etwa 20 Minuten soll die elektrische Energie, äquivalent zu 8 Litern Benzin, von den Batterien aufgenommen werden können. Die Reichweite (ohne Heizung) beträgt dann maximal 500 km.

Eigentlich wäre das Problem fast gelöst, wäre da nicht das bisher dünne Stationsnetz und die relativ begrenzte Verfügbarkeit der Sonneneinstrahlung vor allem im Winter und bei starker Bewölkung. Die meisten Stationen konzentrieren sich auf Stadtregionen. Dort ergibt sich allerdings ein Problem für viele E-Autofahrer, wenn sie auf kleiner Fläche in großen Wohnblocks und Hochhäusern wohnen. In Großstädten ist die Bevölkerungsdichte relativ hoch. Nicht selten wohnen in Stadtvierteln mit vielen Hochhäusern dicht an dicht mehrere tausend Menschen. Wunschdenken der Politik ist es, die öffentlichen Ladestationen mit Sonnenenergie (wie das in Duisburg versuchsweise gemacht wurde) zu betreiben. Aber genau das ist sehr dumm und unrealistisch, weil die Verfügbarkeit - wie gesagt - natürlich von ausreichender Einstrahlung der Sonne abhängig ist. Außerdem bräuchte man **mitten in den Städten** sehr große Flächen für die Solarzellen. Diese stehen aber wegen des großen Flächenbedarfs nur außerhalb der Städte in ländlichen Regionen zur Verfügung. Eine Milchmädchen-Rechnung der Solar- und Elektromobil-Theoretiker. Aber auch auf dem Land ist die Versorgung mit öffentlichen Ladepunkten weiterhin dürftig.

4. E-Autos sind rollender Sondermüll

Bei einem Verkehrsunfall in Österreich kam ein E-Auto bei nur 60km/h von der Fahrbahn ab, fing dabei Feuer durch elektrischen Kurzschluss und brannte durch das feuergefährliche Lithium komplett aus. Das Ergebnis: Geschmolzenes Blech, verschmorte Kabel und ein schwarzer Schrotthaufen. Die Feuerwehr konnte den immer wieder aufflackernden Brand nicht löschen und anschließend musste das Wrack 72 Stunden unter Wasser gekühlt werden.

Niemand wusste, welche giftigen Bestandteile entweichen oder noch im Wrack sind. Eine „problemlose" Entsorgung wird zwar vom Hersteller garantiert, aber das Abschlepp-Unternehmen weigerte sich den Abtransport zu übernehmen, sogar die nationale ÖCAR Autoverwertungs-GmbH wollte das giftige Wrack nicht abholen. Die Auto-Ingenieure hatten nämlich jeden Kubikzentimeter freien Platz in der Karosserie mit Akkus bestückt.

Hinzu kommt, dass die Akku-Hersteller sich aus Wettbewerbsgründen weigern, die Inhaltsstoffe genau zu benennen. Vom Hersteller sollte man allerdings erwarten können, dass eine saubere Entsorgung bereits vor der Auslieferung sichergestellt ist. Solche Unfälle werfen grundsätzlich die Frage auf, wie mit gefährlichen Lithium-Ionen-Batterien umzugehen ist, besonders wenn sie nach einem Unfall beschädigt sind und Feuer gefangen haben. Bei unbeschädigten Auto-Akkus wird versucht, die wertvollen Rohstoffe wie Kobalt, Nickel, Kupfer und Aluminium wiederzugewinnen. Bei Lithium ist das aber praktisch nicht möglich. Die Lithium-Ionen-Batterie ist sehr heterogen zusammengesetzt, das macht eine Wiederverwendung unmöglich.

Darüber hinaus gibt es noch zusätzliche **Nachteile der Lithium-Batterien:**

- Die Anzahl der Ladezyklen, damit auch die Lebensdauer des Akkus, ist begrenzt. Eine Batterie muss klimatisiert werden, um bei idealen Arbeitstemperaturen optimal zu funktionieren. So spielt beispielsweise die rein zeitliche Alterung eine Rolle. Denn selbst bei Nichtbenutzung des Akkus verliert dieser Kapazität. Weiterhin trägt jeder Ladezyklus des Akkus dazu bei, dass sich die Kapazität langfristig verringert. Nicht angemessene Umgebungstemperaturen beim Laden und während des Betriebs können die Alterung beschleunigen. Dies gilt für heiße Sommertage ebenso wie für eiskalte Nächte im Winter.
- Elektroautos müssen für die kalte Jahreszeit mit einer separaten Innenraum-Heizung ausgestattet werden, die auch vom Akku versorgt werden muss, wenn es noch keinen warmen Motor gibt.
- Die Lithium-Akkus vertragen nur einen begrenzten Ladestrom, das führt zu langer Ladezeit. Auch die sogenannten Schnellladesäulen mit 20 Mi-

nuten Ladezeit können nur eine elektrische Energie von entsprechend 8 Litern Benzin aufnehmen.
- Sie dürfen nicht überladen werden, elektronische Überwachung ist notwendig.
- Eine Tiefentladung muss vermieden werden, da ansonsten der Akku Schaden nimmt.
- Die Energiedichte ist geringer als bei Benzin- oder Dieselmotoren. In einem Kilogramm Benzin sind etwa 12 kWh chemisch gespeichert, in einer Lithium-Ionen-Zelle des gleichen Gewichts gerade einmal 0,13 kWh.
- Die bereits mit Solarzellen betriebenen Ladestationen in Deutschland sind, wie gesagt, stark wetterabhängig. Noch schlimmer: Im Norden Europas, Amerikas und Asiens und in Höhenlagen ist ein zügiger Ladevorgang praktisch unmöglich.

Natürlich darf man bei einer Klimakanzlerin, die zudem noch Physikerin ist, auf keinen Fall naturwissenschaftlich-technische Kenntnisse voraussetzen! Die Elektromobilität ist konkurrenzlos besser als alles andere - meint sie, in vollem Glauben an die politische Ideologie. Aber die Elektromobilität mit den schweren Akkus ist wahrscheinlich „nur eine Zwischenlösung" der sogenannten Verkehrswende.

Die Technologie der Brennstoffzelle könnte eine Alternative darstellen. Experten, die die Ideen der Politiker genau verfolgen, kommen immer mehr zu dem Schluss, dass sich die politische Verkehrswende nun doch nicht mit Akkus in Elektroautos durchsetzen wird, sondern eher mit **Brennstoffzellen,** also mit Hilfe von **Wasserstoff.** Ein Zeichen, wie die Politik mit technischem Laienverstand völlig im Dunklen tappt, welcher Weg denn nun gegangen werden soll. Das bedeutet ein Problem für die deutsche Automobilindustrie: entweder den Elektroantrieb durch Einbau schwerer und umweltschädlicher Akkus oder durch die Technik mit Brennstoffzellen oder auch beide Antriebe gleichzeitig. Die Unternehmen könnten sicherlich mit geringeren Investitionen besser leben als zweigleisig zu fahren.

Nur um die verfehlte Energiewende noch zu retten, versucht die deutsche Politik nunmehr die alternative Perspektive der Brennstoff-Zellen mit Wasserstoff zu präferieren. Für die Herstellung des Wasserstoffs könnte die Wasser-Elektrolyse ein Weg sein, d.h. die elektrolytische Zerlegung von Wasser in Sauerstoff und Wasserstoff. Ein sicherlich energetisch fragwürdiger Weg, zuerst Wasser in seine Bestandteile chemisch zu zerlegen und dann wieder (unter Entstehung von Wasser) in der Fahrzeug-Brennstoffzelle zu verbrennen. Unsere Politiker (Laien-Wissenschaftler) wollen aber, so sieht es aus, einen Weg für die Wasserstoff-Erzeugung präferieren, um ihn aus Ammoniak (NH_3) zu gewinnen, der dann aus Afrika und Australien im großen Stil importiert werden müsste. Eines der Probleme bei der Ammoniak-Herstellung ist jedoch, dass für eine Tonne produziertem Ammoniak rund 1,87 Tonnen CO_2 freigesetzt werden.

Unsere Politiker, die armen, können einem aber auch richtig leidtun!! Was sie auch anfassen, immer werden sie von einem CO_2-Verfolgungswahn geplagt. Da hat man sich ganz offensichtlich den falschen „Klimakiller" ausgesucht! Mit besserer Bildung wäre das nicht passiert.

Die beim Betrieb von Brennstoffzellenautos politisch gewünschte Klimaneutralität ist somit schon wieder weit verfehlt. Die Politiker werden sich wohl daran gewöhnen müssen, dass im Energiesektor **nichts ohne CO_2-Emissionen** geht (s. Kap. 6: CO_2-Emissionen überall). Auch bei der Darstellung des Kobalts für die Autobatterien wird Kohlendioxid freigesetzt (wie weiter oben bereits gesagt wurde). Elektromobilität hin oder her, immer sind CO_2-Emissionen dabei – sogar ohne Auspuff. Selbst wenn man den Strom für die Batterie-Ladestationen aus Wind- oder Solarenergie bereitstellen würde, ist bei der Betonherstellung mit dem erforderlichen Zement für die Fundamente und die statischen Träger der Anlagen schon vorher viel Kohlendioxid freigesetzt worden.

Wasserstoff sei das Öl von morgen, so hört man die immer lauter werdenden Töne - nicht nur aus der Politik. Damit bleiben wir natürlich wieder von Importen (hier: von Ammoniak) abhängig. Aber auch beim Öl und Erdgas sind wir auf Importe angewiesen, allerdings mit dem Unterschied, dass für Erdgas und Erdöl noch unglaublich weitreichende Ressourcen zur Verfügung stehen, die die Preise eigentlich drücken sollten. Es gibt also überhaupt keinen Grund, die Technik der herkömmlichen Verbrennungsmotoren aufzugeben. Im Gegenteil: das Tankstellennetz hierfür ist bereits vorhanden und weit ausgebaut, neue Investitionen wären nicht erforderlich und mehr CO_2 ist für die die gesamte Flora der Erde außerordentlich biologisch günstig. Eine Verdreifachung der Kohlendioxid-Konzentration in der Atmosphäre würde das Pflanzenwachstum enorm begünstigen (s. Kapitel 7). Aber gegen „Deutschlands weltweit dümmster Energiepolitik" kommt man auch mit gesundem Menschenverstand nicht an.

Zur Zeit gibt es in Deutschland weniger als 100 Wasserstoff-Tankstellen. Die sehr hohen Kosten für eine Einführung der Brennstoffzellen-Technologie sind das große Problem. Die Infrastruktur ist für einen Zuwachs an Wasserstoffzellen-Fahrzeugen viel zu klein, da auch die Nachfrage sehr gering ist. Weil aber die Nachfrage gering ist, wird die Infrastruktur nicht ausgebaut. Wer durchbricht diesen Teufelskreis mit Milliarden-Investitionen **trotz bleibender „CO_2-Probleme"?** Zumal die herkömmlichen Autos mit Verbrennungsmotoren ganz und gar nicht ersetzt werden müssten. Das Problem verursacht nur die Politik mit ihrer Wahnsinnsidee, das positiv auf die Natur wirkende CO_2 dürfe nicht mehr emittiert werden. Man braucht die Frage wohl nicht zu stellen, wer diesen Wahnsinn irrsinniger Politik bezahlen wird.

16 Die Lügen und Irrtümer der Politik

Der faule Taschenspieler-Trick der Klimakanzlerin: Natürlich wäre Merkel Ende 2018 gerne wieder Parteivorsitzende geworden. Aber sie ist erst gar nicht zur Wahl zum CDU-Vorsitz angetreten, weil sie wusste, dass sie von ihrer eigenen Parteibasis nicht wiedergewählt würde. Die Kritik an ihrer Politik und wohl auch an ihrer Person war in der Union zuletzt immer größer geworden. Zur Sensation im Bundestag wurde dann, dass der Merkel-Vertraute Volker Kauder als Vorsitzender der CDU/CSU-Fraktion völlig überraschend abgewählt wurde. Zur Wahl trat der bis dahin politisch relativ unbekannte Finanzpolitiker Ralph Brinkhaus an, dessen Kandidatur von Kauder nicht wirklich ernst genommen wurde. Welch ein Paukenschlag für Kauder und für Merkel, dass der „Außenseiter" Ralph Brinkmann dann Volker Kauder aus dem Rennen warf. Niemand hätte bis dahin gedacht, dass die Union es offensichtlich sehr ernst meint mit der Erneuerung der schwarzen Konservativen.

Das war für die Klimakanzlerin das Alarm-Signal, jetzt rückte auch ihr eigenes politisches Ende deutlich näher. Um nicht eine nationale und internationale Blamage hinnehmen zu müssen, trat sie zur Wahl für den Parteivorsitz erst gar nicht an. So, glaubte sie, bliebe die vorauszusehende Niederlage nicht an ihr hängen. Weit gefehlt, alle durschauten natürlich diesen üblen Schachzug. In ihrer Neujahrsansprache im Januar 2019 sagt die Kanzlerin u.a.: *„... zur Demokratie gehört auch der Wechsel ..."*, welch eine infame Verdrehung der Realität, selbst in der Niederlage noch eine politische Lüge zu benutzen!

Auch andere (CDU)-Politiker haben ohne Skrupel die Öffentlichkeit schamlos belogen. Das Beispiel des Uwe Barschel war legendär: *„Ich gebe Ihnen mein Ehrenwort, ich wiederhole mein Ehrenwort ...."*. Damit wollte er den Verdacht loswerden, den SPD-Oppositionsführer Björn Engholm bespitzelt zu haben. Der Fall Barschel wurde zu einem Polit-Skandal und endete mit seinem Tod im Oktober 1978 in der Schweiz. Über seinen Tod wurde viel spekuliert: Mord oder Suizid? Hinzu kam der Rücktritt Engholms. Dies führte dazu, dass die Einmaligkeit des Falles und die politischen Intrigen in einem dreistündigen Politthriller verfilmt wurden. Seitdem hat kein deutscher Politiker mehr ein „Ehrenwort" in den Mund genommen, das heißt: jeder weiß jetzt, dass das Ehrenwort eines deutschen Politikers in der Öffentlichkeit nichts wert ist.

Von illegalen Parteispenden kann hier keinesfalls vollständig berichtet werden. Große Skandale um Parteispenden hat es immer schon gegeben. Einer der größten war sicher der Fall Helmut Kohl. Nach längerem Hin und Her bestätigte Kohl 1999 in einem Fernsehinterview die Existenz „schwarzer Konten", die er zuvor noch abgestritten hatte. Kohl übernahm, nachdem die Fakten offenlagen, die politische Verantwortung für Fehler bei den CDU-Finanzen in seiner Amtszeit und gab an, er habe 2,1 Millionen DM verdeckter und damit illegaler Parteispenden an den Büchern der CDU vorbei angenommen. Im November 1984 musste Kohl vor dem Flick-Untersuchungsausschuss als Zeuge aussagen. Genau 79mal berief Kohl sich auf Gedächtnislücken. Selbst die Namen der Spender, die er seit Jahren persönlich kannte, fielen ihm plötzlich nicht mehr ein.

Er trat auf Druck der CDU-Spitze vom Amt des Ehrenvorsitzenden zurück. Peinlich für Kohl war dann, dass er für die Einstellung des Ermittlungsverfahrens eine Geldbuße von 300.000 DM zahlen musste und den Schaden, der seiner Partei entstanden war, begleichen musste. Dazu hat er in einer privaten Spendensammelaktion bei Unternehmen und Prominenten 6 Millionen DM aufgebracht, zu denen er selbst 700.000 DM aus seinem Privatvermögen beitragen musste. Trotz dieses Skandals und des riesigen, öffentlich gewordenen Betrugs ließ er sich später immer noch als „Kanzler der Deutschen Einheit" feiern.

Diese und viele andere politischen Lügen sind heute fast vergessen. Wer das nachlesen will, dem sei das 300 Seiten starke Buch von **Pascal Beucker und Anja Krüger** empfohlen: **"Die verlogene Politik – Macht um jeden Preis"**. Hier findet man unglaublich viele Beispiele von politischen Lügen. Das Buch deckt überwiegend politische Lügen in unserer heutigen „Demokratie" auf.

Spektakulär war die Aussage von Walter Ulbricht auf der Pressekonferenz vom 15. Juni 1961: *„Niemand hat die Absicht, eine Mauer zu errichten".* Nur zwei Monate später begann am 13. August 1961 der Bau der Mauer. Heute wird diese Aussage Ulbrichts weniger als Lüge, sondern eher als politischer Schildbürgerstreich belächelt.

Ein typisches Beispiel ist die derzeitige „Europa-Lüge". Ein politischer Zusammenschluss der Staaten Europas stärke angeblich die EU in der Welt. Da fragt man sich, warum die Schweiz, Norwegen und andere Länder von dem Staatenzusammenschluss in der EU nichts halten. Fakt ist, dass eine politische Union **nur mit einer EU-Diktatur möglich** sein kann (s. Kap. 14). Beispiele wie das zusammengebrochene Tito-Regime in Jugoslawien zeigen das mehr als deutlich. Die damalige Sowjetunion war ebenfalls nur mit einem zentralen, diktatorischen Machtapparat zusammenzuhalten. Bevor es in Europa zu einem politischen Zusammenschluss kommt, werden sich wahrscheinlich andere Mitglieder aus dem Staatenverbund wieder lösen (siehe Beispiel: Großbritannien). Europas historisch gewachsene Ethnien lassen sich nicht einfach per Vertrag verschmelzen. In vielen Mitgliedsländern sind anti-europäische Parteien immer mehr auf dem Vormarsch. Die Politik belügt nicht nur die Menschen in Europa, sondern auch sich selbst. Die Vergrößerung der Europäischen Gemeinschaft gelang nur mit „Schmiergeldern" (EU-Fördermitteln) und Wohlstandsversprechen für neue Mitgliedsländer.

Weitere Lügen und Vertuschungen der Politik können hier nur in Stichworten und tabellarisch angerissen werden (Die Liste ist bei weitem nicht vollständig):

Geheime Akten und Lügen der Regierungen

Die Mär von der Pressefreiheit	Die Geheimhaltung der Bilderberger-Treffen	Die Lüge der CO2-Klimakatastrophe
Die Macht der ESM-Gouverneure und das Ende der Demokratie	Lee Oswald war nicht der Kennedy-Mörder. Wer steckte wirklich dahinter?	Die Unwahrheit von der Reichweite der fossilen Energien
Die Afghanistan-Lüge von der Verteidigung der Freiheit am Hindukusch	Die verschwiegenen Tatsachen zum Angriff auf Pearl Harbor	Die Vertuschung der Fakten zur erzwungenen Energiewende
Das US-Atomwaffen Depot in der Eifel	Die Lüge der Massenvernichtungswaffen im Irak	Die Mär vom Ozonloch und vom Waldsterben
"Verlorene" Nuklear-Waffen (Broken Arrow)	Die Unwahrheit über die Pyramiden in der Antike	Die Hintergründe der dubiosen Chemtrails
Area 51: geheimes US-Sperrgebiet	Die Verschleierung des Mordes an Uwe Barschel	Lüge der Unabhängigkeit der deutschen Justiz
Die geheimen UFO-Akten in Deutschland	Die 9/11 Verschleierung beim WTC in New York	Die gefälschte Statistik zur Arbeitslosigkeit

Die größten Lügen der Energie-Politik:

Kohlendioxid-Emissionen seien für den anthropogenen Klimawandel verantwortlich und CO_2 ist angeblich ein Klimakiller. In der theoretischen Thermodynamik wurde der Beweis geführt, dass CO_2 keine Erwärmung in der Atmosphäre herbeiführen kann.

Bei der Technologie der Elektromobilität würde – so die Aussage der Politik - kein CO_2 freigesetzt. Aber: Elektromobile stoßen nur beim Fahren kein Kohlendioxid aus. Die CO_2-Emissionen entstehen an anderen Stellen: E-Autos schneiden laut Studien im Vergleich zum Diesel sogar um 28 % schlechter ab, sobald man den CO_2-Ausstoß bei der Herstellung der Batterien berücksichtigt. Ganz abgesehen von der Umweltbelastung bei der Gewinnung von Lithium und Kobalt und für die Entsorgung der großen Mengen an Altbatterien.

Die alternativen Energietechnologien wie Windkraft und Sonnenenergie sind angeblich keine CO_2-Emittenten - falsch! Bei der Herstellung der erforderlichen Beton- und Metall-Bauteile werden große Mengen Kohlendioxid freigesetzt, ebenso bei der Fertigung von Solarzellen. Ganz zu schweigen von der Entsorgung und beim Recycling ausgedienter Anlagenteile. Das gleiche gilt auch für die Kernkraftwerke, die unter dem Strich ebenfalls Kohlendioxid bei der Anlagen-Fertigung freisetzen, und zwar in ganz erheblichen Mengen. Die „Null-Emission" dieser Energieanlagen ist eine weitere Lüge, die vielen Bürgern überhaupt nicht bekannt ist.

Erdgas und Erdöl seien fossile Energieträger – erfahren wir von der Politik und von der Petrochemie. Sie sind nach vielen Ergebnissen aus der Forschung abiotisch und ihre Verfügbarkeit ist auf sehr lange Sicht sichergestellt. Es gibt heute keine Verknappung dieser Ressourcen. Das darf der Verbraucher auf keinen Fall erfahren. Ein Preissturz wäre nach marktwirtschaftlichen Regeln für die Konzerne und die Politik ein herber Einnahmeverlust.

„Die meisten Politiker sind psychisch krank", sagt Holger Strohm im Interview bei KenFM am 30.10.2013. Strohm hat die Politiker sehr lange und genau beobachtet, um zu diesem Schluss zu kommen. Sie seien narzisstisch und werden von Mikrofonen und Kameras förmlich angezogen. Im Mittelpunkt ihres Handelns steht Eitelkeit, Macht und Geld. Macht über andere Menschen zu haben, kann leicht zu einer Neurose führen.

Der renommierte Psychoanalytiker Dr. med. Hans-Joachim Maaz bestätigt im Interview (YouTube, 06.10.2017) mit Eva Herman und Andreas Popp: *„Viele deutsche Spitzenpolitiker sind psychisch gestört".* Die Folge von Eitelkeit und Arroganz der Macht?

Politiker sind mit ihren Ideologien kurzsichtig und so krank, dass sie den Klimaschutz in die Verfassung aufnehmen wollen. Wie peinlich wird es sein, wenn auch in der Politik endlich angekommen ist, dass es keinen vom Menschen gemachten Klimawandel gibt und auch nicht geben kann. Dann ist die Verfassung nochmals zu ändern?! Wie wäre es, wenn sich auch in der Politik der Grundsatz durchsetzen könnte: „Erst denken, dann handeln."

Möchten unsere heutigen Politiker den großen Irrtum zur Zeit der Inquisition wiederholen, als die Macht der Kirche zähneknirschend zugeben musste: Das bis dahin mit allen Mitteln verteidigte geozentrische Weltsystem ist falsch im Rahmen der Astronomie. Das heliozentrische System ist nicht mehr zu leugnen, die Beweise sind eindeutig. Die Kirche will heute nicht mehr an ihren gigantischen und peinlichen Irrtum erinnert werden, der damals mit Gewalt verteidigt wurde. Galileo Galilei wurde schließlich 1633 von der Inquisition gezwungen zu widerrufen.

Unsere Politiker haben noch nie irgendetwas aus der Geschichte gelernt. Interessanterweise steckt heute wie damals das gleiche Denkmodell dahinter. Diejenigen, die die Macht ausüben, wollen ihre Ideologie, ihr Wunschdenken <u>über</u> die naturwissenschaftliche Realität setzen. Die Kirche entnahm ihre „Erkenntnis" aus falscher religiöser Überzeugung. Die Politik heute glaubt beim Klimawandel theoretischen Modellrechnungen und Simulationen ohne fundierte Beweise und widerspricht damit den Fakten der Physik. Wie sich die Bilder doch vom Prinzip her gleichen!

Zum Thema Klimawandel wollen die meisten Politiker die wahren Zusammenhänge zwischen Klima und Kohlendioxid gar nicht wissen. Die Wahrheit und die Fakten interessieren sie nicht wirklich. Als Informationsquelle akzeptieren sie nur die fiktiven Modelle der sogenannten Klimawissenschaftler und die Berichte des IPCC, weil von dort die politische Wunschrichtung kommt. Der Politiker braucht die naturwissenschaftlichen Fakten nicht, die eigenen politischen Überzeugungen und die Ideologie sind seine Wahrheit. Unter anderem liefert genau das dem Psychoanalytiker Prof. Maaz eine wichtige Basis für seine Aussagen über die psychischen Denkfallen, in welche die Spitzenpolitiker sich verfangen haben: Die *„eigene Wahrheit"* zählt, die der Karriere dienen soll, sonst nichts (siehe Anhang).

Sicherlich haben Politiker, die Macht über andere Menschen ausüben können, eine **besondere Sicht auf Wahrheit und Realität.** Das bisher Gesagte kennt aber auch **Ausnahmen,** die hier nicht verschwiegen werden sollen.

Man kann davon ausgehen, dass viele Regierungschefs oder Präsidenten weltweit tatsächlich sehr genau wissen: CO_2 ist nicht für die sogenannte Erderwärmung verantwortlich, es kann durch Kohlendioxid-Emissionen niemals zu einer Klimakatastrophe kommen. Ein vermuteter CO_2-Treibhauseffekt kann keine spürbaren Auswirkungen auf die Physik der Atmosphäre haben.

Einst hatte Putin den Klimawandel begrüßt, weil dadurch Rohstoffvorkommen und Transportrouten freigelegt würden, deren Erschließung bislang als zu teuer gegolten hatte. Dem neuen Chef der US-Umweltbehörde EPA, Scott Pruitt, wünschte Putin viel Glück. Eine Auseinandersetzung mit Pruitts Positionen sei notwendig. Nun legt der russische Präsident nach: Der Klimawandel sei nicht menschengemacht - und daher auch nicht zu stoppen. Zur „Großmacht" USA strebe er „sehr gute Beziehungen" an.

Beim Arktisforum in der nordrussischen Stadt Archangelsk sagte Putin, die Schmelze der Eisberge dauere bereits seit Jahrzehnten an. Die Klimaerwärmung habe in den 30er-Jahren des vorigen Jahrhunderts begonnen, als es noch gar keine Treibhausgase gegeben habe. Diesen (natürlichen) Klimawandel zu stoppen sei „unmöglich". Er hänge zusammen mit „globalen Zyklen auf der Erde oder sogar von planetarischer Bedeutung". Es komme darauf an, sich der Klimaerwärmung „anzupassen". Putin, der am Vortag die Inselgruppe Franz-Josef-Land im Nordpolarmeer aufgesucht hatte, erläuterte exemplarisch seine für viele erstaunliche Position.

Putin (2015): „Die vom Menschen gemachte Erderwärmung ist Betrug, es gibt keine anthropogene globale Erwärmung". Bei *ntv - Der Tag* (2017) und in der *WELT* vom 30.03.2017 findet man: „Putin hält den Klimawandel nicht für menschengemacht". Die einen sehen in Russlands Präsidenten Wladimir Putin den Friedensbringer im Nahen Osten, endlich jemand, der den USA wirksam die Stirn bietet. Andere betrachten ihn als Staatsoberhaupt der zweitstärksten Militärmacht der Welt, das ebenso wie sein US-Kollege die Interessen seines Landes mit brachialer Gewalt durchsetzt.

Laut einem Bericht der New York Times ist Putin ein sogenannter „Klimaskeptiker" der ersten Stunde. Jedenfalls behauptete dies ein aus Moskau stammender Politikwissenschaftler namens Stanislav Belkovski, der von der Zeitung zitiert wurde. Trotzdem unterzeichnete auch Putin das viel kritisierte Kyoto-Protokoll, offensichtlich, weil er sich die genannten Vorteile für die Erschließung der russischen Rohstoffvorkommen davon versprach.

Man kann davon ausgehen, dass die meisten „Spitzenpolitiker" wissen, dass sich das Weltklima schon immer ohne menschlichen Einfluss deutlich verändert hat. Auch Ex-Bundeskanzler Helmut Schmidt hatte sich entsprechend (vorsichtig) geäußert. Sehr viele Politiker wissen, es gibt keinen Klimawandel, für den menschliche Aktivitäten verantwortlich sind. Ideologien haben nämlich in der Politik einen höheren Stellenwert als Wahrheit und physische Realität.

Ex-Bundeskanzler Helmut Schmidt, Russlands Präsident Wladimir Putin und der tschechische Ex-Präsident Václav Klaus haben sich zum Thema Klimawandel eindeutig geäußert, dass hier ein gigantischer wissenschaftlich-politischer Betrug vorliegt. Andere Spitzenpolitiker sind da etwas vorsichtiger, viele wissen aber auch um die politische initiierte Lüge der Klimakatastrophe. In Deutschland sind sich viele Parteien intern uneinig über die angebliche Klimawirkung des Kohlendioxids. Das wird aber (noch) nicht nach außen getragen. Stillschweigen ist oft angesagt, um die Ideologie einer CO_2-freien Umwelt nicht zu gefährden. Dabei wird der praktische Unsinn von CO_2-Einsparungen hinter vorgehaltener Hand vertuscht.

Die AfD prangert ganz offen die **CO_2-Lüge** an, ohne Wenn und Aber. In einem Kapitel „Energiepolitik" des AfD-Parteiprogramms wird auch zur „Klimaschutzpolitik" Stellung bezogen. Die Überschrift eines Abschnitts lautet **„Irrweg beenden, Umwelt schützen".** Das sind deutliche Worte.

Aber auch andere politische Gruppierungen sind zunehmend dabei, von der ideologischen Linie abzuweichen und beschäftigen sich mit der pragmatischen, wissenschaftlichen Seite der Klima-Thematik.

Man glaubt es kaum: Die bayerische **WerteUnion** und der **Berliner Kreis** in der CDU/CSU konterkarieren die Merkelsche Klimapolitik. Man darf gespannt sein, wie sich die WerteUnion und der Berliner Kreis gegen die Meinungsdiktatur ihrer Union behaupten können.

Die Bayerische WerteUnion hat Anfang 2020 ein Klima-Manifest herausgegeben. Die Kernaussagen hier in Kurzform:

1. **Die Sonne steuert unser Klima, nicht das CO_2.**
2. **Klimaschutzmaßnahmen – wie die gescheiterte Energiewende – sind ein politischer Irrweg.**
3. **Deutschland braucht eine stabile und bezahlbare Energieversorgung.**

Diese Punkte werden im Klima-Manifest 2020 detaillierter ausgeführt. Unter anderem lehnt die WerteUnion den **„Green Deal"** und eine **CO_2-Bepreisung** laut „Klimapaket der Bundesregierung" entschieden ab.

Weitere Eckpunkte des Papiers sind:

Die bereits begonnene Deindustrialisierung in der deutschen Wirtschaft müsse gestoppt werden. Es darf nicht sein, dass deutsche Betriebe ihre Produktionsstandorte immer mehr ins Ausland verlegen, was die Wettbewerbsfähigkeit mit zu hohen Umwelt- und Klimaauflagen ruiniert.
Am marktwirtschaftlichen Fundament in Deutschland darf nicht gerüttelt werden.

Im Klima-Manifest wird das Ende des Klima-Mythos und eine Bildungsoffensive zum Thema „Klima, Sonnenzyklen und Kohlendioxid" gefordert. Mehr dazu kann im Klima-Manifest 2020 der Bayerischen WerteUnion nachgelesen werden. (https://konservativeraufbruch.de/).

Die EU-Kommissionspräsidentin **Ursula von der Leyen** wird sich früher oder später an die Worte von George Washington (erster Präsident der Vereinigten Staaten) noch erinnern müssen:

"Die Wahrheit wird sich letztendlich dort durchsetzen, wo es Schmerzen gibt, um sie ans Licht zu bringen".

Mit ihrem „Green Deal" wird sie sich noch schrecklich blamieren, falls dieser Billionen schwere Plan überhaupt von den EU-Mitgliedern mitgetragen werden sollte. Auch in vielen anderen Mitgliedsländern wächst zusehends der Widerstand gegen die maßlose europäische Klimapolitik und generell gegen eine politische Union in Europa.

Es sollte ihr aber auch wirklich jemand mal verraten, dass man sowohl natürliches als auch anthropogenes Kohlendioxid **niemals** aus der Umwelt entfernen kann. Vielleicht lässt man sie aber auch absichtlich „auflaufen" oder „dumm sterben" mit der irrsinnigen Idee einer CO_2-freien Erde. Auch hier passt wieder Einsteins Spruch:

«Zwei Dinge sind unendlich, das Universum und die menschliche Dummheit, aber beim Universum bin ich mir noch nicht ganz sicher.»

17 Resümee und Ausblick

> *Einen gigantischen wissenschaftlichen Betrug gab es in der Geschichte der Menschheit erstmals vor etwa 400 Jahren:*
> **„Das Dogma des geozentrischen Weltsystems".**
>
> *Der menschengemachte Klimawandel ist heute wieder zu einem Dogma von vergleichbarem Ausmaß geworden:*
> **„Das Dogma des anthropogenen Klimawandels".**

Man findet heute auch immer mehr Menschen, die in Erinnerung an die Historie den Begriff: **„Klimareligion und Klima-Inquisition"** verwenden, um an die Dominanz der herrschenden Obrigkeit vor fast 400 Jahren zu erinnern. Damals war es der Machtapparat der Kirche, der versucht hat, die Wahrheit des heliozentrischen Planetensystems zu unterdrücken. Die Erde und der Mensch sollten nach Überzeugung der Obrigkeit unantastbar im Mittelpunkt der Welt stehen: Das geozentrische Weltbild - eine Ideologie ohne realen Hintergrund - wie sich bald herausstellte. Auf Dauer war dieses falsche Weltbild gegen die gesicherten Erkenntnisse der Astronomie und Physik nicht haltbar. In unserer Zeit sind es die Politiker, die die Meinungshoheit für sich beanspruchen, auch wenn nach außen Demokratie und freie Meinungsäußerung suggeriert werden. Wie lange kann es noch dauern bis die Politik den Wahnsinn ihrer direktiven Klima-Bevormundung aufgibt oder aufgeben muss?

„Man kann einen Teil des Volkes die ganze Zeit täuschen und das ganze Volk einen Teil der Zeit. Aber man kann nicht das gesamte Volk die ganze Zeit täuschen." Abraham Lincoln (1809-1865)

Die weise Aussage des ermordeten, früheren US-Präsidenten Abraham Lincoln wäre schon damals für die Inquisition zutreffend gewesen - sie trifft auch heute für die Lügen der Politik, Klimapolitik und die Klimakatastrophe zu.

Kohlendioxid ist ein klimaneutrales und ungiftiges Spurengas mit einem Anteil von 0,04 Vol. % in der Atmosphäre. Eine Absenkung ergibt keinen Sinn. Wie in den vorausgegangenen Kapiteln gezeigt wurde, liefern die Fakten über CO₂ keinen Handlungsbedarf für einen "Klimaschutz", insbesondere keinen Grund für eine Senkung von Kohlendioxidemissionen.

Zusammengefasst: **"Wenn der Hahn kräht auf dem Mist, ändert sich das Klima oder es bleibt so wie es ist."** Etwas ausführlicher:

- eine atmosphärische Erderwärmung durch CO₂ ist nicht nachgewiesen, im Gegenteil: es gibt zahlreiche wissenschaftliche Untersuchungen, die eher von einer Abkühlung in den unteren Atmosphärenschichten ausgehen,
- ein Spurengas in einer 410-ppm-Konzentration kann niemals für die gesamte Atmosphäre temperaturbestimmend sein - jedenfalls nicht nach den Erkenntnissen der physikalischen Thermodynamik,
- eine angebliche Klima-Beeinflussung basiert nicht auf belastbaren, naturwissenschaftlichen Fakten, sondern lediglich auf politischen Wunschvorstellungen mit Hilfe von rein hypothetischen Computer-Simulationen, abstrakten Modellrechnungen und daraus abgeleiteten, möglichen Szenarien,
- ein tatsächlicher physikalischer Treibhauseffekt existiert z.B. in einem PKW, wenn man Türen und Fenster in praller Sonne dicht verschließt. Die sich immer weiter erwärmende Luft im Auto wird eingesperrt, heizt sich auf und kann sich nicht mit der Außenluft austauschen. Dieser physikalische Effekt ist unabhängig von CO₂,
- ganz im Gegensatz dazu existiert in der offenen Atmosphäre kein CO₂-Treibhauseffekt, jedenfalls nicht im Rahmen der Physik, sondern eher in den Reihen des Ökologismus. Nach dem Zweiten Hauptsatz der Thermodynamik entpuppt sich die für den Treibhauseffekt angeblich verantwortliche „Infrarot-Gegenstrahlung" als unhaltbar. Es gibt wohl aber physikalische Beweise für die Nicht-Existenz dieses angeblichen CO₂-Treibhauseffekts,
- den großen Unterschied zwischen dem physikalischen und dem atmosphärischen CO₂-Treibhauseffekt haben sehr viele Menschen nicht verstanden. Auch einige Physiker, wie die Klimakanzlerin, sind mit diesem entscheidenden Unterschied offensichtlich überfordert,
- eine „drohende Klimakatastrophe" wird lediglich von politischen Ideologien und vom emotional orientierten Ökologismus propagiert. Dieser ignoriert oder verweigert aber den notwendigen Blick auf reales, naturwissenschaftliches Denken und führt daher zu irrealen, abgehobenen Gedankenspielereien,
- es ist töricht, Umweltschutz mit Klimaschutz zu verwechseln. Während Umweltschutz wirklich einen Sinn ergibt, ist Klimaschutz völlig unsinnig.

Das Klima kann man nicht schützen – es besteht aus sehr großen, virtuellen Wetterdaten-Sammlungen, von meteorologischen Stationen weltweit zusammengetragen,
- dennoch werden Wetter und Klima sehr oft verwechselt, mitunter absichtlich von der Klimawissenschaft, um die Wahrheit über die Klimavariabilität zu verschleiern. Um z.B. Klimaaussagen nur für Deutschland über die erforderlichen mindestens 30 Jahre treffen zu können, braucht man über 30 Millionen Wetterdaten,
- Messungen und Rekonstruktionen der globalen CO_2-Konzentrationen in geologischer Vergangenheit haben gezeigt, dass diese erheblich höher waren (bis zu 7000 ppm) als heute (410 ppm) und immer stark geschwankt haben. Der vergleichsweise geringe Anstieg von 2 ppm/a seit 1958 steht dazu in keinem Verhältnis,
- Kohlendioxid wurde immer schon in großen Mengen aus den Ozeanen in allen Warmzeiten ausgegast. Diese beträchtliche Ausgasung findet auch in der derzeitigen Warmzeit statt und wird mit den Emissionen der Industrialisierung verwechselt,
- der Anstieg der Kohlendioxid-Konzentration nach der Mauna-Loa-Kurve (von Keeling) widerspricht deutlich anderen atmosphärischen CO_2-Vergleichsmessungen (s. Callendar),
- die rund 1.200 aktiven oberirdischen und die in ihrer Anzahl nicht genau bekannten submarinen und subglazialen Vulkane auf der Erde emittieren nach wissenschaftlichen Schätzungen insgesamt mehr CO_2 als durch menschliche Technik freigesetzt wird – allen voran der Ätna. Jährlich gibt es weltweit etwa 50 bis 60 Vulkanausbrüche. Wegen der messtechnischen Schwierigkeiten, vor allem bei den vielen sub-marinen Vulkanen, wird das von den Klima-Alarmisten natürlich permanent geleugnet,
- das ungiftige, geruchlose und unsichtbare CO_2 wird mangels Wissens oder wider besseres Wissen mit dem giftigen CO (Kohlenmonoxid) verwechselt,
- Menschen und Tiere atmen Sauerstoff ein und Kohlendioxid aus. Um CO_2 in der Atmosphäre wirksam zu reduzieren, müsste man auch das Atmen bei Milliarden Menschen und allen Tieren einschränken, analog zur CO_2-Emission bei Fahrzeugen im Straßenverkehr,
- die anthropogenen CO_2-Emissionen betragen nur rund 3% am Gesamtanteil aller Kohlendioxid-Emissionen. Der weit überwiegende Teil stammt aus natürlichen Quellen (Böden, Gesteine, Vulkane, Ozeane, Fauna),
- sogar der Weltklimarat (IPCC) stellte bereits 2001 fest, dass die globale Klimaentwicklung nichtlinear und chaotisch abläuft. Das künftige Klima ist

daher nicht vorhersagbar *(IPCC, Third Assessment Report, 2001, Section 14.2.2.2, S. 774),*
- seriöse Naturwissenschaftler haben sich vom IPCC nach kurzer Zeit wieder getrennt, weil nicht Klima-Wissenschaft, sondern Klima-Politik und volkspädagogischer Alarmismus dort im Vordergrund stehen. Ein Beispiel dafür ist Prof. Henrik Svensmark: *„Die Klimaforschung ist keine normale Wissenschaft mehr, sie wurde völlig politisiert",*
- wie sehr oft, spielt auch beim Klimawandel immer viel Geld die entscheidende Rolle, allerdings erwies sich der „Clou" mit einem CO_2-Zertifikat-Handel als Flop,
- bei der Kampagne der globalen Erderwärmung gibt es viele persönliche Profiteure (z.B. Al Gore), aber auch die Medien profitieren immer vom Sensationsjournalismus und viele Forschungsinstitute, die Fördergelder dringend für ihren zu geringen Etat benötigen,
- die politische Motivation für den menschengemachten Klimawandel liegt vorwiegend in der erhofften Möglichkeit, eine grundlegende gesellschaftliche Veränderung herbeiführen zu können - die „große Transformation" als ideologisches Ziel einer neuen Weltordnung,
- schließlich glaubt die Politik auch daran, dass die Verteufelung des Kohlendioxids aus unserer Umwelt für die gesamte wirtschaftlich-technologische Entwicklung nur positiv sein könne, die aber zu finanziellen Lasten der Bürger gehen muss,
- die Energiewende in Deutschland mit dem abrupten Ausstieg aus Kernenergie und Kohle und der starken Förderung der „erneuerbaren" Energieträger wird auch von der internationalen Presse (Wall Street Journal) als die weltweit dümmste Energiepolitik gesehen,
- das deutsche „Erneuerbare-Energien-Gesetz" (EEG) ist nach Meinung vieler Fachleute ein planwirtschaftliches Steuerungsinstrument, das die rigoros verfolgte politische Ideologie umsetzt und zwar zu Lasten der Energiekunden,
- die politisch forcierte Elektromobilität wurde von Anfang an völlig falsch eingeschätzt. In großen Mengen erforderliches Lithium und Kobalt gehören zu den seltenen Bodenschätzen. Außerdem ist der Abbau mit großen Umweltproblemen verbunden, ganz abgesehen von der späteren Problematik der Batterie-Entsorgung. Fest steht, dass massenhafter Einsatz von Elektroantrieben die Umwelt mehr belastet als herkömmliche Verbrennungsmotoren. Insbesondere wird bei der Kobalt-Darstellung das angeblich zu vermeidende CO_2 emittiert,

- die Stickoxid-Grenzwerte sind unsinnig restriktiv von EU-Bürokraten festgelegt worden. Viele internationale Vergleichswerte (z.B. in der Schweiz) zeigen die weit überzogenen und widersprüchlichen EU- Vorgaben,
- auch aus „ethischen Gründen" sollten wir - gemäß grüner Mentalität - auf fossile Energieträger aus unterirdischen Lagerstätten verzichten und einen „Raubbau" verhindern. Der Mensch hat aber schon immer zur Sicherung seiner Existenz die natürlichen Ressourcen der Erde genutzt. Zum Beispiel wurden die Reserven und Ressourcen der Steinkohle seit über einhundert Jahren immer wieder falsch eingeschätzt. Der fossile Kohlenstoff ist Teil eines natürlichen Kohlenstoffkreislaufs zwischen Ozeanen, Atmosphäre, Biosphäre und Erdkruste.
- die unterirdischen Kohle- und Braunkohle-Flöze stammen aus ehemals oberirdischen Pflanzenresten. Es gibt keinen vernünftigen Grund, weshalb sie jetzt als unantastbar gelten sollen, um sie dem natürlichen Kohlenstoffkreislauf zu entziehen,
- Erdöl und Erdgas sind nach neueren Erkenntnissen keine fossilen Energieträger, sie sind abiotischen Ursprungs. Sie sind daher nicht aus Pflanzenresten oder Faulschlämmen entstanden und haben ihren Ursprung im viel tieferen Erdkern, wo niemals biogenes Material existieren konnte.
- insbesondere Erdgas (Methan, CH_4) kommt auch auf anderen Planeten vor, die zu keiner Zeit eine Vegetation besessen haben können. Es entsteht geochemisch ständig im Erdkern und wird uns auch in sehr ferner Zukunft noch lange zur Verfügung stehen,
- Kohlendioxid ist essentiell wichtig für das gesamte Leben auf der Erde. Es gewährleistet vor allem die Balance zwischen Flora und Fauna und ist unentbehrlich für die Photosynthese vieler Pflanzen und fördert deren Wachstum als natürlicher Dünger,
- eine Absenkung der CO_2-Konzentration gefährdet alle Lebensformen auf unserem Planeten. Pflanzen würden bei einer verminderten CO_2-Konzentration bzw. bei einem Mangel an Kohlendioxid ersticken - durch den Rückgang der lebenswichtigen Photosynthese,
- die politisch geforderten CO_2-Einsparungen sollen in Verbindung mit einer unnötigen Energiewende für alle Menschen bevormundend, sprich volkspädagogisch, die Mentalität der Bevölkerung verändern und im Endeffekt eine gesellschaftliche Transformation herbeiführen,
- eine Erhöhung der Kohlendioxid-Konzentration (z.B. auf 900 ppm oder mehr), wie in vielen Gewächshäusern, steigert das Pflanzenwachstum. Viele Gärtnereien setzen schon seit langer Zeit mit beachtlichem Erfolg

das wachstumsfördernde Kohlendioxid als Düngemittel ein, um die Ernteerträge deutlich zu verbessern. Tatsächlich müsste man die atmosphärische CO_2-Konzentration erhöhen, statt sie absenken zu wollen,
- die Leitmedien, allen voran die Öffentlich-Rechtlichen, unterstützen die politische Klimapropaganda und präsentieren den Bürgern bewusst selektive Halbwahrheiten und bestätigen ihr Negativ-Image als „Lückenpresse" (wie bei Prof. J. Teusch). „Political Correctness" kommt eben vor korrekter und fairer Berichterstattung,
- die Klimahysteriker argumentieren nicht mit naturwissenschaftlichen Fakten, sondern mit Emotionen für eine „Weltrettung". Ideologisches Wunschdenken verblendet den Blick auf logisches Denken. Nach dem Willen unserer Politiker soll Deutschland eine „Vorreiterrolle" in der Welt übernehmen,
- historisch wärmere Epochen haben noch nie eine Bedrohung für die Menschen dargestellt, sondern haben sich immer positiv auf die Entwicklung vieler Kulturkreise ausgewirkt, so zum Beispiel in den Blütezeiten der Mittel- und Jungsteinzeit,
- der weit verbreitete Aktionismus der „Klimakatastrophe" zeigt sein wahres Gesicht nicht als humanitäre Idee für eine „bessere Welt", sondern entpuppt sich als profitables Geschäftsmodell eines Umwelt-Ökologismus. Nicht mit Fachkenntnissen, sondern mit Emotionen werden die Gemüter grün gefärbter Ideologien angeheizt. Bei Emotionen glaubt jeder (ohne Faktenwissen) mitreden zu können - Fakten stören nur,
- wie hoch die Emotionen der Klimahysteriker sich aufschaukeln können, zeigt das Beispiel eines Grazer Musikprofessors (kein Klimaexperte!), der öffentlich die Todesstrafe für „Klimaleugner" forderte. Tatsache ist: niemand leugnet das Klima, sondern den anthropogenen Einfluss auf das Klima,
- besonders Kinder sind für überschäumende Emotionen sehr anfällig. Sie können leichter über emotionale Glaubensmuster beeindruckt werden, als über naturwissenschaftliche und komplexe Zusammenhänge (Greta Thunberg: „Fridays for Future"). Kinder werden beim Thema Klima instrumentalisiert und indoktriniert. Das beginnt bereits in der Schule: Lehrer mit grüner Couleur beeinflussen mit einseitigen und unrichtigen Darstellungen die Schüler,
- nach dem Sonderbericht des IPCC (SR1.5) soll die globale Erwärmung (neuerdings) 1,5°C nicht mehr überschreiten - wie auch auf der UN-Klimakonferenz in Paris beschlossen wurde. Zuvor lag der „Grenzwert" noch bei 2°C. Niemand kann aber sagen, auch kein Wissenschaftler, welche Menge an CO_2-Emissionen weltweit (!!) tatsächlich eingespart werden

müsste, um irgendeinen willkürlich gewählten Grenzwert der Temperatur einhalten zu können. Meist sind es ältere Menschen mit viel Lebenserfahrung, die solchen politischen Unsinn durchschauen und nicht ernst nehmen. Junge Menschen dagegen, politisch oft viel unerfahrener, fallen wesentlich leichter auf falsche und unsinnige Aussagen, Grenzwerte und Warnungen von Politikern blindgläubig herein.

Wie ist es möglich, dass Politik und Medien sich über beweisbare Fakten einfach hinwegsetzen, menschenverachtend Unwahrheiten verbreiten und zu angeblich gesellschaftlichen Zielen deklarieren?

Kann der Intelligenz-Quotient bei Politikern wirklich so niedrig sein, dass die oben zusammengefassten Fakten sich ihrem Verständnis entziehen? Oder soll wider besseres Wissen eine zurecht geschneiderte Ideologie entgegen jeder Logik mit allen Mitteln durchgeboxt werden?

Können Menschen durch Gesetze gezwungen werden, eindeutig den Fakten widersprechende Sachverhalte zu akzeptieren?

Wie weit geht die Politik, das Volk für ihre Zwecke zu betrügen (Kap. 16)? Man kann sich kaum vorstellen, dass eine Klimakanzlerin mit einem abgeschlossenen Physikstudium und Promotion bewusst die politische Ideologie über die soliden Erkenntnisse der Naturwissenschaft stellt.

Die derzeit dogmatische Klimahysterie eines menschengemachten Klimawandels kann vielleicht nur durch eine eindeutige Wende in der globalen Temperaturentwicklung beendet werden. Nämlich durch einen **Ausblick auf die künftige Klimaentwicklung einer neuen (kleinen) Eiszeit**. In der Tat zeichnet sich eine solche Wende in naher Zukunft immer deutlicher ab. Wissenschaftler in vielen Ländern der Erde befassen sich inzwischen seit einigen Jahren mit den erkennbaren Vorboten einer neuen kleinen Eiszeit. Eine der benannten Forschergruppen arbeitet an der Northumbria Universität in Wales unter der Leitung von **Prof. Valentina Zharkova**.

Folgt man den internationalen Forschungen aller Autoren zu diesem Thema, dann wird durch die derzeit abnehmende **Sonnenaktivität** eine deutliche Abschwächung der Sonneneinstrahlung die Folge sein. Die Tendenz zur

Abnahme der solaren 11-jährigen Zyklen ist auch für den Hobby-Astronomen schon seit ca. 20 Jahren mit einfachen Instrumenten erkennbar. Die Sonnenwissenschaftler gehen davon aus,

1   ... dass das Klima auf der Erde in der Nacheiszeit seit 10.000 Jahren (Holozän) ganz entscheidend vom Aktivitätszyklus der Sonne gesteuert wurde. In Abb. 3 im ersten Kapitel sind diese Schwankungen dargestellt. Hinzu kommen variable Intensitäten der kosmischen Strahlung. Im Gegensatz dazu sind die Klimaschwankungen im Pleistozän, also *seit 800.000 Jahren bis vor 10.000 Jahren* durch Änderungen der Erdbahnelemente (nach Milanchović) ganz wesentlich verursacht worden,

2   ... dass die Sonnenaktivität keineswegs konstant bleibt, sondern wie in der Vergangenheit auch künftig deutlich schwankende Minima und Maxima aufweisen wird. Die periodisch auftretenden Maxima selbst nehmen, wie bereits gesagt, zurzeit sehr deutlich ab. Von etwa 1650 – 1710 wurde für die Sonne schon einmal eine Aufeinanderfolge sehr niedriger Aktivitätszyklen festgestellt. Diese Periode der „schwächelnden Sonne" wurde auch „Maunder-Minimum" genannt. In dieser Zeit kühlten sich die Temperaturen auf der Erde erheblich ab. Seither spricht man von der „kleinen Eiszeit" des 17. Jahrhunderts,

3.   ... dass eine solche Phase mit abgesenkter Sonneneinstrahlung, die zurzeit zu beobachten ist, eine erneute kleine Eiszeit zur Folge haben wird. Die Eintrittswahrscheinlichkeit hierfür ist nach heutigem Wissen als vergleichsweise hoch zu beurteilen.

Das noch offene Problem dabei ist der schleichende Beginn und die Dauer dieser *kleinen Eiszeit.* Längerfristige Erwärmungen oder auch Abkühlungen sind in der Vergangenheit nie stetige Prozesse gewesen. Das heißt, der Temperaturtrend ist gekennzeichnet von irregulären kurzen Wechseln. Erst gemittelt über einige Jahre lässt sich ein eindeutiger Trend erkennen. Ein erkennbarer Beginn der kleinen Eiszeit wird von den betreffenden Forschergruppen ab 2021 oder 2022 angegeben.

Auch über die Dauer kann man in voraus nur Abschätzungen treffen. Danach wird aller Voraussicht nach eine etwa 40- bis 50-jährige Abkühlungsphase erwartet.

In der Konsequenz sind beispielsweise in Europa Temperatur-Absenkungen von rund 10°C möglich, wenn diese bevorstehende kleine Eiszeit ein ähnliches Ausmaß annimmt wie die kleine Eiszeit im 17. Jahrhundert. In **Berlin** betrug in den vergangenen 30 Jahren (Klimaperiode!) die **mittlere Wintertemperatur aktuell etwa +1°C.** In der kleinen Eiszeit, also vor etwa 400 Jahren, war dort die mittlere Wintertemperatur auf -7 oder -8°C für mehr als 100 Jahre abgesunken.

Selbst wenn die uns bevorstehende kleine Eiszeit nur halb so lange dauern sollte, kann man nicht unvorbereitet in diese Phase eintreten. Der Mensch kann auch diese Klimaänderungen nicht beeinflussen und das Klima auch nicht schützen, aber wir können uns vor dem Klima und seinen Schwankungen schützen. „Klimaschutz" muss dann ganz sicher neu definiert werden.

---

*Insgesamt gesehen ist die anthropogene Erderwärmung zu einem ideal eingefädelten und gut funktionierenden **Geschäftsmodell** (Abb. 29) entwickelt worden. Hier die Komponenten des Modells in Kurzform:*

1. Die sogenannte Klimawissenschaft, eine Pseudowissenschaft, die über den Weltklimarat (IPCC) Computersimulationen an diverse Institute in Auftrag gegeben hat, präsentiert den Menschen ein Horrorszenario, eine apokalyptische Klimakatastrophe. Dazu sind alle Mittel recht. Die amerikanische Klimaagentur GISS fälscht mehrfache Wetteraufzeichnungen und täuscht eine weit übertriebene Erderwärmung mit gefälschten Daten vor.

2. Diesen Schwindel durchschauen die Vertreter des Ökologismus nicht und sind der festen Überzeugung, eine „Weltrettung" wäre jetzt dringend angesagt, um die nächsten Generationen vor einer Klimakatastrophe zu schützen. Sie ignorieren vehement wissenschaftliche Fakten und argumentieren rein emotional. Man glaubt den Computermodellen, jedoch ohne Fachwissen, im Detail (Kap. 11: Glaube statt Wissen).

3. Umweltorganisationen und Umweltschützer meinen, der sogenannte Klimaschutz sei Teil des Umweltschutzes. Die Umwelt kann man durchaus schützen, aber Klimaschutz ist physikalischer Unsinn. Das Klima besteht aus gigantischen Sammlungen von Millionen Wetterdaten.

Wozu und vor wem sollen diese Datensätze geschützt werden? Die Umwelt- bzw. falschen Klimaschützer sind einem großen Missverständnis erlegen.

4. Beim Klimawandel gibt es zahlreiche Profiteure, da es um viel Geld geht. Einzelpersonen wie Al Gore verlangen fünfstellige Beträge für ihre Propaganda-Vorträge. Aber auch viele Firmen, die Produkte für den Klimaschutz herstellen, verdienen sehr viel Geld auf dem alternativen Sektor. Auch die Medien bringen sich mit ständigen Sensationsmeldungen und treuer Politiknähe in eine profitable Lage.

5. Die Klimapolitik liefert mit Ideologien eine theoretische Basis für die anthropogene Klimawandel-Hypothese. Das wichtigste Fernziel ist die mehrfach genannte „große Transformation", eine politische Hypothese zur Umgestaltung einer zukünftigen Gesellschaftsordnung. Instrumente dazu sind eine umfassende Energiewende mit einem Ausstieg aus Kernenergie, Kohle, Braunkohle und Verbrennungsmotoren sowie dem Einstieg in die Solar- und Windenergie, Elektromobilität und einer Dezentralisierung der Energiewirtschaft insgesamt. Dahinter steckt also eine grüne Diktatur des Ökologismus auf der Basis von vereinfachenden Emotionen und einer Absage an naturwissenschaftliches, logisches Denken. Diese „Klimapolitik" wird unterstützt von Leitfiguren der sogenannten Klimawissenschaft (Punkt 1).

In der Mitte dieses **Geschäftsmodells** (s. Abb. 29), in dem insgesamt Milliarden Gelder bewegt werden, steht der unbeteiligte „Normalbürger", der meist als Klima-Laie die wahren klimatischen Zusammenhänge und das Funktionieren dieses Geschäftsmodells mit einer Umverteilung von Kapitalflüssen nicht durchschaut. Er wird beeinflusst und manipuliert von den Modell-Komponenten seiner Umgebung und nur auf seine Kosten funktioniert dieses Geschäftsmodell.

Schließlich hier noch ein Wort zum Begriff: **„Klimasensitivität":**

Der Zahlenwert der Klimasensitivität soll angeben, um wieviel Grad sich die Atmosphäre bei einer Verdopplung der CO_2-Konzentration erwärmt, also bei 800 ppm. Mit dieser Definition ist bereits klar, dass man dabei immer von einer Wirkungskette ausgeht: *CO_2 erhöht die Temperatur auf der Erde.*

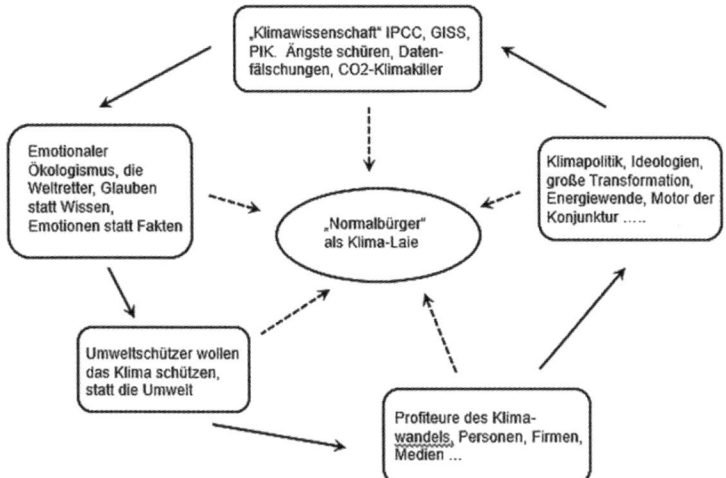

Abb. 29: Das Geschäftsmodell des Klimawandels auf der Basis abstrakter Ideologien und betrügerischen Klima-Behauptungen mit dem Zweck einer Umverteilung von großen Kapitalflüssen. (Entwurf: W. Kirstein)

Das heißt, man setzt eine **Kausalbeziehung** voraus zwischen der Ursache: „Erhöhung der Kohlendioxid-Konzentration" und der Folgewirkung: „Temperaturzunahme".

Nun liegt aber hier beim Klima **kein** kausaler Zusammenhang vor, sondern die Korrelation zwischen beiden Größen ist zeitlich eng begrenzt und rein zufällig. Im Kapitel 2 „Klimawandel ist Irrtum" geht aus der Abbildung 4 deutlich hervor, dass nur für einen begrenzten Zeitraum eine positive Korrelation zu beobachten war. Bezieht man seine Aussage nur auf eine ausgewählte Zeit, dann betreibt man selektive Statistik. In der Methodenlehre der Statistik eine Horror-Analyse, die absolut wertlos ist, weil nur der ausgesuchte Zeitraum betrachtet wird, der zum fiktiven Denkmodell passt.

In der Statistik nennt man das auch eine Zufalls- oder auch **Scheinkorrelation.** Das überaus berüchtigte Beispiel (Kap. 2) ist der Zusammenhang zwischen der schwankenden Zahl der Störche und dem absolut parallelen Schwanken der Neugeborenen-Zahlen, natürlich auch für einen ausgewählten, begrenzten Zeitraum. Der Korrelationskoeffizient dieses Zusammenhangs ist größer +0,9 ja sogar nahe an +1,0. Im Kapitel 2 werden noch zwei weitere Beispiele für Scheinkorrelationen angeführt. Wer nichts von Statistik versteht, meint offenbar, dass ein hoher Korrelationskoeffizient auch einen engen Zusammenhang widerspiegele. Aber: korrelieren zwei Größen miteinander sehr deutlich, ist immer erst zu prüfen, ob nicht eine Scheinkorrelation vorliegt. Genau das haben die „Experten" bei der Beziehung zwischen der CO_2-Konzentration und der Temperatur am Boden versäumt. Sie sind auf simple Schülerfehler und selektive Statistik hereingefallen. Welch eine Blamage!

Man hätte auch stutzig werden können, dass die diversen „Berechnungen" der Klimasensitivität zu erschreckend großen Abweichungen bei den verschiedenen Autoren geführt haben. Werte zwischen kleiner 1 und größer 9 sind völlig irrelevant für irgendwelche seriösen Schlussfolgerungen. Alleine die Klimasensitivität 1 und der Wert 2 unterscheiden sich schon mal um 100%, ganz zu schweigen von wesentlich höheren Zahlenwerten zur Klimasensitivität. In der Physik sind Rechenergebnisse mit so großen Differenzen wertlos und gehören in den Mülleimer.

Man glaubt es kaum: Die Klimasensitivität wird in bestimmten Kreisen immer noch ernsthaft diskutiert. Dieser Unsinn wird erst richtig deutlich, wenn man ihn auch auf andere Scheinkorrelationen anwendet, zum Beispiel: Wie hoch ist die Zunahme der Geburten bei einer Verdopplung der Anzahl der Störche? Das ist dann eine „Geburten"-Sensitivität.

Schämen sich eigentlich die Rechner von Klimasensitivitäten immer noch nicht? Wann begreifen sie endlich, dass jede Sensitivitätsberechnung immer nur bei **Kausalzusammenhängen** Sinn ergibt? (siehe Kapitel 2)!!

Fazit:

Man kann letztendlich nur großes Mitleid mit den „Wissenschaftlern" haben, die sich - wider besseres Wissen - zum Ziel gesetzt haben, mit einer längst widerlegten Hypothese im Auftrag und für die Zwecke der Politik die Menschen zu betrügen. Mitleid haben auch die verdient, die alles völlig unkritisch glauben und den Schwindel „öffentlich-rechtlich" verkünden.

Wenn die neue kleine Eiszeit in ein paar Jahren nicht mehr zu leugnen sein wird, kann man den „Klimawissenschaftlern", den Politikern der Erderwärmung und den Journalisten der Klimapropaganda nur eine Antwort geben:

„Wer in den Wald ruft, muss auch das Echo aushalten, auch wenn es dann ganz anders klingt."

Wenn Frau von der Leyen, Frau Merkel und alle GRÜNEN davon ausgehen, dass Kohlendioxid wegen seiner „gefährlichen" Klimabeeinflussung mit Billionen Summen an Steuergeldern von unserem Planeten verdrängt werden müsse, dann sollten sie noch einmal in aller Ruhe und mit Verstand das Kapitel 6 (CO_2-Emissionen überall) lesen. Zusätzlich gibt es noch viele weitere Quellen, die alle Fakten zur Rolle des Kohlendioxids in unserer Biosphäre erläutern. Wenn das immer noch nicht verstanden wurde, dann kann man diesen Leuten wirklich nur noch sagen ...

.... ja natürlich - alles ist gut und die Erde ist eine Scheibe!!

Der Billionen schwere „Green Deal" wurde von der Politik erfunden - als wirtschaftliches Investitionspaket in die Zukunft von gigantischem Ausmaß. Es ist ein radikaler Versuch einer Neuauflage des „Wirtschaftswunders" wie im Nachkriegs-Deutschland in der Regierungszeit von Bundeskanzler Ludwig Erhard. Das „Wirtschaftswunder" war nur deshalb in der damaligen Bundesrepublik und Westeuropa erfolgreich, weil alles in Schutt und Asche lag. Ein totaler Neuanfang hat die Wirtschaft aufblühen lassen mit Hilfe des amerikanischen „Marshall-Plans", ein Konjunkturprogramm, das Deutschland und Europa wieder auf die Beine helfen sollte – und es gelang!

Ein hausgemachter Marshall-Plan soll jetzt mit dem Namen „Green Deal" wieder her. Aber dieses Mal sind aber wir selbst diejenigen, die dafür sehr tief in Tasche greifen müssen, um den wirtschaftlichen Zusammenbruch zu vermeiden.

Alles schön und gut, so könnte man jetzt meinen, wenn die Politik nicht alles auf einer groß angelegten Lügen-Kampagne aufbauen würde - der Lüge vom umwelt- und klimaschädlichen Kohlendioxid. Von der Leyens irrsinnig teure Green-Deal-Idee soll der Weg dazu sein. Nur mit Ängsten und Panikmache kann die Politik die Menschen hörig und gefügig machen. Die Drohung mit einer Klimakatastrophe ist derzeit das Instrument dazu. Wir würden angeblich auf eine „Erderhitzung" zusteuern und die Erde würde schließlich unbewohnbar werden. Ganze 1,5 °C darf es nicht wärmer werden zur Vermeidung der globalen Apokalypse, darauf hat man sich in Paris verständigt. Das muss ausreichen, um die Menschen von extrem hohen finanziellen Belastungen zu überzeugen, meint die Politik. Abgesehen von der Lüge, dass CO_2 das Klima überhaupt verändern könne, ist den Politikern ein weiterer dummer Denkfehler passiert: Zum Beispiel war in den östlichen Mittelmeerländern die Temperatur im Jahresdurchschnitt schon immer etwa 10 °C höher als bei uns. Und in diesen Ländern verbringen wir gern unseren Urlaub, weil die meisten von uns die Sonne und die Wärme mehr lieben als unser gemäßigtes Klima.

Die Billionen für den „Green Deal" wären dabei gar nicht nötig, weil das Spurengas CO_2 unser Klima überhaupt nicht verändern kann – alles nur eine große, enorm teure Luftblase. Solche gravierenden Fehler können auch nur unseren von Ideologien gesteuerten Politikern passieren, die einfach nicht in der Lage sind, weit genug logisch (nicht ideologisch) zu denken, weil das nötige Wissen dazu auch fehlt (s. Kap.13). Deshalb locken sie mit Fördergeldern Pseudo-Wissenschaftler an, die den irren politischen Ideen einen weißen Kittel anziehen sollen. Der „Green Deal" wird sich schon bald als großer Flop erweisen. Herzlichen Glückwunsch, Frau von der Leyen!

Eine Energie-Perspektive für die Zukunft?

Eine künftige Energie-Quelle könnte wahrscheinlich die Neutrino-Voltaik-Technik werden. Die heute erreichten und stabilen elektrischen Leistungen mit Neutrino-Energie liegen noch im Bereich von wenigen Watt. Die Neutrino-Teilchen-Strahlung ist überall und immer vorhanden, also unabhängig von Sonne, Wind und Wasserkraft. Sie ist für Mensch und Umwelt absolut ungefährlich, da sie seit Millionen Jahren ständig aus dem All auf die Erde trifft. Die Neutrino-Voltaik ist dezentral nutzbar und erzeugt beispielsweise keine abgebrannten oder gar radioaktiven Abfallprodukte. Elektrofahrzeuge bräuchten keine schweren und ökologisch bedenklichen Batterien mehr, keine Ladezeiten und auch keine Brennstoffzellen. Da die Neutrinos eine extrem kleine Masse besitzen, verfügen sie über eine sehr große Fähigkeit, jede Materie zu durchdringen. Man kann sich kaum vorstellen, welches Potenzial in dieser Technik noch steckt. ….

…. warten wir's ab.

Anhang: Die merkwürdige politische Karriere der Klimakanzlerin Angela Merkel

Über die höchst merkwürdige Karriere der Angela Merkel in der Politik spricht **Vera Lengsfeld,** die Bürgerrechtlerin in der ehemaligen DDR, im Internetvideo:

„Angela Merkel - Die wahre Story ihres Aufstiegs". Vera Lengsfeld kennt Angela Merkel schon sehr lange, sie hat sich mit Merkel oft getroffen und insbesondere Merkels Weg nach der Wende genau beobachtet. Viele wissen wahrscheinlich nicht, dass Merkel im Herbst 1989 nach dem Mauerfall ihre politische Karriere - gemäß ihrer Überzeugung - **in der SPD** beginnen wollte. Beim Vorstand der SPD konnte sie aber nicht ankommen, weil sie gleich oben im Parteivorstand einsteigen wollte und nicht wie üblich erst mal auf Kreisebene. Sie versuchte es dann beim **„Demokratischen Aufbruch".** In dieser kleinen Partei wurde sie auch aufgenommen, da aktive Mitarbeiter dringend gesucht wurden. Nach relativ kurzer Zeit konnte sie dort als Pressesprecherin tätig werden. Der damalige Ministerpräsident der DDR, Lothar de Maizière, hat dann Angela Merkel „auf Empfehlung" als stellvertretende Regierungssprecherin eingesetzt. Damit war sie in der höheren Politik angekommen – ohne Parlamentsmandat.

In der Volkskammer der DDR, die nach der Wende nur sehr kurze Zeit existierte, stand sie für die Bundestagswahl im Dezember 1990 vor der Frage - nur auf sich selbst konzentriert -, wie es mit ihrer politischen Karriere weiter gehen könne. Sie trat aber nicht der CDU bei, sondern ging innerlich auf großen Abstand zur CDU, sie ist laut Vera Lengsfeld von der CDU dann „übernommen" worden. Nachdem auch der Fraktionsvorsitz frei wurde, den Friedrich Merz erst mal innehatte, folgte nach der Wahl 2002 Angela Merkel. Nach der Ära Schröder hat sie als spätere Umweltministerin und „Klimakanzlerin", laut Vera Lengsfeld, mit dem Umbau der CDU begonnen. Das heißt, dieser großen konservativen Volkspartei ein verändertes Profil zu geben in Form eines **rot-grünen** Gewandes.

Aus heutiger Sicht wird verständlich, dass sie sich mit der Politik der konservativen CDU niemals identifizieren konnte. Viel zu lange hat es in der CDU gedauert, bis die Partei-Basis endlich verstanden hatte, dass Angela

Merkel überhaupt nicht zum Profil der ursprünglichen CDU passte und sie die Partei nur als Karriere-Leiter sah. Ein Fehlgriff der CDU und ein folgenschwerer Irrtum für die Partei, denn die Union hat viel zu spät auf ihren widersprüchlichen Kurs reagiert.

So hat sie ihre Partei, die Bundesregierung und weite Teile der Politik an der Nase herumgeführt und was noch viel schlimmer ist, Volk und Wähler getäuscht. Dabei hatte sie immer Helfer, die ihr mit blinder Loyalität den Weg ebneten, bis zum „großen Knall", als Volker Kauder völlig überraschend als langjähriger Fraktionschef der Union einfach von der eigenen Partei abgewählt wurde. Kauder, der langjährige enge Vertraute der Kanzlerin, musste gehen. Der bis dahin fast unbekannte Gegenkandidat Ralph Brinkhaus wurde von Kauder und Merkel völlig unterschätzt. Die Presse sprach von einer Revolte in der Bundestagsfraktion der Union. Der Widerstand gegen den Parteivorstand war eingeläutet.

Bei dieser Schlappe ahnte Merkel, dass auch ihr Ende in der Partei nicht mehr fern sein kann. Um einer riesigen Blamage in der gesamten Innen- und Außenpolitik auszuweichen, trat sie bei der Wahl zum Parteivorsitz gar nicht erst an und schob jetzt ihre Vertraute Kramp-Karrenbauer nach vorne, die am 07. Dezember 2018 zur neuen CDU-Vorsitzenden gewählt wurde....
.... und Merkel stand erstmals im Abseits ihrer Partei. Da sie an ihrer mächtigen Position immer verbissen klebte, dies aber nicht offen zugeben wollte, sprach sie dann davon, dass in einer Demokratie ein Wechsel ganz normal sei, welch ein Hohn!! An ihrem Sessel als Kanzlerin wollte sie aber noch kleben bleiben, solange es irgendwie geht. Doch die Ära der Klimakanzlerin ging langsam mit Verbissenheit, Zorn und Ärger zu Ende - das Gesicht zur Faust geballt. Nach außen zeigte sie das, wie immer, natürlich nicht. Ein Ende, das alle Politiker immer fürchten: dieses Mal nicht ohne, sondern **mit Gesichtsverlust** (ein Schelm, wer jetzt sagt: Gott sei Dank!).

Ein vollständiger mentaler Umbruch der Angela Merkel als frühere Naturwissenschaftlerin, die (vorerst inkognito) die Rolle einer politischen Öko-Sympathisantin annahm. In den letzten Jahren hat sie typisch grüne Politik durchgesetzt. Man könnte meinen, es hätte eine schwarz-grüne Koalition gegeben. Wahrscheinlich wäre das auch ihr Wunsch für eine weitere Amtsperiode gewesen. Für ihre irrsinnige Ideologie von grün-ökologischen Zielen versuchte sie ihre Parteikollegen in der Union nach und nach zu überreden.

Merkels für Deutschland verhängnisvolles, politisches Versagen kann man wie folgt zusammenfassen:

- Panikmache vor dem (unschädlichen!) CO_2, vor einem unrealistischen „Klimawandel" und der Drohung einer „Klimakatastrophe" ohne wissenschaftliche Beweise, sondern allein basierend auf hypothetischen Modellierungen und ideologischen Wunschvorstellungen,
- Ignorieren der biologischen und lebenserhaltenden Notwendigkeit des Kohlendioxids für die Natur und der fehlenden Einsicht, dass CO_2 praktisch niemals aus der Biosphäre entfernt werden kann, weder das natürlich vorkommende noch das anthropogene CO_2,
- Unnötige Energiewende mit völlig übereiltem Ausstieg aus der Kernenergie-Nutzung und einem Ausstieg aus Kohle und Braunkohle mit dem dubiosen Zwang zu einer rein ideologischen Dekarbonisierung („Deutschlands weltweit dümmste Energie-Politik"),
- Einstieg in Wind- und Solarenergie mit unvermeidbar lückenhafter Stromversorgung und fehlender Grundlast,
- Politischer Druck für den Einstieg in die Elektromobilität, trotz gravierender ökologischer und ökonomischer Probleme,
- Durchsetzung eines bis dahin einmaligen Dieselfahrverbots in Deutschland,
- Beendigung der bisherigen Wehrpflicht,
- Forcierung einer Frauenquote – rein ideologisch und ohne Not,
- Im krassen Gegensatz zu ihrer Meinung von 2011 wendet sie sich 2015 zu einer „Willkommenskultur" bei der Flüchtlingspolitik in Deutschland mit illegalen und nicht mehr kontrollierbaren Masseneinwanderungen,
- Jahrelanger Irrglaube an eine „europäische Lösung" bei der Verteilung der Flüchtlinge in Europa,
- Destabilisierung der Eurozone und Duldung einer für die Bürger nachteiligen EZB-Zinspolitik,
- Verhängung eines harten „Lockdown" in der Corona-Krise mit Vernichtung hunderttausender Arbeitsplätze und Billigung von Insolvenzen bei vielen tausend Unternehmen,
- Vertrauen auf falsche Experten wie *Virologen* - statt Fachleuten wie Epidemiologen zu folgen,
- Verstoß gegen mehrere Artikel des *Grundgesetzes* mittels Durchsetzung von diktatorischer Staatsmacht,
- verspätete Aufhebung unnötiger Freiheitseinschränkungen und ökonomi-

scher Belastungen, begleitet von Ignoranz alternativer und positiver Beispiele wie z.B. Schweden.

Merkels politische Agenda stimmt mit keiner anderen Partei so gut überein wie mit der der Grünen, nicht einmal mit der Schwesterpartei CSU. Da gab es zumindest bei der Flüchtlingspolitik gewaltige Differenzen.

Völlig daneben gingen ihre mehr als zahlreichen Versuche einer gerechten Verteilung der Flüchtlinge innerhalb der EU. Ihre politischen Parolen: „Wir schaffen das" und die nie erreichte „europäische Lösung" wurden schließlich wegen der ständigen Wiederholungen, aber ohne den geringsten Fortschritt, ins Lächerliche gezogen. Tausendfache Mahnrufe auf der Straße **„Merkel muss weg"** und Stimmen aus der eigenen Partei **„Frau Merkel, treten Sie zurück!"** hat sie einfach ignoriert. Das hat sie von ihrem Ziehvater Kohl gelernt: Kritik einfach auszusitzen.

Deutliche Kritik aus der breiten Öffentlichkeit hat in den staatlichen Medien keine Chance, auf offene Ohren zu treffen. Die Chefredakteure stehen immer hinter der „Politischen Correctness". Also übernimmt die Satire eine kritische Rolle. Immerhin erreicht das ein Millionen-Publikum. Die Riege der Politiker nimmt dies nicht ernst, denn sie glauben: Es ist eben „nur" Comedy. Weit gefehlt! Hinter jedem Witz steckt Wahrheit, sonst könnte niemand darüber lachen. Der ernste Hintergrund eines Sketches ist sein Wahrheitsbezug. Deshalb ärgern sich die Politiker immer wieder, ohne das natürlich zuzugeben, weil es eine beachtliche Plattform gibt, auf der ihre Worte und Verhaltensweisen nicht ernst genommen und allermeist zu Recht lächerlich gemacht werden. Veralberung ist dann zwangsläufig die Antwort der Comedians zur Unterhaltung der amüsierten Menschen.

Aber den katastrophalen Unionsstreit um die Asylpolitik hat sie nur scheinbar überstanden. Diese schweren Fehler in der Einwanderungspolitik sind wahrscheinlich nicht korrigierbar und ihr politisches Ende zeichnete sich immer deutlicher ab. Auch in der Klimapolitik wurde sie in ihrer eigenen Partei nicht immer ernst genommen. Die interne Opposition gegen Merkel, die „WerteUnion" und der „Berliner Kreis", haben letztlich die „Klimakanzlerin" und Physikerin auch fachlich bodenlos blamiert. Kennzeichnend ist die Kernaussage der Bayerischen WerteUnion: *„Die Sonne steuert das Klima, nicht das CO_2".*

Außerdem ist es Angela Merkel in ihrer langen Amtszeit nicht gelungen, die offenkundige soziale Polarisierung unserer Gesellschaft zwischen Armen und Reichen abzuschwächen – trotz zigfacher Beteuerungen. Im Gegenteil: die sozialen Gegensätze sind seit ihrem Amtsantritt als Kanzlerin eher größer geworden.

Unglaublich, aber die Union zog dabei oft (mehr oder weniger langsam) mit, aber schließlich doch mit wachsendem Widerstand aus den eigenen Reihen. Merkel wird in der Geschichte der deutschen Politik bei weitem nicht den Platz erhalten, den sie sich letztlich gewünscht hat, ….

… denn es waren der Fehler zu viele.

Ein anonymer Internet YouTuber (aus der Schweiz) fasst das so zusammen: **„Eine erbärmliche BILANZ DER ÄRA MERKEL!"**

Quellen und Zitate

Aigner, Günther: „Die Winter in Tirol seit 1895 – Eine Analyse amtlicher Temperatur- und Schneemessreihen" YouTube-Video (2018). Das Video wurde inzwischen aus dem Internet entfernt, als PDF-Datei ist die Studie jedoch noch verfügbar
Alexijewitsch, Swetlana: „Tschernobyl: Eine Chronik der Zukunft" (2006), übersetzt von Ingeborg Kolinko
Alfred-Wegener-Institut (AWI): „Gecrushtes Eis gibt es auch unter dem Meereis der Antarktis" aus: ingenieur.de (2016)
Beucker, Pascal und A. Krüger: „Die verlogene Politik – Macht um jeden Preis" (2018)
Bundesdesanstalt für Geowissenschaften und Rohstoffe (GBR): „Energiestudie 2013, Reserven, Ressourcen und Verfügbarkeit von Energierohstoffen", Hannover (12/2013)
Chomsky, Noam: „Kampf oder Untergang! Warum wir gegen die Herren der Menschheit aufstehen müssen" (2018)
Chomsky, Noam: „Media Control - Wie uns die Medien manipulieren" (2018)
Chylek et al.: „Twentieth century bipolar seesaw of the Arctic and Antarctic surface air temperatures", Geophysical Research Letters (4/2010)
Cook, John et al.: „Quantifying the consensus on anthropogenic global warming in the scientific literature" (2013), Environ. Res. Lett. 8 024024
Deutsche, Michel: „Merkel hat uns eingeladen - Der fatale politische Fehler der Masseneinwanderung" (2018)
De Vries, Maximilian et al: „A new volcanic province: an inventory of subglacial volcanoes in West Antarctica", University of Edinburgh, UK. www.geos.ed.ac.uk/homes/rbingha2/48_2017_Vries.pdf
Ewert, Friedrich-Karl: „NASA-GISS-Temperaturdaten wurden rückwirkend geändert – warum?" Mitteilungen der Wilhelm-Ostwald-Gesellschaft zu Großbothen e.V. 19. Jg. 2014, Heft 2 ISSN 1433-3910
Giaever, Ivar: Physik-Nobelpreisträger Ivar Giaever über den Klimawandel. Zitate aus: https://www.youtube.com/watch?v=nESC63fGxYY
Gärtner, Edgar L: „Öko-Nihilismus: Eine Kritik der politischen Ökologie" (2007)
Gärtner, Edgar I: „Öko-Nihilismus 2012. Selbstmord in Grün" (2012)
Gerlich†, G.: „Die physikalischen Grundlagen des Treibhauseffektes und fiktiver Treibhauseffekte" (Leipzig, 1995), Vortrag auf dem Herbstkongress der Europäischen Akademie für Umweltfragen
Gerlich†, G. und R.D. Tscheuschner†: „Falsification Of The Atmospheric CO_2 Greenhouse Effects Within The Frame Of Physics". (2009), B23: 275-364
Haase, Hans-Jürgen: „Zweifel am atmosphärischen Treibhauseffekt" (2016)
Hartmann, Michael: „Die Abgehobenen. Wie die Eliten die Demokratie gefährden" (2018)
Herman, Eva: „Totalitäre Versuchung deutscher Medien" Internet-Video (Febr. 2019)
Higginbotham, Adam: „Mitternacht in Tschernobyl: Die geheime Geschichte der größten Atomkatastrophe aller Zeiten" (Nov. 2019), übersetzt von Irmengard Gabler
Internet Vademecum (Klimageschichte): C.R. Scotese und R.A. Berner (2001), https%3A%2F%2Fvademecum.brandenberger.eu
IPCC: Third Assessment Report (2001), Section 14.2.2.2, S.774
Ippen, Dirk: „Wie ich es sehe - Deutschlands Energiewende fährt gegen die Wand", Münchner Merkur Nr. 34 (Febr. 2019)
Jaworowski (2004): Royal Meteorological Society, 2020. Source: G.S. Callendar: The artificial production of carbon dioxide and its influence on temperature
Kachelmann, Jörg: (2018), MEINUNG - Kachelmanns Donnerwetter. Kein Sommermärchen. Eine Kolumne bei t-online
Kepplinger, Hans Mathias und Senja Post: „Die Klimaforscher sind sich längst nicht sicher", in: Die Welt vom 25. September 2007

Kepplinger, Hans Mathias und Senja Post: „Der Einfluss der Medien auf die Klimaforschung" (2008) in FOMA 2008-1, Jahrgang 24
Klaus, Václav: Was ist bedroht: Klima oder Freiheit? in „Blauer Planet in grünen Fesseln" (2007)
Koelle, Dietrich, E.: „Klima-Zyklen IV: Die Milanković-Zyklen. Über die Ursache der alle 100 000 Jahre aufgetretenen Warmzeiten" (2015)
Kröpelin, Stefan und Rudolph Kuper: „Holozäner Klimawandel und Besiedlungsgeschichte der östlichen Sahara" in Geographische Rundschau 59/4, 2007: 22-29.
Kröpelin, Stefan: „Die Grüne Vergangenheit der Sahara" (2018), 12. Internationale EIKE-Klima- und Energiekonferenz (IKEK-12) Aschheim/München.
Lamb, H.H. (1977): „Climate Present, Past And Future", Volume 2: Climatic history and the future. – Methuen & Co Ltd, London (page 440).
Lengsfeld, Vera: „Angela Merkel – Die wahre Story ihres Aufstiegs" Internet- Video (Febr. 2019)
Lippmann, Walter: „Die öffentliche Meinung: Wie sie entsteht und manipuliert wird" (2018)
Letsch, Roger: Ein Pokerspiel um Hockeystick und Klimakatastrophe
(2019), Institut für Meinungsvielfalt & politischen Exorzismus
https://unbesorgt.de/ein-pokerspiel-um-hockeystick-und-klimakatastrophe/
Mayer, Thomas „Die Unbelangbaren: Wie politische Journalisten mitregieren", (2015)
Mausfeld, Rainer: „Warum schweigen die Lämmer? Wie Elitendemokratie und Neoliberalismus unsere Gesellschaft und unsere Lebensgrundlagen zerstören" (2018)
Mies, Ullrich u. Jens Wernicke (Hrsg): „Fassadendemokratie und Tiefer Staat: Auf dem Weg in ein autoritäres Zeitalter" (2017)
Patzelt, Gernot: „Gletscher als Klimazeugen" (2010), YouTube, 2 Videos hochgeladen 20.01.2010: Europäisches Institut für Klima und Energie
Petersdorff von, Georg: „Extremwetter in den letzten tausend Jahren" (06.03.2018) Internet-Beitrag http://diekaltesonne.de/extremwetter-in-den-letzten-tausend-jahren
„Putin hält Klimawandel nicht für menschengemacht" bei ntv - Der Tag 30.03.2017 oder: Putin zweifelt am „vom Menschengemachten Klimawandel" (2017),
https://www.gegenfrage.com/putin-klimawandel/
Reij, Chris et al.: „Re-Greening the Sahel: Farmer-led innovation in Burkina Faso and Niger", (2009)
Roe, Gerald und Marcia Baker in „Science" (vol. 318, p. 582) aus Edgar Gärtner, LI Symposium Präsentation (2008):" Wirtschaftlicher Selbstmord aus Angst vor der Klimakatastrophe"
Schellnhuber, Hans-Joachim: „Selbstverbrennung – Die fatale Dreiecksbeziehung zwischen Klima, Mensch und Kohlenstoff" (2015)
Schellnhuber, Hans-Joachim et al.: „Power-law persistence and trends in the atmosphere: A detailed study of long temperature records" in: Physical Review E 68, 046133 (2003)
Schreyer, Paul: „Die Angst der Eliten: Wer fürchtet die Demokratie?" (2018)
Schubert, Stefan: „Die Destabilisierung Deutschlands. Der Verlust der inneren und äußeren Sicherheit" (Aug. 2018)
Schulze, Gerhard: Zitat aus „Erst mal die Kamele"
(Geiers Notizen vom 14. Januar 2010)
Stelter, Daniel: „Das Märchen vom reichen Land: Wie die Politik uns ruiniert" (2018)
Strunz, Claus: „Geht's noch, Deutschland? Die schlimmsten Fehler, die unser Land lähmen - und 20 Ideen, wie es wieder besser wird" (Nov. 2018)
Teusch, Ulrich: „Lückenpresse: Das Ende des Journalismus, wie wir ihn kannten" (2016)
Thieme, Heinz: „Der thermodynamische Atmosphäreneffekt – Eine Erklärung in wenigen Schritten" (06.03.2010)
Thoden, Ronald (Hrsg): „ARD & Co.: Wie Medien manipulieren" (2015)
Thüne, Wolfgang: „Freispruch für CO_2: Wie ein Molekül die Phantasien von Experten gleichschaltet" (2002)
Weber, Ulli: „Klima-Mord - Der atmosphärische Treibhauseffekt hat ein Alibi" (2017)

Abbildungsverzeichnis

Abb. 1:   Im Laufe der Erdgeschichte waren die Lufttemperaturen meist warm …
Abb. 2:   Während des Eiszeitalters (Pleistozän) haben sich Kaltzeiten und Warmzeiten …
Abb. 3:   In der Nacheiszeit (Holozän) war die Temperatur keineswegs immer konstant …
Abb. 4:   Der Irrtum, den die Deutsche Physikalische Gesellschaft nicht erkannt hat …
Abb. 5: CO_2-Messungen zwischen 1810 und 1960. Die Messwerte zeigen eine sehr große Streuung …
Abb. 6:   Die gefälschte Temperaturkurve (Michael Mann's Version). Sie täuscht eine quasi stabile Temperatur vor …
Abb. 7:   Der tatsächliche Verlauf der Temperatur in Europa während der letzten 1100 Jahre …
Abb. 8:   Die Niederschläge in Deutschland von Juni bis Juli der letzten 138 Jahre (1881-2018) …
Abb. 9:   Die extremen Hochwasserstände des Rheins bei Düsseldorf lassen keine festen Zyklen oder Regelmäßigkeiten erkennen …
Abb. 10: Teil einer großen Gewächshaus-Anlage in den Niederlanden.Nutzung des physikalischen Treibhauseffekts …
Abb. 11: Die verbreitete und naive Vorstellung vom Treibhauseffekt z.B. im Schulunterricht …
Abb. 12: Aus dem Lehrbuch „Physics of Climate" von J.P. Peixoto & A.H. Oort (1992): Die Strahlungsbilanz der Erde …
Abb. 13: Von den global emittierten Gesamtemissionen an CO_2 sind nur etwa 3,5 % anthropogenen Ursprungs …
Abb. 14: Die Brutto-Stromerzeugung in Deutschland im Zeitraum von 2000 bis 2018 …
Abb. 15: Die dünne Konzentration von 4 CO_2-Molekülen, die von 10.000 Luftmolekülen umgeben sind (schematisch) …
Abb. 16: Eingang zum großen Tomaten-Gewächshaus Fridheimar auf Island mit großem CO_2-Tank (rechts im Bild) …
Abb. 17: Die unterschiedliche Aufnahme von C3- und C4-Pflanzen für die Photosynthese mit zunehmender CO_2- Konzentration …
Abb. 18: Die anthropogenen CO_2-Emissionen (in Mio. Tonnen zwischen 1990 und 2017 im Vergleich …
Abb. 19: Bereits der Buchtitel „Lückenpresse" von Ulrich Teusch trifft das Problem auf den Punkt …
Abb. 20: Immer neue Wärmerekorde verkünden die Öffentlich-Rechtlichen im Fernsehen, wie hier Karsten Schwanke …
Abb. 21: Frau Gerster folgt unbewiesenen Spekulationen für den Tropischen Regenwald in Afrika …
Abb. 22: Claus Kleber täuscht immer wieder die Zuschauer im ZDF- heute-journal über CO_2-Emissionen …
Abb. 23: Einfache Modellvorstellung einer ozeanischen Wärmepumpe als bipolare Schaukel …
Abb. 24: Die zeitlich gegenläufige Erwärmung und Abkühlung der Arktis-Antarktis-Kopplung am Nord- und Südpol …
Abb. 25: Plättchen- oder Scherbeneis führen zum Schmelzen an derUnterseite von Schelfeis und Meereis …
Abb. 26: Das frühere Klimamodell A2 wurde bis 1992 als dasschlimmste Szenario der Erderwärmung angesehen …
Abb. 27: Fälschung für Temperaturganglinie der Station Reykjavik. Links der ursprüngliche Temperaturverlauf …
Abb. 28: Die Gewaltenteilung laut Grundgesetz in Judikative, Legislative und Exekutive ist in Deutschland nicht getrennt …
Abb. 29: Das Geschäftsmodell des Klimawandels auf der Basis abstrakter Ideologien und betrügerischen Klima-Behauptungen …

Wir sind spezialisiert auf

LITERATUR
JENSEITS DES MAINSTREAMS

Innerhalb Deutschlands liefern wir grundsätzlich Versandkostenfrei!

Besuchen Sie uns unter
www.osirisbuch.de

OSIRIS-Verlag & Versand
Marktplatz 10, D - 94513 Schönberg
Email: info@osirisbuch.de,
Tel. 08554/844 Fax 08554/942894